普通高等教育一流本科专业建设成果教材

化工原理课程设计

贾原媛◎主 编
杨宗政 姚 月◎副主编

化学工业出版社
·北京·

内容简介

本书为高等学校化工原理课程设计教材，全书分为5章，内容包括：绪论，换热器设计、板式精馏塔设计、蒸发器设计和喷雾干燥装置设计。在换热器和板式精馏塔设计中，运用了Aspen Plus等现代设计工具，力求优化过程参数和设备参数。本书强调设计的规范性，所介绍的单元过程都有详细的设计示例，并附有设计任务，可供不同专业课程设计时选用。

本书可作为高等院校化工及相关专业化工原理课程设计的教材或教学参考书，亦可供相关领域工程技术人员参考。

图书在版编目（CIP）数据

化工原理课程设计 / 贾原媛主编. —北京：化学工业出版社，2021.8（2024.2 重印）

ISBN 978-7-122-39558-0

Ⅰ. ①化… Ⅱ. ①贾… Ⅲ. ①化工原理-课程设计-高等学校-教材 Ⅳ. ①TQ02-41

中国版本图书馆CIP数据核字（2021）第139995号

责任编辑：徐雅妮 任睿婷　　　　文字编辑：葛文文 陈小滔

责任校对：宋 玮　　　　装帧设计：刘丽华

出版发行：化学工业出版社（北京市东城区青年湖南街13号 邮政编码100011）

印 装：涿州市般润文化传播有限公司

787mm×1092mm 1/16 印张 $12\frac{1}{2}$ 字数290千字 2024年2月北京第1版第3次印刷

购书咨询：010-64518888　　　　售后服务：010-64518899

网 址：http://www.cip.com.cn

凡购买本书，如有缺损质量问题，本社销售中心负责调换。

定 价：39.00元

前言

化工原理课程设计是化工原理的一个教学环节，是综合应用本门课程和有关先修课程所学知识，完成以单元操作为主的一次设计实践，是培养学生解决复杂工程问题能力的重要手段。党的二十大报告指出，“深入实施科教兴国战略、人才强国战略、创新驱动发展战略，开辟发展新领域新赛道，不断塑造发展新动能新优势。”千秋基业，人才为先。习近平总书记多次强高“实施人才强国战略”，并对培养造就德才兼备的高素质人才作出具体部署。通过课程设计，学生能够掌握化工设计的基本程序和方法，并在查阅技术资料和标准、选用公式和设计参数、用简洁文字和图表表达设计结果、运用制图以及现代设计方法、提高口头表达能力等方面得到一次基本训练。基于社会对化工类人才的需求变化，本书还培养了学生在设计过程中考虑安全、健康、法律、文化及环境等制约因素的能力，为毕业设计打下坚实的基础。

在本书的编写过程中，我们吸取了天津科技大学多年的教学改革经验和工程实践成果，充分吸纳了已有教材的优点，着眼于培养学生解决复杂工程问题的能力，且具备轻工特色，非常适合轻工院校选用。

本书选编了四类典型化工单元操作设备的工艺设计原理和工艺计算方法，阐述了与之配套的辅助设备的设计和选型。所介绍的单元过程均有设计示例，例如蒸发器提供了两种介质（无机盐溶液和造纸黑液）的设计示例。鉴于目前大型设计院都采用 Aspen Plus 进行工艺设计，本书在换热器和精馏塔设计中引入了运用 Aspen Plus 进行模拟计算的例子。

为节省篇幅，本书采取纸数结合的形式，部分内容读者可以通过下方的二维码获取。

本书共分为 5 章，各章执笔者分别为：第 1 章贾原媛、吴志国；第 2 章贾原媛、姚月；第 3 章杨宗政、姚月、赵文立；第 4 章田玮；第 5 章贾原媛。全书由贾原媛统稿，天津科技大学陈丽芳、晏丽红、王洪泰老师，及江苏省范群干燥设备厂有限公司李智工程师提供了热情的帮助，学生李胜强、胡春蕊、时培东、张天宇等协助处理文字和图片。在编写过程中，参考了兄弟院校的宝贵经验，得到了同行教师们的无私帮助。在此，我们对以各种形式帮助过本书出版的单位和个人表达深深的谢意。

由于编者水平有限，书中的疏漏和不妥之处在所难免，恳请读者批评指正，在此深表谢意。

编者

2023 年 6 月

扫码获取本书
线上资源

网络增值服务使用说明

本教材配有网络增值服务，建议同步学习使用。读者可通过微信扫描本书二维码获取网络增值服务。

网络增值服务内容

电子版附录

视频教程

源文件

设计软件

网络增值服务使用步骤

1

本书二维码

易读书坊

微信扫描本书二维码，关注公众号**“易读书坊”**

2

正版验证

刮开涂层获取网络增值服务码

手动输入　无码验证

首次获得资源时，**需点击弹出的应用**，进行正版认证

3

刮开**封底**“网络增值服务码”，通过**扫码认证**，享受本书的网络增值服务

化学工业出版社教学服务

化工教育

化工类专业教学服务与交流平台

新书推荐 · 教学服务 · 教材目录 · 意见反馈……

目录

第1章　绪论

1.1　化工原理课程设计的学习目标、基本内容和过程　1

1.1.1　化工原理课程设计的学习目标　1

1.1.2　化工原理课程设计的基本内容和过程　1

1.2　化工生产工艺流程设计　2

1.2.1　工艺流程图　3

1.2.2　工艺物料流程图　10

1.2.3　带控制点的工艺流程图　10

1.3　主体设备图　11

1.3.1　主体设备工艺条件图　11

1.3.2　装配图　12

1.3.3　化工设备图的绘制　12

参考文献　13

第2章　换热器设计

2.1　换热设备的基本要求　14

2.1.1　满足工艺条件　14

2.1.2　合理选择材质　15

2.1.3　经济优化　15

2.2　列管换热器标准简介　16

2.2.1　列管式换热器的设计、制造、检验与验收标准　16

2.2.2　列管式换热器型号的表示方法　16

2.3　确定设计方案的几个问题　18

2.3.1　列管式换热器型式的选择　18

2.3.2　流体流动空间的选择　21

2.3.3　流体流速的选择　22

2.3.4　冷却剂和加热剂的选择及出口温度的确定　23

2.4　主体构件的设计　24

2.4.1　管板　24

2.4.2　管束分程与管子　24

2.4.3　壳程结构　26

2.4.4　辅助结构的选用　29

2.5　列管式换热器的设计计算　29

2.5.1　换热器热负荷的计算　30

2.5.2　加热剂或冷却剂用量的计算　31

2.5.3　平均温差Δt_m的计算　31

2.5.4　估算传热面积　33

2.5.5　换热管的选择　34

2.5.6　壳体直径和折流板的确定　36

2.5.7　总传热系数的计算与校核　37

2.6　列管式换热器设计示例　44

2.7　换热器网络优化示例　47

2.8　换热器设计任务三则　52

参考文献　53

本章符号说明　53

第3章　板式精馏塔设计

3.1　板式塔的基本结构　54

3.1.1　板式塔的类型　55

3.1.2　板上流程选择　59

3.1.3　塔型选择的一般原则　60

3.2　板式精馏塔的设计　61

3.2.1　设计原则　61

3.2.2　设计方案的确定　62

3.3　板式精馏塔的工艺计算　64

3.3.1　物料衡算　64

3.3.2 实际塔板数的确定 68
3.3.3 塔径和塔高的计算 71
3.3.4 塔板结构参数的计算 77
3.3.5 塔板流体力学的计算 83
3.3.6 负荷性能图 85
3.3.7 板式精馏塔的主要辅助设备 87
3.4 板式精馏塔设计示例 90
3.5 板式精馏塔设计任务两则 95
3.6 现代设计方法辅助精馏塔设计 96
3.6.1 流程模拟（严格计算） 96
3.6.2 塔内件设计 100
3.6.3 水力学校核 102
参考文献 102
本章符号说明 102

第4章 蒸发器设计

4.1 蒸发器概述 105
4.1.1 循环型蒸发器 105
4.1.2 单程型蒸发器 108
4.1.3 蒸发器的选型 110
4.1.4 蒸发操作条件的选择 110
4.1.5 多效蒸发效数的选择 111
4.1.6 多效蒸发流程的确定 112
4.1.7 蒸发系统的热能利用方式 113
4.2 多效蒸发系统的计算 114
4.2.1 各效蒸发量和完成液组成的估算 114
4.2.2 初步确定各效溶液的沸点 115
4.2.3 各效蒸发水量及加热蒸汽量的估算 116
4.2.4 总传热系数的确定 117
4.2.5 蒸发器传热面积和有效温差在各效中的分配 118
4.3 蒸发器结构尺寸的设计 119
4.3.1 选择加热管和初步估计管数 120
4.3.2 选择循环管 120
4.3.3 确定加热室直径及加热管数目 120
4.3.4 确定分离室直径和高度 121
4.3.5 确定接管尺寸 122
4.4 蒸发器的附属设备 122
4.4.1 汽液分离器 122
4.4.2 蒸汽冷凝器 123
4.4.3 真空泵 125
4.5 蒸发器设计示例一：三效 NaOH 蒸发器 125
4.6 蒸发器设计示例二：三效黑液蒸发器 132
4.7 蒸发器设计任务两则 137
参考文献 137
本章符号说明 138

第5章 喷雾干燥装置设计

5.1 概述 139
5.1.1 干燥装置的分类 139
5.1.2 干燥装置的选型原则 140
5.1.3 干燥装置的工艺设计步骤 141
5.2 设计方案 141
5.2.1 干燥装置的一般工艺流程 141
5.2.2 干燥介质加热器的选择 141
5.2.3 干燥器的选择 142
5.2.4 风机的选择和配置 142
5.2.5 细粉回收设备的选择 142
5.2.6 加料器及卸料器的选择 142
5.3 喷雾干燥装置的工艺设计 143
5.3.1 喷雾干燥的原理和特点 143
5.3.2 喷雾干燥方案的确定 144
5.4 喷雾干燥过程的工艺计算 151
5.4.1 物料衡算 151
5.4.2 热量衡算 152
5.4.3 雾化器主要尺寸的设计计算 153
5.4.4 雾滴干燥时间的计算 157
5.4.5 喷雾干燥塔塔径和塔高的计算 160
5.4.6 主要附属设备 167
5.5 喷雾干燥装置设计示例 169
参考文献 179
本章符号说明 179

附录

附录1　日产24吨乙醇筛板塔生产工艺流程图　181

附录2　换热器设计常用数据　182

附录3　乙醇-水物系的汽液平衡数据　186

附录4　10～70℃乙醇-水溶液的密度　189

附录5　乙醇-水溶液的黏度　189

附录6　乙醇-水溶液的比热容　189

附录7　乙醇-水溶液的相关热量值　190

附录8　乙醇-水溶液的密度和浓度对照表（20℃）　190

电子版附录

附录9　分块式单流型塔板系列参数

附录10　整块式单流型塔板系列参数

附录11　筛板式精馏塔设计软件用户手册

附录12　苯-甲苯气液平衡数据

附录13　苯-氯苯气液平衡数据

附录14　简捷计算DSTWU与核校Distl模拟过程

附录15　饱和水蒸气温度和压力的计算

附录16　水物性的计算公式

附录17　带有涡流室设计的SV系列Spray Dry®喷嘴

附录18　几种常见旋风分离器的参数

附录19　上海化工研究院等设计的B型旋风分离器

附录20　MC II 型脉冲袋式除尘器

扫码获取本书线上资源

第1章 绪论

1.1 化工原理课程设计的学习目标、基本内容和过程

1.1.1 化工原理课程设计的学习目标

化工生产中的各种单元操作，如流体输送、热量传递、吸收、蒸馏、干燥、蒸发等是化工原理课程研究和讨论的主要内容。化工原理课程设计是综合运用化工原理课程和有关先修课程（物理化学、工程制图等）所学知识，完成以某一单元操作设备设计为主的一次工程实践性教学。大多数工科院校通常在学完化工原理课程内容后，随即开设该课程。通过课程设计，学生将在以下几个方面得到很好的培养和训练。

（1）资料、文献、数据的查阅、收集、整理和分析能力

在设计过程中，往往需要获取各种数据和相关资料，如物质的物性数据、材料的力学性能、设备的标准和设计规范、已有的先进设计工程样板资料、特定生产过程和操作条件下的工程经验数据、国家的政策和法律法规等。当缺乏必要数据时，尚需通过实验测定或到生产现场进行实际查定。

（2）工程设计计算能力和综合评价能力

对于一个给定的设计任务，需要进行工艺计算和设备的设计计算，需要对多种方案进行分析比较，并对自己的选择做出论证和核算，择优选定最理想的方案和合理的设计。在兼顾技术先进性、可行性、经济合理性的前提下，综合分析设计任务要求，确定化工工艺流程，进行设备选型，并提出保证过程正常、安全运行所需要的检测和计量参数，同时还要考虑安全、法律、文化以及环境等因素。

（3）表达能力

用精练的语言、简洁的文字、清晰的图表来表达自己的设计思想和计算结果。

1.1.2 化工原理课程设计的基本内容和过程

（1）单元操作设备设计

① 设计方案的选定

a. 确定设备的操作条件，如温度、压力等。

b. 确定设备结构型式，比较各类型设备结构的优缺点，结合设计任务的情况，选择高效、可靠的设备结构型式。

② 主要设备的工艺设计计算

a. 设备总物料衡算与热量衡算。

b. 设备特征尺寸计算。如板式塔的理论塔板数，填料塔的填料层高度、塔径、塔高，换热器的传热面积等。

c. 流体力学验算。如流动阻力、操作范围等。

③ 主体设备的结构设计与计算　例如板式塔塔板平面布置、塔板装配类型，换热器传热管与管板的连接、管板与壳体及壳箱的连接等设计与计算。

④ 辅助设备的计算与选型　包括典型辅助设备的主要工艺尺寸计算和设备规格型号的选定。

⑤ 辅助结构的选用　如支座、吊柱、保温支件等的选用。

（2）绘图

① **工艺流程简图**　以单线图的形式绘制，标出主体设备和辅助设备的物料流向、物料流量、热流量和主要化工参数测量点。

② **主体设备工艺条件图**　图面上应包括设备的主要工艺尺寸、技术特性表和接管表等。

（3）设计说明书的编写

完整的化工单元操作课程设计报告由说明书和图纸两部分构成。设计说明书应包括所有论述、原始数据、计算、表格等，编排顺序如下：

① 标题页
② 设计任务书
③ 目录
④ 设计方案简介
⑤ 工艺流程简图及说明
⑥ 工艺计算及主体设备设计
⑦ 辅助设备的计算及选型
⑧ 设计结果概要或设计结果一览表
⑨ 对本设计的评价
⑩ 参考文献
⑪ 附图（工艺流程简图、主体设备工艺条件图等）

1.2　化工生产工艺流程设计

化工生产工艺流程设计是所有化工设计中最先着手的工作，由浅入深、由定性到定量逐步分阶段依次进行，而且它贯穿于设计的整个过程。工艺流程设计的目的是在确定生产方法之后，以流程图的形式表示出由原料到成品的整个生产过程中物料被加工的顺序以及各股物料的流向，同时表示出生产中所采用的化学反应、化工单元操作及设备之间的联系，据此可进一步制定化工管道流程和计量-控制流程，它是化工过程技术经济评价的依据。按照设计阶段不同，先后有方框流程图（Block Flowsheet）、工艺流程简图（Simplified Flowsheet）、工艺物料流程图（Process Flow Diagram）、带控制点的工艺流程图（Process and Control Flowsheet）和管道及仪表流程图（Piping and Instrument Diagram）等种类。方框流程图是在工艺路线选定后，对工艺流程进行概念性设计时完成的一种流程图，不编入设计文件。工艺流程简图是一个半图解式的工艺流程图，它实际上是方框流程图的一种变体或深入，只带有示意的性质，供化工计算时使用，也不列入设计文件。工艺物料流程图和带控制点的工艺流程图列入初步设计阶段的设计文件中，管道及仪表流程图列入施工图设计阶段的设计文件中。

1.2.1 工艺流程图

工艺流程图是一种示意性图样，它以形象的图形、符号、代号表示化工设备、管路附件和仪表自动控制等，用于表达生产过程中物料的流动顺序和生产操作程序，是化工工艺人员进行工艺设计的主要内容，也是进行工艺安装和指导生产的主要技术文件。不论在初步设计阶段还是在施工图设计阶段，工艺流程图都是非常重要的组成部分。

工艺流程图在不同的设计阶段提供的图样不同。

① **可行性研究阶段** 一般需要提供全厂（车间、总装置）方块物料流程图和方案流程图。其中，方块物料流程图主要用于工艺及原料路线的方案比较、选择、确定；方案流程图又称为流程示意图或流程简图，主要用于工艺方案的论证和作为进行初步设计的基本依据。

② **初步设计阶段** 一般包括物料流程图、带控制点的工艺流程图、公用工程系统平衡图。物料流程图是在全厂（车间、总装置）方块物料流程图的基础上，分别表达各车间（工段）内部工艺物料流程的图样，是在工艺路线、生产能力等已定，已完成物料衡算和热量衡算时绘制的。它以图形与表格相结合的形式来反映衡算的结果，主要用来进行工艺设备选型计算、工艺指标确定、管径核算以及作为确定主要原料、辅助材料、项目环境影响评价等的主要依据。带控制点的工艺流程图是以物料流程图为依据，在管道和设备上画出配置的有关阀门、管件、自控仪表等有关符号的较为详细的一种工艺流程图。在初步设计阶段提供的带控制点的工艺流程图的要求较施工图设计阶段的内容要少一些，如辅助管线、一般阀门可以不画出。它是初步设计设备选型、管道材料估算、仪表选型估算的依据。公用工程系统平衡图是表示公用工程系统（如蒸汽、冷凝液、循环水等）在项目某一工序中使用情况的图样。

③ **施工设计阶段** 包括管道及仪表流程图（PID）和辅助管道系统与蒸汽伴管系统图。管道及仪表流程图系统地反映了某个过程中所有设备与物料之间的各种联系，是设备布置和管道布置设计的依据，也是施工安装、生产操作、检修等的重要参考图。因此，管道及仪表流程图是介绍装置情况最权威、最系统、最重要的图纸资料。辅助管道系统图是反映系统中除工艺管道以外的循环水、新鲜水、冷冻盐水、加热蒸汽及冷凝液、置换系统用气、仪表用压缩空气等辅助物料与工艺设备之间关系的管道流程图。蒸汽伴管系统图则是单指对具有特殊要求的设备、管道、仪表等进行蒸汽加热保护的蒸汽管道流程图。

鉴于受课程设计的深度和时间所限，课程设计所提供的工艺部分图纸仅为初步设计阶段的带控制点的工艺流程图和主要设备的工艺条件图。

本节先介绍对流程图的图形符号、标注方法等的规定，然后介绍工艺物料流程图和带控制点的工艺流程图。

（1）设备、阀门、管件的表示方法

工艺流程图中常见的阀门、管件的图形符号见表 1-1。

对于工艺流程图中的设备，常用细实线画出设备的简略外形和内部特征（如塔的填充物、塔板、搅拌器和加热管等）。目前，很多设备图形已有统一的规定，其图例可参考表 1-2。

表 1-1　常见的管件和阀件符号（摘自 HG/T 20519.2—2009）

名称	图例	名称	图例
Y 型过滤器		旋塞阀	
文氏管		底阀	
截止阀		四通旋塞阀	
节流阀		放空帽（管）	帽　管
闸阀		同心异径管	
球阀		视镜、视钟	
蝶阀		喷淋管	
疏水阀		管道混合器	

表 1-2　管道及仪表流程图中设备、机器图例（HG/T 20519.2—2009）

类别	代号	图例
塔	T	填料塔　板式塔　喷洒塔
塔内件		降液管　受液盘　浮阀塔塔板　泡罩塔塔板　格筛板　升气管 湍球塔　筛板塔塔板　分配(分布)器、喷淋器　(丝网)除沫层　填料除沫层

续表

类别	代号	图例
反应器	R	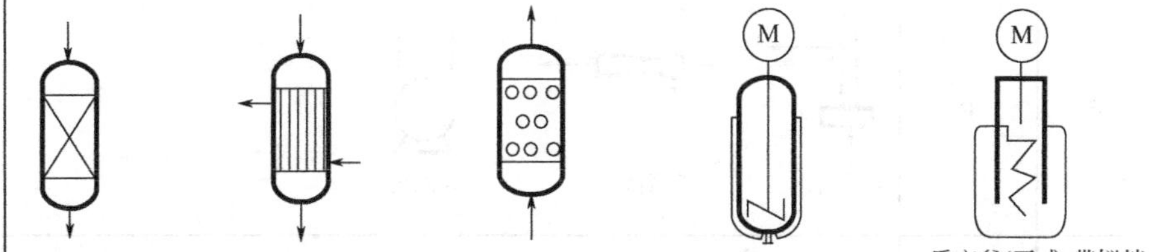 固定床反应器　列管式反应器　流化床反应器　反应釜(带搅拌、夹套)　反应釜(开式、带搅拌夹套、内盘管)
工业炉	F	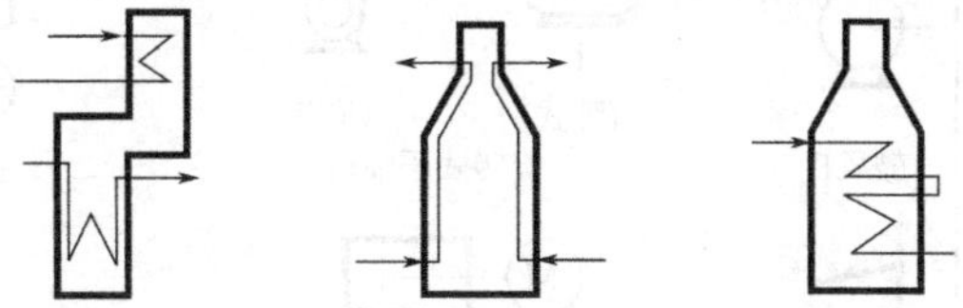 箱式炉　圆筒炉　圆筒炉
火炬烟囱	S	烟囱　火炬
换热器	E	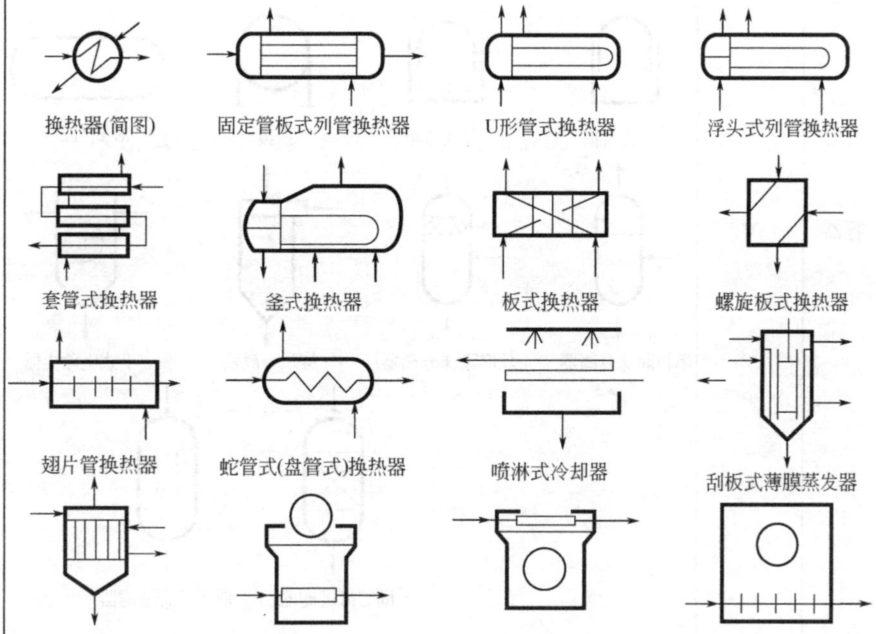 换热器(简图)　固定管板式列管换热器　U形管式换热器　浮头式列管换热器　套管式换热器　釜式换热器　板式换热器　螺旋板式换热器　翅片管换热器　蛇管式(盘管式)换热器　喷淋式冷却器　刮板式薄膜蒸发器　列管式(薄膜)蒸发器　抽风式空冷器　送风式空冷器　带风扇的翅片管式换热器
泵	P	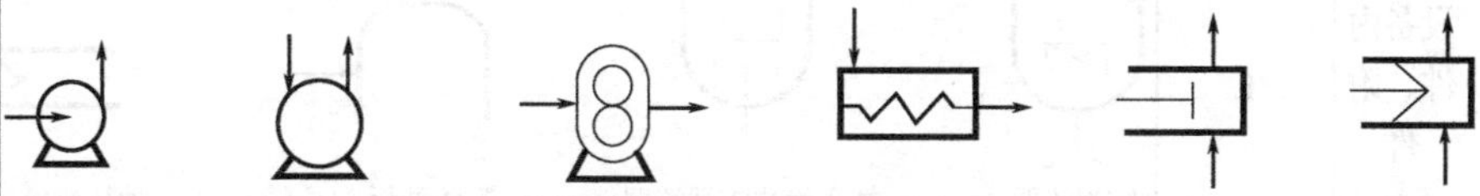 离心泵　水环式真空泵　旋转泵　齿轮泵　螺杆泵　往复泵　隔膜泵

续表

类别	代号	图例
泵	P	液下泵　喷射泵　旋涡泵
压缩机	C	鼓风机　(卧式)　(立式) 旋转式压缩机　M 二段往复式压缩机(L形)　M 四段往复式压缩机 离心式压缩机　M 往复式压缩机
容器	V	锥顶罐　(地下，半地下)池、槽、坑　浮顶罐　圆顶锥底容器　圆形封头容器　平顶容器 干式气柜　湿式气柜　球罐　卧式容器　卧式容器 填料除沫分离器　丝网除沫分离器　旋风分离器　干式电除尘器　湿式电除尘器 固定床过滤器　带滤筒的过滤器
设备内件、附件	L	防涡流器　插入管式防涡流器　防冲板　加热或冷却部件　搅拌器

续表

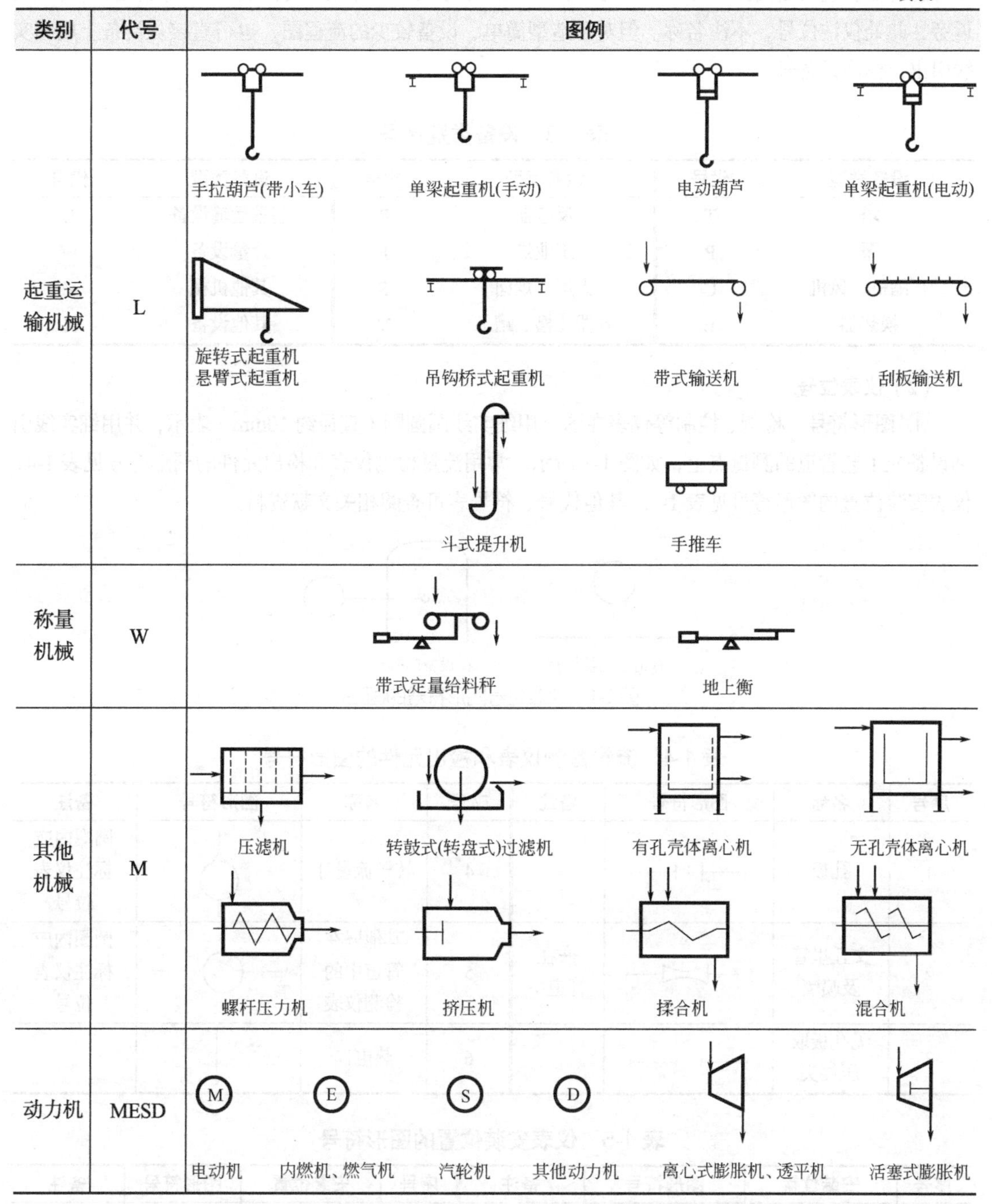

① **标注内容** 第一个字母是设备类别代号，用设备名称英文单词第一个字母表示，各类设备的类别代号见表 1-3。设备类别代号之后是设备编号，一般用四位数字组成，第一、二位数字是设备所在的工段（或车间）代号，第三、四位数字是设备的顺序编号。例如设备位号 T1218 表示第 12 工段（或车间）的第 18 号塔。设备位号在整个系统内不得重复，且在所有工艺图上设备位号均需一致。如有数台相同设备，则在其后加大写英文字母，例如 T1218A。

② **标注方法** 设备位号应在两个地方进行标注：一是在图上方或下方，标注的位号排列要整齐，

尽可能排在相应设备的正上方或正下方，并在设备位号线下方标注设备的名称；二是在设备内或其近旁，此处仅注位号，不注名称。但对于造型简单、设备较少的流程图，也可直接从设备上用细实线引出，标注设备号。

表 1-3　设备类别代号

设备类型	代号	设备类型	代号	设备类型	代号
塔	T	反应器	R	起重运输设备	L
泵	P	工业炉	F	计量设备	W
压缩机、风机	C	火炬、烟囱	S	其他机械	M
换热器	E	容器（槽、罐）	V	其他设备	X

（2）仪表位号

① **图形符号**　检测、控制等仪表在图上用细实线画圆圈（直径约 10mm）表示，并用细实线引到设备或工艺管道的测量点上，如图 1-1 所示。常用流量检测仪表和检出元件的图形符号见表 1-4，仪表安装位置的图形符号见表 1-5。其他代号、符号表可查阅相关文献资料。

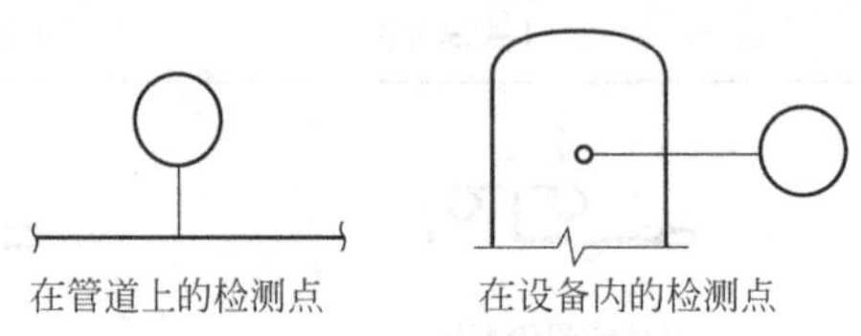

图 1-1　仪表位号图形符号的画法

表 1-4　流量检测仪表和检出元件的图形符号

序号	名称	图形符号	备注	序号	名称	图形符号	备注
1	孔板			4	转子流量计		圆圈内应标注仪表位号
2	文丘里管及喷嘴		嵌在管道中	5	其他嵌在管道中的检测仪表		圆圈内应标注仪表位号
3	无孔板取压接头			6	热电偶		

表 1-5　仪表安装位置的图形符号

序号	安装位置	图形符号	备注	序号	安装位置	图形符号	备注
1	就地安装仪表			3	就地仪表盘面安装		
			嵌在管道中	4	集中仪表盘后安装仪表		
2	集中仪表盘面安装仪表			5	就地安装仪表盘后安装仪表		

② **标注**　在仪表图形符号上半圆内，标注被测变量、仪表功能字母代号，下半圆内标注数字编号，如图 1-2 所示。

字母代号：字母代号表示被测变量和仪表功能，第一位字母表示被测变量，后继字母表示仪表的功能，被测变量和仪表功能字母代号见表 1-6。一台仪表或一个圆内，同时出现不同后继字母时，应按 I、R、C、T、Q、S、A 的顺序排列，若同时存在 I 和 R 时，只注 R。常用的仪表图形符号见表 1-7。

数字编号：数字编号前两位为主项（或工段）序号，应与设备、管道主项编号相同。后两位数字为回路序号，不同的被测变量可单独编号。编注仪表位号时，应按工艺流程自左向右编排。

图 1-2（a）为集中仪表盘面安装仪表，其中第一位字母代号“T”为被测变量（温度），后继字母“RC”为仪表功能代号（记录、控制）；图 1-2（b）为就地安装仪表，仪表功能为压力指示，编号为 401。

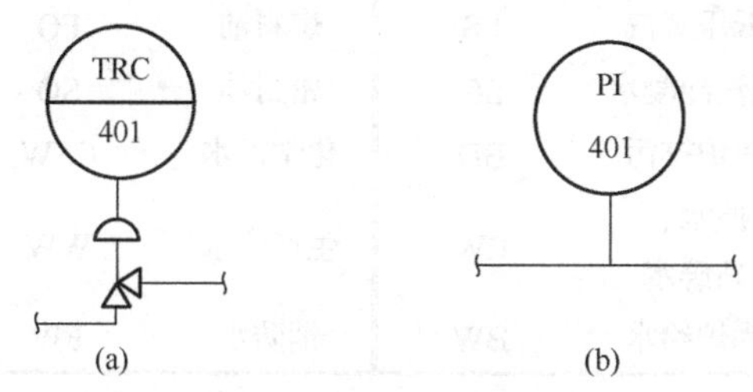

图 1-2　仪表位号标注方法

表 1-6　被测变量和仪表功能字母代号（HG/T 20505—2014）

字母	首位字母		后继字母	字母	首位字母		后继字母
	被测变量	修饰词	功能		被测变量	修饰词	功能
A	分析		报警	L	物位		指示灯
C	电导率		控制	M	水分或湿度		
D	密度	差		P	压力		连接或测试点
F	流量	比率		Q	数量	积算、累积	积算、累积
G	可燃气体（或有毒气体）		视镜、观察	R	核辐射		记录
H	手动			S	速度、频率		
I	电流		指示	T	温度		传送（变送）

表 1-7　常用的仪表图形符号

符号												
意义	就地安装	集中安装	通用执行机构	活塞执行机构	无弹簧气动阀	有弹簧气动阀	电磁执行机构	电动执行机构	带定位器气动阀	变送器	转子流量计	孔板流量计

（3）物料代号

流程图中常见的物料代号见表 1-8。

表 1-8 常见物料代号

物料名称	代号	物料名称	代号	物料名称	代号	物料名称	代号
工艺气体	PG	尾气	TG	循环冷却水上水	CWS	燃料气	FG
工艺液体	PL	工艺水	PW	循环冷却水回水	CWR	天然气	NG
工艺固体	PS	气氨	AG	自来水、生活用水	DW	惰性气	IG
气液两相流工艺物料	PGL	二氧化碳	COO	软水	SW	工艺蒸气	VP
合成气	SG	中压蒸汽	MS	润滑油	LO	放空	VT
工艺空气	PA	低压蒸汽	LS	燃料油	FO	真空排放气	VE
仪表空气	IA	蒸汽冷凝水	SC	密封油	SO	火炬排放气	FV
氨水	AW	锅炉排污	BD	化学污水	CSW	导淋排液	DR
液氨	AL	原水、新鲜水	RW	生产废水	WW		
转化气	CG	锅炉给水	BW	消防水	FW		

1.2.2 工艺物料流程图

工艺物料流程图（Process Flow Diagram，简称 PFD）在完成物料衡算和热量衡算之后便可绘制。它以图形与表格相结合的形式反映设计计算的结果，用于表示工艺过程中的关键设备或主要设备，或一些关键节点的流量、组成和流股参数（如温度、压力等）。一般包括如下内容：

① **图形** 设备的示意图和物料流程线；

② **标注** 设备的位号、名称和特性数据等；

③ **物料平衡表** 物料代号、物料名称、组分、流量、压力、温度、状态及来源去向等；

④ **标题栏** 包括图名、图号、设计阶段等。

因为在绘制物料流程图时尚未进行设备设计，所以物料流程图中设备的外形不必精确，常采用标准规定的设备表示方法简化绘制，有的设备甚至被简化为符号形式。设备的大小不要求严格按比例绘制，但外形轮廓应尽量做到按相对比例绘制。

1.2.3 带控制点的工艺流程图

在设备设计结束、控制方案确定之后，便可绘制带控制点的工艺流程图（在车间布置的设计过程中，可能会对流程图进行一些修改）。图中应包括如下内容。

（1）物料流程

物料流程包括：

① 设备示意图，大致按设备外形尺寸比例画出，标明设备的主要接口，恰当考虑设备合理的相对位置；

② 设备位号；

③ 物料及动力（水、蒸汽、真空、压缩机、冷冻盐水等）管线及流向箭头；

④ 管线上主要阀门、设备及管道的必要附件，如冷凝水排除器、管道过滤器等；

⑤ 必要的计量控制仪表，如流量计、液位计、压力表、真空表及其他测量仪表等；

⑥ 简要的文字注释，如冷却水、加热蒸汽来源、热水及半成品去向等。

（2）图例

图例将物料流程图中画出的有关管线、阀门、设备附件、计量控制仪表等图形用文字予以说明。

（3）图签（标题栏）

图签是写出图名、设计单位、设计人员、制图人员、审核人员（签名）、图纸比例尺、图号等项内容的一份表格，其位置在流程图右下角。

带控制点的工艺流程图一般由工艺专业人员和自控专业人员合作绘制。化工原理课程设计只要求能标绘出测量点位置即可。

工艺流程图中，工艺物料管道用粗实线，辅助物料管道用中粗线，其他用细实线。图线宽度见表 1-9。

表 1-9　工艺流程图中图线的画法

类别	图线宽度 /mm		
	0.6～0.9	0.3～0.5	0.15～0.25
管道及仪表流程图	主物料管道	辅助物料管道	其他
辅助物料管道系统图	辅助物料管道总管	支管	其他

书末附录 1 给出了一个带控制点的日产 24 吨乙醇筛板塔生产工艺流程图。

1.3　主体设备图

主体设备是指在每个单元操作中处于核心地位的关键设备，如传热中的换热器、蒸发中的蒸发器、蒸馏和吸收中的塔设备、干燥中的干燥器。

1.3.1　主体设备工艺条件图

主体设备工艺条件图是将设备的结构设计和工艺尺寸的计算结果用一张总图表示出来。通常由负责工艺的人员完成，它是进行装置施工图设计的依据。图面上应当包含以下内容。

① **设备图形**　指主要尺寸（外形尺寸、结构尺寸、连接尺寸）、接管、人孔等。

② **技术特性**　指装置设计和制造检验的主要性能参数。通常包括设计压力、设计温度、工作压力、工作温度、介质名称、腐蚀裕度、焊缝系数、容器类别（指压力等级，分为类外、一类、二类、三类四个等级）及装置的尺度（如罐类为全容积、换热器类为换热面积等）。

③ **管接口表**　注明各管口的符号、公称尺寸、连接尺寸、用途等。

④ **设备组成一览表**　注明组成设备的各部件的名称等。

应当指出，以上设计全过程统称为设备的工艺设计。完整的设备设计，应在上述工艺设计的基础上再进行机械强度设计，最后提供可供加工制造的施工图（装配图）。

1.3.2 装配图

一般来说一台化工设备的装配图应包括下列内容。

① **视图** 根据设备的复杂程度，采用一组视图，从不同的方向表示清楚设备的主要结构形状和零部件之间的装配关系。视图是图样的主要内容，视图画法及规范按机械制图国家标准的要求绘制。

② **尺寸** 图上应注写必要的尺寸，作为设备制造、装配、安装检验的依据。这些尺寸主要有表示设备总体大小的总体尺寸、表示规格大小的特性尺寸、表示零部件之间装配关系的装配尺寸、表示设备与外界安装关系的安装尺寸。注写这些尺寸时，除数据本身要绝对正确外，标注的位置、方向等都应严格按规定来处理。如尺寸应尽量安排在视图的右侧和下方，数字在尺寸线的左侧或上方。不允许注封闭尺寸，参考尺寸和外形尺寸除外。尺寸标注的基准面一般从设计要求的结构基准面开始，并应考虑所注尺寸是否便于检查。

③ **零部件编号及明细表** 将视图上组成该设备的所有零部件依次用数字编号，并按编号在明细栏（主标题栏上方）中，从下至上逐一填写每一个编号的零部件的名称、规格、材料、数量、质量及有关图号或标准号等内容。

④ **管口符号及管口表** 设备上所有管口均需用英文小写字母依次在主视图和管口方位图上对应注明符号，并在管口表中从上向下逐一填写每一个管口的尺寸、连接尺寸及标准、连接面形式、用途或名称等内容。

⑤ **技术特性表（设计数据表）** 用表格形式表示设备制造检验的主要数据。

⑥ **技术要求** 用文字形式说明图样中不能表示出来的要求。

⑦ **标题栏** 位于图样右下角，用以填写设备名称、主要规格、制图比例、设计单位、设计阶段、图样编号以及设计、制图、校审等有关责任人签字等内容。

1.3.3 化工设备图的绘制

化工设备装配图绘制方法和步骤大致如下。

① **选定视图表达方案、绘图比例和图面安排** 基本视图中，一般按设备的工作位置，以最能表达各零部件间相互关系、设备工作原理以及零部件的主要结构形状的视图为主视图。其次再选用其他必要的基本视图，如立式设备再选俯视图，卧式设备再选左视图，以补充在主视图上没有表达清楚的地方。在俯（左）视图上，一定要表达清楚管口及零部件在设备周向上的方位。

② **绘制视图底稿** 绘制视图前，先在图面上布置好各视图位置。根据设备最大外形尺寸及绘图比例，确定各视图尺寸范围，定出各视图主要轴线（中心线）和绘图基准线的位置。还要考虑标注尺寸、件号所需位置，局部放大图、剖视图的位置以及绘制标题栏、管口表、技术要求的位置等。绘制的步骤一般按照“先画主视图，后画左（俯）视图；先画主体，后画附件；先画外件，后画内件；先定位置，后画形状”的原则进行。

③ **标注尺寸和焊缝代号** 化工设备共有 4 种尺寸类型，即特性尺寸、装配尺寸、安装尺寸、外形尺寸。特性尺寸表示设备主要性能和规格，如反映设备容积大小的内径和筒高。装配尺寸表示各零部件装配关系和相对位置的尺寸。安装尺寸是设备整体与外部发生关系的尺寸，用来表达设备安装在基础上或其他构件上所需的尺寸。外形尺寸也叫总体尺寸，用以表达设备所占空间的长、宽、

高尺寸。尺寸标注按照特性尺寸、装配尺寸、安装尺寸、必要的其他尺寸、外形尺寸的顺序标注。

④ **编排零部件件号** 注意设备中结构、形状、材料和尺寸完全相同的零部件，数量有多个的，即便装配位置不同也应编成同一件号，且只标注一次。

⑤ **编排管口符号** 管口符号一律用小写字母（a,b,c,…）编写。规格、用途及连接面形式完全相同的管口，则应编成同一符号，但应在符号的右下角加注数字角标。管口符号的编写顺序，从主视图的左下方开始，按顺时针方向依次编写。在其他视图上的管口符号则应根据主视图中对应的符号填写。

⑥ 填写件号表、管口表。

⑦ 编写图面技术要求，设计数据表、标题栏。

⑧ 全面校核、审定后，画剖面线后描重。

⑨ 编制零部件图。

以上是一般绘图步骤，有时每步之间会相互穿插。注意用 Auto CAD 画图时需对每个宽度的线条建图层，如设备轮廓线图层、尺寸标注线图层等。

参考文献

[1] 姚瑰妮. 化工与制药工程制图[M]. 北京：化学工业出版社，2015.

[2] 王瑶，张晓冬. 化工单元过程及设备课程设计[M]. 3 版. 北京：化学工业出版社，2013.

[3] 陆怡. 化工设备识图与制图[M]. 北京：中国石化出版社，2011.

[4] 全国技术产品文件标准化技术委员会. 技术制图 图纸幅面和格式. GB/T 14689—2008[S]. 北京：中国标准出版社，2009.

[5] 中国石油和化工勘察设计协会. 化工工艺设计施工图内容和深度统一规定. HG/T 20519—2009[S]. 北京：中国计划出版社，2009.

[6] 中华人民共和国工业和信息化部. 过程测量与控制仪表的功能标志及图形符号. HG/T 20505—2014[S]. 北京：中国计划出版社，2014.

第2章
换热器设计

换热器是许多工业生产部门的通用工艺设备，尤其是在石油和化工生产中应用更为广泛。在化工生产中换热器可用作加热器、冷却器、冷凝器、蒸发器和再沸器等。在常减压蒸馏装置中换热器的投资约占总投资的20%，在催化重整和加氢脱硫装置中约占总投资的15%。可见，换热器在化工生产中占有很重要的位置。

换热器的类型很多，性能各异。在各种换热器中，列管式换热器单位体积内能够提供较大的传热面积，传热效果较好，并且适应性强，所以列管式换热器是生产过程中应用最广泛的换热设备。为方便用户选用，列管式换热器已经标准化和系列化，如中华人民共和国国家标准 GB/T 28712.1—2012、GB/T 28712.2—2012、GB/T 28712.3—2012。

进行换热器的设计，首先是根据工艺要求选用适当的类型，同时计算完成给定生产任务所需的传热面积，然后确定换热器的尺寸。

虽然换热器类型很多，但计算传热面积所依据的传热基本原理相同，不同之处仅是在结构设计上，需要根据各自设备特点采用不同的计算方法而已。

为此，本章仅就设计成熟、应用广泛的列管式换热器进行介绍。

列管式换热器的结构简单、牢固，操作弹性大，应用材料来源广。虽然在传热效率、紧凑性和金属耗量等方面不及某些新型换热设备，但其应用历史悠久，设计资料完善，并已有系列化标准，加之其独特的优点，在近代层出不穷的新型换热设备中，仍不失其重要地位，特别是在高温、高压和大型换热设备中仍占绝对优势。

2.1 换热设备的基本要求

完善的换热设备在设计或选型时应满足以下各项基本要求。

2.1.1 满足工艺条件

传热量、流体的热力学参数（温度、压力、流量、相态等）与物理化学性质（密度、黏度、腐蚀性等）是工艺过程所规定的条件。设计者应根据这些条件进行热力学和流体力学计算，经过反复比较，使所设计的换热设备具有尽可能大的传热面积，在单位时间内传递尽可能多的热量。为此，具体的做法可以有以下几种。

（1）增大传热系数

在综合考虑了流体阻力和不发生流体诱发振动的前提下，尽量选择高的流速，如选用较小管径和多管程结构来提高管内流速；并且通过增加折流板、减小挡板间距来增加湍动程度，增大传热系数。

（2）增大平均传热温差

对于无相变的流体，尽量采用接近逆流的传热方式，这样不仅可增大平均传热温差，还有助于减少结构中的温差应力。在条件允许时，可通过提高热流体或降低冷流体的进口温度来增大平均传热温差。

（3）合理布置传热面

例如在列管式换热器中，采用合适的管间距或排列方式，不仅可以加大单位空间内的传热面积，还可以改善流动特性。

2.1.2 合理选择材质

换热设备也是压力容器，在进行强度、刚度、温差应力以及疲劳寿命计算时，应该参照我国《钢制石油化工压力容器设计规定》（简称《容器设计规定》）、《钢制管壳式换热器设计规定》（简称《换热器设计规定》）、GB/T 151—2014《热交换器》等有关规定与标准。

材料的选择是一个重要环节。换热器各种零部件的材料，应根据设备的操作压力、操作温度、流体的腐蚀性以及材料的制造工艺性能等要求来选取。一般从设备的强度或刚度角度来考虑，是比较容易达到的，但材料的耐腐蚀性能，有时往往成为一个复杂的问题。在耐腐蚀性能方面考虑不周、选材不妥，不仅会影响换热器的使用寿命，而且也会大大提高设备的成本。

材料的经济合理性也是非常重要的。换热器常用的材料有碳钢和不锈钢。碳钢的价格低廉、强度较高，对碱性介质的化学腐蚀比较稳定，但很容易被酸腐蚀，在无耐酸腐蚀性要求的环境中应用是合理的。如一般换热器常用的普通无缝钢管，常用的材料为10号和20号碳钢。对于不锈钢来讲，奥氏体系不锈钢有良好的耐腐蚀性和冷加工性能。

新的国家标准GB/T 151—2014增加了铝、铜、钛等有色金属作为换热器材料。

2.1.3 经济优化

当设计或选型时，往往有几种换热器都能满足生产工艺要求，此时对换热器的经济核算就显得十分必要。应根据在一定时间内（例如一年内）设备费（包括购买费、运输费、安装费等）与操作费（动力费、清洗费、维修费等）的总和最小的原则来选择换热器，并确定适宜的操作条件。

应尽可能采用标准系列，这对设计以及检修、维护等方面均可带来方便。我国已制定了热交换器等标准系列（GB/T 28712—2012），在设计中应尽量采用。若由于标准系列的规格限制，不能满足工厂的生产需求时，必须进行换热设备的结构设计。

最后，设备与部件应便于运输与拆装，在厂房内移动时不受楼梯、梁、柱等的妨碍；根据需要添置气、液排放口和检查孔等；对于易结垢的设备（或因操作上波动引起的快速结垢现象，设计中应提出相应对策）可考虑在流体中加入净化剂，避免停工清洗，或设计两个换热器，交替进行工作和清洗等。

2.2 列管换热器标准简介

2.2.1 列管式换热器的设计、制造、检验与验收标准

列管式换热器的设计、制造、检验与验收必须遵循中华人民共和国国家标准《热交换器》(GB/T 151—2014)。

按该标准，换热器的公称直径作如下规定：卷制圆筒，以圆筒内径作为管壳式换热器公称直径，单位为mm；管材制圆筒，以钢管外径作为换热器的公称直径，单位为mm。

换热器的换热面积：计算换热面积，是以换热管外径为基准，扣除不参与换热的换热管长度后，计算所得到的管束外表面积的总和，单位为m^2。公称换热面积，指经圆整后的计算换热面积。

换热器的公称长度：以换热管长度（m）作为换热器的公称长度。换热器为直管时，取直管长度；换热器为U形管时，取U形管的直管段长度。

该标准还将列管式换热器的主要组合部件分为前端结构、壳体和后端结构（包括管束）三部分，详细结构型式及代号见图2-1。

GB/T 151—2014将碳素钢和低合金钢材质的管束分为Ⅰ、Ⅱ两级管束。Ⅰ级管束采用较高级的冷拔传热管，适用于无相变传热和易产生振动的场合。Ⅱ级管束采用普通级的冷拔传热管，适用于再沸、冷凝和无振动的一般场合。高合金钢取消了普通精度级，故铝、铜、钛换热管全部采用较高精度级或高精度级。

2.2.2 列管式换热器型号的表示方法

列管式换热器型号的表示方法如下，该表示方法适用于立式和卧式换热器。

$$\times\times\times DN-\frac{p_t}{p_s}-A-\frac{LN}{d}-\frac{N_t}{N_s}\quad Ⅰ（或Ⅱ）\tag{2-1}$$

式中 ×××——第一个字母代表前端结构型式，第二个字母代表壳体型式，第三个字母代表后端结构型式（见图2-1）；

DN——公称直径，对于釜式再沸器用分数表示，分子为管箱直径，分母为壳程圆筒直径，mm；

$\frac{p_t}{p_s}$——管/壳程设计压力，压力相等时只写p_t，MPa；

A——公称换热面积，m^2；

LN——公称长度，m；

d——换热管外径，mm；

当采用铝、铜、钛换热管时，应在LN/d后面加材料符号，如LN/d Cu；

$\frac{N_t}{N_s}$——管/壳程数，单壳程时只写N_t；

Ⅰ（或Ⅱ）——Ⅰ级管束或Ⅱ级管束。

以下详细说明三种类型的列管换热器的型号。

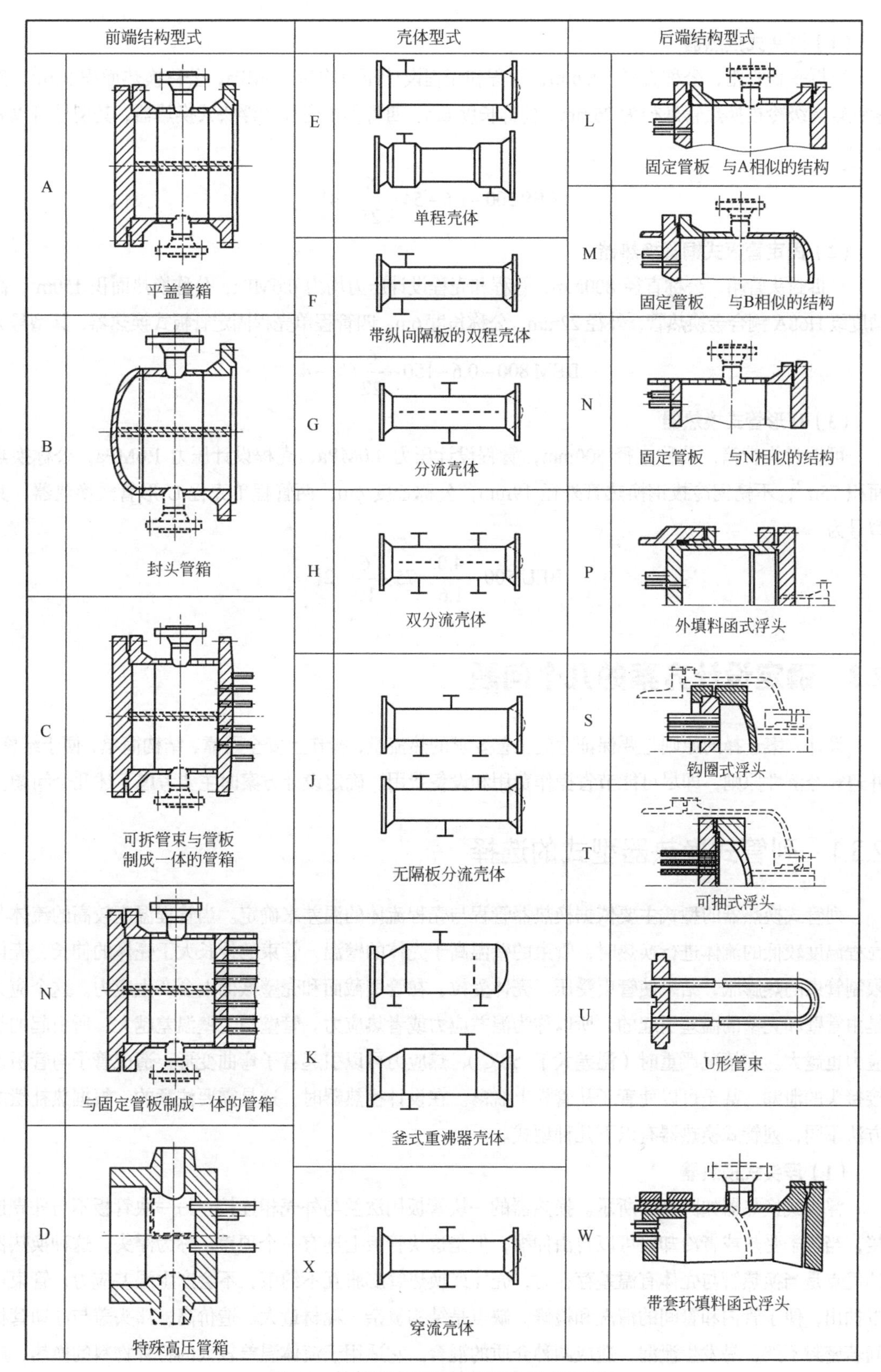

图 2-1 换热器主要部件的结构型式及代号

（1）浮头式换热器

可拆平盖管箱，公称直径500mm，管程和壳程设计压力均为1.6MPa，公称换热面积54m²，碳素钢较高级冷拔换热管外径为25mm，公称长度6m，四管程单壳程的浮头式换热器，其型号可以表示为

$$\text{AES}\,500-1.6-54-\frac{6}{25}-4\text{I}$$

（2）固定管板式铜管换热器

可拆封头管箱，公称直径800mm，管程和壳程设计压力均为0.6MPa，公称换热面积150m²，高精度级H68A铜合金换热管，外径22mm，公称长度6m，四管程单壳程固定管板式换热器，其型号为

$$\text{BEM}\,800-0.6-150-\frac{6}{22}\text{Cu}-4$$

（3）U形管式换热器

可拆封头管箱，公称直径500mm，管程设计压力4.0MPa，壳程设计压力1.6MPa，公称换热面积75m²，不锈钢冷拔钢换热管外径19mm，公称长度6m，两管程单壳程U形管式换热器，其型号为

$$\text{BEU}\,500-\frac{4.0}{1.6}-75-\frac{6}{19}-2\text{I}$$

2.3 确定设计方案的几个问题

设计方案选择的原则是要保证达到工艺要求的热流量，操作上安全可靠，结构简单，便于维修，并遵守经济性原则，即尽可能节省操作费用和设备费用。确定设计方案时主要考虑下述几个问题。

2.3.1 列管式换热器型式的选择

列管式换热器的型式主要依据换热器管程与壳程流体的温差来确定。当管程温度较高的流体与壳程温度较低的流体进行换热时，管束的壁温高于壳体的壁温，管束的伸长大于壳体的伸长，壳体限制管束的热膨胀，结果使管束受压、壳体受拉，在管壁截面和壳壁截面上会产生应力。这个应力是由管壁和壳壁的温差引起的，所以称为温差应力或者热应力。管壁与壳壁温差越大，所引起的热应力也越大。在情况严重时（温差大于 50℃），热应力可以引起管子弯曲变形，造成管子与管板连接接头的泄漏，甚至可以使管子从管板上脱落。在设计换热器时，这是需要注意的。根据热补偿的方法不同，列管式换热器有以下几种型式。

（1）浮头式换热器

浮头式换热器如图2-2所示。换热器的一块管板用法兰与外壳相连接，另一块管板不与外壳连接，当管子受热或者冷却时可以自由伸缩，但是这块管板上连有一个顶盖，称为浮头。这种换热器的优点是当换热管与壳体有温差存在时，壳体或换热管膨胀互不约束，不会产生温差应力；管束可以抽出，便于管内和管间的清洗和检修。缺点是结构复杂、耗材量大、造价高，浮头盖与浮动管板间若密封不严，易发生泄漏，造成两种介质的混合。它适用于流体温差较大的各种物料的换热，应用极为普遍。

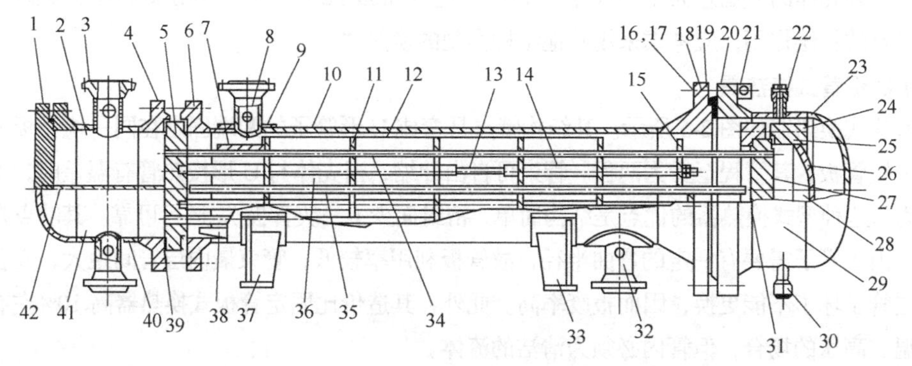

图 2-2　浮头式换热器

（2）固定管板式换热器

固定管板式换热器如图 2-3 所示（该换热器由 B 型封头管箱、E 型单程壳体和 M 型后端结构构成，符号意义见图 2-1）。换热器管束连接在管板上，管板分别焊在外壳两端，并在管板上连有顶盖，顶盖和壳体设有流体进出口接管。这类换热器结构简单、价格低廉，但管外清洗困难，宜处理两流体温差小于 50℃且壳方流体较清洁以及不易结垢的物料。

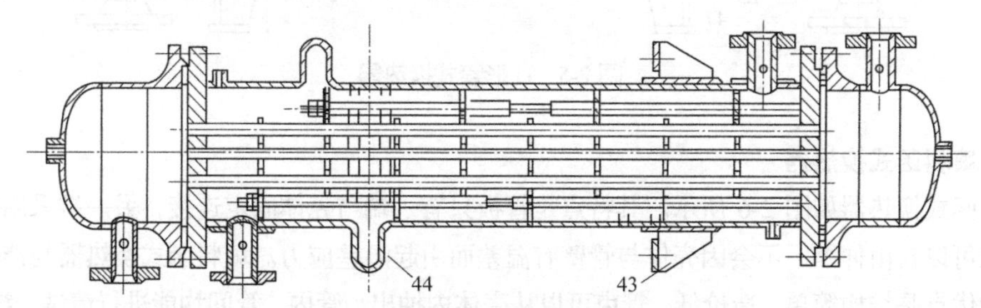

图 2-3　带补偿圈的固定管板式换热器

由于管子和管板与外壳的连接都是刚性的，而管内管外是两种不同温度的流体，因此当管壁与壳壁温差较大时，由于两者的热膨胀不同，会产生很大的温差应力，以至于使管子扭弯或使管子从管板上松脱，甚至毁坏换热器。当冷热两种流体的温差超过 50℃时，可使用带补偿圈的固定管板式换热器（见图 2-3）。补偿圈是一种挠性元件，受外力作用能产生较大的位移，以吸收管道或设备由于热膨胀而引起的尺寸变化。这种补偿圈（或称膨胀节）通常焊接在外壳的适当部位上，补偿圈按截面形状可分为平板式［图 2-4（a）］、半圆形［图 2-4（b）］、Ω 形［图 2-4（c）］、U（波）形［图 2-4（d）和（e）］以及 S 形［图 2-4（f）］等。这种补偿方法适用于两流体的温差低于 70℃且壳方流体压强不高于 0.6MPa 的情况。

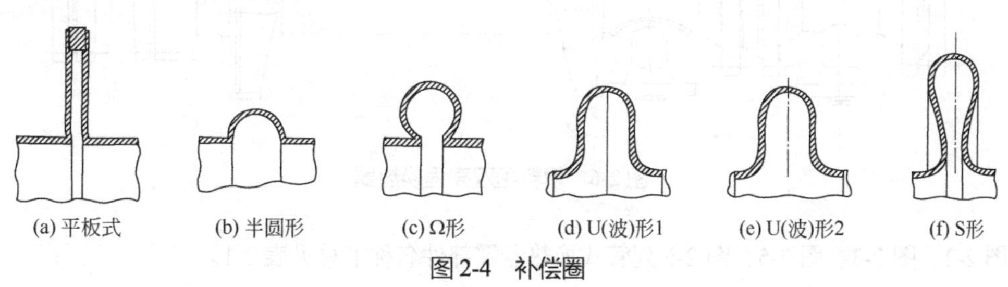

图 2-4　补偿圈

当管子和壳体的壁温差大于 70℃和壳程压力超过 0.6MPa 时，由于补偿圈过厚，难以伸缩，会失去对温差的补偿作用，应考虑采用其他结构类型的换热器。

（3）U 形管式换热器

U 形管式换热器如图 2-5 所示。其结构特点是弯成 U 形管子的两端固定在同一块管板上，换热器只有一块管板，其管程至少为两程。管束可自由伸缩，当壳体与 U 形换热管有温差时，不会产生温差应力。这种型式换热器的优点是结构简单，密封面少（一块管板），运行可靠。其缺点是管内清洗困难；由于管子需要有一定的弯曲半径，故管板利用率较低；管束最内层管间距大，壳程容易短路；内层管子坏了不能更换，因而报废率高。此外，其造价比固定管板式换热器高 10%左右。它适用于高温、高压的场合，但管内必须为清洁的流体。

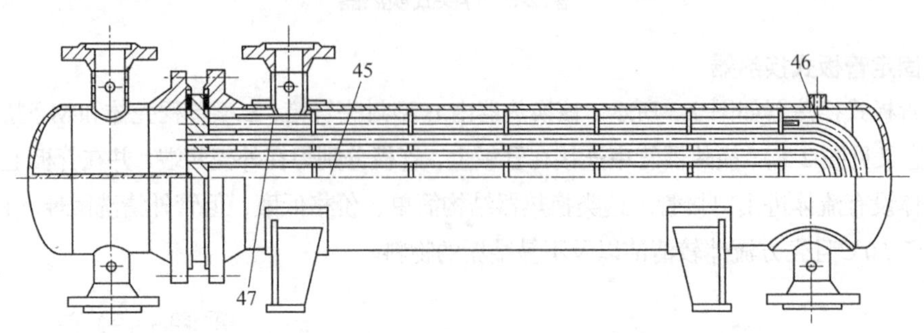

图 2-5　U 形管式换热器

（4）填料函式换热器

填料函式换热器如图 2-6 所示。其特点是管板只有一端与壳体固定连接，另一端采用填料函密封。管束可以自由伸缩，不会因壳体与管壁有温差而引起温差应力。填料函式换热器与浮头式换热器相比的优点是结构简单、造价低，管束可以从壳体内抽出，管内、管间均能进行清洗，维修方便。其缺点是填料函耐压不够，壳程流体通过填料函有外漏的可能性，因此，壳程不能处理易燃、易爆、有毒和贵重的流体。另外，目前所使用的填料函式换热器的直径一般在 1200mm 以下，很少采用大直径的填料函式换热器。

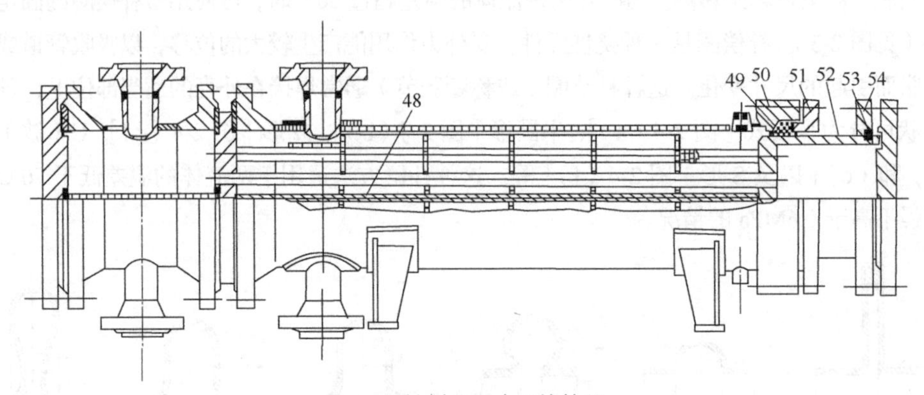

图 2-6　填料函双壳程换热器

图 2-2、图 2-3、图 2-5、图 2-6 列管式换热器零部件名称汇总见表 2-1。

表 2-1　列管式换热器部分零部件名称汇总

序号	名称	序号	名称	序号	名称
1	管箱平盖	19	外头盖侧法兰	37	固定鞍座（部件）
2	平盖管箱（部件）	20	外头盖法兰	38	滑道
3	接管法兰	21	吊耳	39	管箱垫片
4	管箱法兰	22	放气口	40	管箱圆筒
5	固定管板	23	凸形封头	41	封头管箱（部件）
6	壳体法兰	24	浮头法兰	42	分程隔板
7	防冲板	25	浮头垫片	43	耳式支座（部件）
8	仪表接口	26	球冠形封头	44	膨胀节（部件）
9	补强圈	27	浮动管板	45	中间挡板
10	壳程圆筒	28	浮头盖（部件）	46	U 形换热管
11	折流板	29	外头盖（部件）	47	内导流筒
12	旁路挡板	30	排液口	48	纵向隔板
13	拉杆	31	钩圈	49	填料
14	定距管	32	接管	50	填料函
15	支持板	33	活动鞍座（部件）	51	填料压盖
16	双头螺柱或螺栓	34	换热管	52	浮动管板裙
17	螺母	35	挡板	53	部分剪切环
18	外头盖垫片	36	管束（部件）	54	活套法兰

总之，确定换热器的型式，除依据两流体的温差外，尚需考虑流体的性质、检修和清洗的要求等因素。

2.3.2　流体流动空间的选择

在列管式换热器中，哪一种流体流经管程，哪一种流体流经壳程，取决于多种因素，主要从以下三方面考虑。

（1）传热效果

① 黏度较大或流量较小的流体一般以走壳程为宜。因流体在有折流挡板的壳程流动时，由于流通截面和流向的不断改变，流体湍动加剧，在低 Re（Re>100）下即可达到湍流，有利于提高对流传热系数。故此，将两流体中热阻较大的一方安排在壳程，可提高传热效果。但这并非是绝对的，如在流动阻力损失允许的情况下，将这种液体通入管内并采用多管程结构，反而能得到更高的传热系数。

② 待冷却的流体走壳程好，便于散热。

（2）设备结构

① 压力高的流体宜走管程，这是因为管子直径小，耐压程度高，并可避免采用耐压的壳体和密封措施。

② 具有腐蚀性的流体宜在管内流过，这样只需管子采用耐高压或耐腐蚀的材料，壳体可用一般材料，降低成本。

③ 有毒的流体宜走管程，避免泄漏。

（3）检修清洗方便

① 不洁净或易结垢的流体宜走易于清洗的一侧，例如有些易于析出结晶、沉渣等沉淀物的流体。对于固定管板式、浮头式换热器，一般应将易结垢流体流经管程，但对于U形管式换热器，易结垢流体应走壳程。

② 饱和蒸汽一般走壳程，以便于及时排除冷凝液，蒸汽较洁净，且传热系数与流速关系不大。

需指出，在确定流体流动空间时，上述原则往往不能同时兼顾，应视具体情况抓住主要矛盾。例如首先考虑流体的压强、腐蚀性及清洗的要求等，然后再通过对传热与压降的计算予以校核选定。

2.3.3 流体流速的选择

提高流体在换热器中的流速，将增大对流传热系数，降低污垢在管子表面上沉积的可能性，即降低了污垢热阻，使总传热系数增加，所需传热面积减少，设备费用降低。但是流速增加，流体阻力将相应增大，使操作费用增加，所以适宜的流速应通过经济衡算来确定。一般针对热阻大的一侧提高流体流速，以增大对流传热系数。例如管程走水、壳程走重油的工况，提高壳程流速对总传热系数的提高有决定性的作用，这时如果提高管程流速则作用不大。工程上通常要求所选择的管程流速应能使流体处于稳定的湍流状态，即 $Re>10^4$ 。只有在流体黏度过大时，为避免压降过大，才不得不采用层流流动。

此外，选择流速的同时还应选择适当的换热器管长或管程数。因为一方面管子太长，不易清洗，且一般管长都有一定标准。另一方面管程数增加，将导致管程流体阻力增大，动力费用增加；同时平均温差较单管程时减小，传热效果降低。

工业上常采用的流体流速范围见表2-2～表2-4。

表2-2 列管式换热器中流体常用的流速范围 单位：m/s

流体种类		一般液体	易结垢液体	气体
流速	管程	0.5～3	>1	5～30
	壳程	0.2～1.5	>0.5	3～15

表2-3 列管式换热器中不同黏度液体的最大流速

液体黏度/（mPa·s）	>1500	1000～500	500～100	100～35	35～1	<1
最大流速/（m/s）	0.6	0.75	1.1	1.5	1.8	2.4

表2-4 列管式换热器中易燃、易爆液体的安全允许速度 单位：m/s

液体名称	乙醚、二硫化碳、苯	甲醇、乙醇、汽油	丙酮
安全允许速度	<1	<2～3	<10

一般壳程流体的最大流速约为管程液体流速的一半。通常油品在管内的最大流速为 2.7～3.0m/s，含有固体颗粒的油品，如催化裂化油浆，其最大流速不超过 1.8m/s。

在选择流速时，还必须考虑结构上的要求。为了避免设备的严重磨损，所算出的流速不应超过最大允许的经验流速。

2.3.4 冷却剂和加热剂的选择及出口温度的确定

用换热器完成物料的加热或冷却时，还要考虑加热剂（热源）和冷却剂的选用问题，选择加热剂和冷却剂主要考虑来源方便、有足够温差、价格低廉、使用安全等因素。

（1）冷却剂

常用的冷却剂有水、空气、盐水、氨蒸气等。与空气相比，水的比热容高，传热系数也高，但空气的获取和使用比水方便，应因地制宜。水和空气作为冷却剂时受到当地环境温度的限制，对于初始温度为 10～25℃的物料，如果要冷却到较低的温度，则需应用低温冷却剂。常用冷却剂的温度范围见表 2-5。

表 2-5　常用冷却剂的温度范围

冷却剂名称	温度范围
水（河水、井水、自来水等）	0～50℃
空气	>30℃
冷冻盐水（$CaCl_2$、NaCl 及其他溶液）	-15～0℃，用于低温冷却
氨蒸气	低于-15℃，用于冷冻工业

冷却剂的出口温度应由设计者根据经济衡算来确定，该温度直接影响冷却剂的用量和换热器的大小。例如，用冷却水作某物料的冷却剂时，在一定热负荷条件下，选用较高的冷却水出口温度，可节省水量，但传热的平均温差减小，使传热面积加大。反之，若选用较低的冷却水出口温度，冷却水量增加，而传热面积可减少。最适宜的冷却水出口温度应根据操作费与设备费之和最小来确定。一般来说，设计时所采取的冷却水进口温度与被冷却流体冷端之间一般需有 5～35℃温差。对于缺水地区，宜选用较大的温差。冷却水出口温度不宜太高，如出口温度超过 50℃时，溶解于水中的无机盐（如 $MgCO_3$、$CaCO_3$、$MgSO_4$、$CaSO_4$ 等）要在壁面上析出形成结晶垢。因此，用未经处理的河水作冷却剂时，其出口温度一般不宜超过 50℃，否则会加快污垢的生成，大大增加热阻。

（2）加热剂

常用加热剂有饱和水蒸气、烟道气、导热油等。饱和水蒸气是应用最广的一种加热剂，它的对流传热系数很高，可通过改变蒸气压强准确地调节加热温度，而且常可以利用价格低廉的蒸汽及涡轮机排放的废气。饱和水蒸气温度超过 180℃时压强很高，对设备的强度要求也相应地增加，所以饱和水蒸气一般只用于加热温度在 180℃以下的情况。

燃料燃烧后的烟道气具有很高的温度，可达 700～1000℃，适用于要达到较高温度的加热。烟道气加热的缺点是比热容低、控制困难和对流传热系数低。此外，还可结合工厂的具体情况，采用热空气或热水等作为加热剂。

2.4 主体构件的设计

按照 GB/T 151—2014，换热器的主要组合部件有前端管箱、壳体和后端结构（包括管束）三部分，见 2.2 节和图 2-1。列管式换热器的主要构件有管箱、壳体、管板、折流板、拉杆、定距管、分程隔板及膨胀节等，详见表 2-1。主要连接有：管箱与管板的连接、壳体与管板的连接、管子与管板的连接、拉杆与管板的连接以及分程隔板与管板的连接等。

2.4.1 管板

管板是列管式换热器的主要部件，在换热器的制造成本中占有相当大的比重。绝大多数管板是圆形平板，板上开有很多管孔，每孔还固定连着换热管，板的周边则与管件的管箱连接。管板是管程流体分布到各换热管的集散处，且对管程与壳程起隔离作用，同时承受管程与壳程压力。此外，管板还承受加热管与外壳在操作条件下由于热膨胀所产生的热应力。由于管程或壳程压力可能单独作用，所以管板应分别按单独承受管程或壳程压力进行设计。只有在正常操作、开停机和事故发生时能始终保证管程与壳程同时升压与降压，因此需要按管程与壳程的压差进行设计。

管板一般比较厚（常见的厚度为 50mm），大多数用厚钢板加工而成，也有用锻件加工的。当介质腐蚀性较弱时，可采用低碳钢或普通合金钢；处理强腐蚀性介质时，必须采用优良的耐腐蚀材料。为节省合金材料，可采用以碳钢为基体的复合钢板，复合材料可以是不锈钢或者其他耐腐蚀材料。一般让腐蚀介质走管程，管板的复合层面向管箱。

在高温高压换热器中，管板上的热应力和机械应力是相互叠加的。为了承受一定的机械应力，要求管板有一定厚度。但当管板两侧流体介质的温度相差较大时，或当介质温度发生突然变化时，都将在管板中产生很大的温差应力。为了减少温差应力，在满足机械强度的前提下，要尽量减小管板的厚度。一般浮头式换热器受力较小，其厚度只要满足密封性即可。

对于胀接的管板，用于易燃、易爆及有毒介质等严格场合，管板的最小厚度 δ_{min} 应不小于换热管的外径；用于一般场合时，δ_{min} 在换热管外径 d_o 的 0.65～0.75 倍之间。焊接管板的最小厚度应满足结构设计和制造的要求，且不小于 12mm。

2.4.2 管束分程与管子

（1）管束分程

当要求换热器面积较大时，可以通过增加管束长度，或者排列较多的管子来实现。管长增加是有限度的，增加管数则需保证流体在管内有一定的流速，流速太低会使管内传热系数显著下降。为此，可将管束分程，使流体依次通过各个管程。管程数一般有 1、2、4、6、8、10、12 七种。管束分程的依据如下。

① 尽量采用偶数管程（单管程除外）。因为此时管程的进出口都可设在前端管箱上，无论设计、制造、检修或者操作都比较方便。

② 每程中换热管数要大致相等，以减少流体阻力。

③ 在分程管箱中，各程间的密封长度要尽量短，分程隔板的形状要简单，以便于制造和密封。

④ 在管程介质的进出口温度变化较大时，要注意避免介质温差较大的管束相邻，否则会引起管束和管板产生过大的温差应力，并恶化密封条件。相邻程间温差最大不要超过 28℃。管束分程方法有平行和 T 形方式，程数小于 4 时，采用平行隔板更为有利。

管程数过多，将导致管程流体阻力加大，增加动力费用。同时，多管程与单管程相比，平均温差下降。此外，多程隔板还降低了管板面积的利用率，设计时应综合以上因素，考虑适宜的管程数。

（2）分程隔板

管束分程通过分程隔板实现。分程隔板安装在管箱内，与管子中心线平行，隔板的形式应简单，其密封长度应短。分程隔板的厚度应不小于规定值：公称直径在 600～2600mm，对于碳钢和低合金钢，分程隔板的厚度在 8～14mm；对于高合金钢，分程隔板的厚度在 6～10mm。

（3）管子

换热管是列管式换热器的核心。常用的换热器一般采用内外表面光滑、圆形截面的无缝管。对于洁净的流体，可选择小管径，对于易结垢或不洁净的流体可选择大管径。此外，直径小的管子可以承受更大的压力，而且管壁更薄；对于相同的壳径，可排列更多的管子，因此单位体积所提供的传热面积更大，设备更紧凑。所以在管程结垢不很严重及允许压降较高的情况下，采用 ϕ 19mm×2mm 更为合理。如果管程走的是易结垢的流体，有时也采用 ϕ 38mm×2.5mm 或更大直径的管子。

换热器管子的长度增加，则换热器单位传热面积的材料消耗量降低。但管子过长时，清洗、运输、安装都不方便。推荐采用的系列长度为 1.5m、2.0m、2.5m、3.0m、4.5m、6.0m、7.5m、9.0m、12.0m。6.0m 以上的管子只用在换热面积较大的换热器中。对于 U 形管式换热器，管长是指从管端到弯管前的直管长度。

换热器的传热面上常加翅片以增大传热面积，强化传热。装于管外的翅片有轴向的、螺旋形的和径向的［如图 2-7（a）、（b）、（c）］。除了连续的翅片，为增强流体的湍动程度，也可在翅片上开孔或每隔一段距离令翅片断开或扭曲［如图 2-7（d）、（e）］，必要时还可采用内外都有翅片的管子。

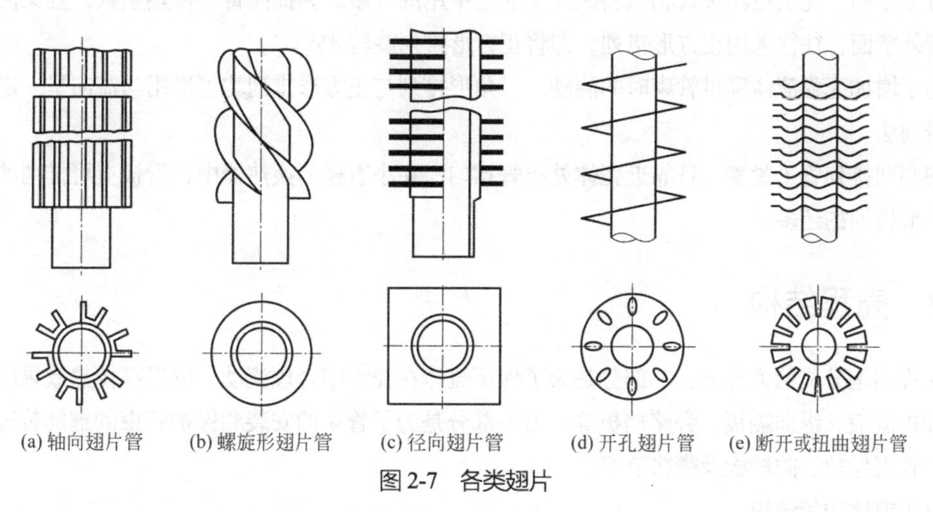

图 2-7　各类翅片

为强化传热还可采用螺纹管和波纹管。螺纹管属于管外扩展表面的强化传热方法，其表面积可比光滑管扩展 2～2.5 倍，在管内传热系数比管外传热系数大 2 倍的情况下，无相变时，总传热系数可提高 30%～50%，故螺纹管是当今管外强化传热的最佳元件之一。螺纹管结垢速率低，抗垢和抗腐蚀能力强于光滑管，已经被广泛使用，经济效益可观。

波纹管是管内凸肋管的典型代表，适用于管内热阻为控制侧的传热过程，尤其是高黏度流体处于层流区流动时，效果非常明显。波纹管是通过改变管内流动状况来增强传热效果的，但是也大大增加了流动阻力，故需优化肋高和肋间距。目前，波纹管换热器已经实现工业化生产，正在推广使用，取得了较好的经济效益。

（4）换热管的排列

管子在管板上的排列方式有正三角形法、正方形法及同心圆形法，如图 2-8 所示。

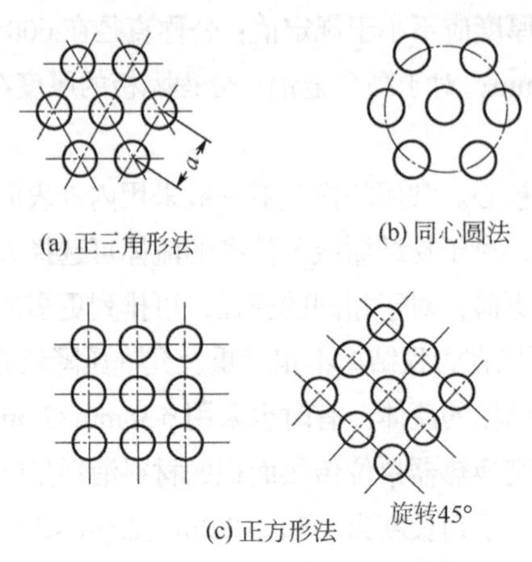

图 2-8　换热管的排列方式

正三角形排列使用最普遍，这是因为在同一管板上可以排列较多的管子，且管外传热系数较高，同时由于管子间的距离都相等，在管板加工时便于画线与钻孔，但缺点是管外不易机械清洗。适用于壳程流体较清洁，不需经常清洗管壁的场合。

正方形排列的传热管数较正三角形排列的少，传热系数也低。当管外壁面需用机械清洗时，采用正方形排列。此法在浮头式和填料函式换热器中用的较多。为提高管外传热系数，且又便于机械清洗管外壁面，往往采用正方形错列，即将正方形排列旋转 45°。

为了增加壳程流体穿过管束时的湍动，三角形排列与正方形排列均可采用与流向呈一定夹角的转角排列法。

同心圆排列管子紧凑，且靠近壳体处布管均匀，在小直径的换热器中，管板上可排列的管数比正三角形排列的还多。

2.4.3　壳程结构

壳程结构分成两大部分：一部分是为了保证流体在壳程中合理流动，以提高传热效果的导流装置，如折流板、纵向隔板、旁路挡板等；另一部分是为了管束的安装和保护管束的辅助装置，如支持板、管束导轨、防冲板及膨胀节等。

（1）壳体和折流板

列管式换热器的壳体基本上呈圆筒形，壳壁上焊有接管。公称直径小于 400mm 的壳体，通常直接采用钢管制成，其厚度远大于一般容器；公称直径大于 400mm 时，可用钢板卷焊而成，常用 100mm 进级挡，必要时也可采用 50mm 进级挡。

折流板的主要作用是引导壳程流体反复地改变方向做错流流动，以加大壳程流体流速和湍动程度，来提高壳程对流传热系数。另外，对细长管束，折流板还起了支撑管子的作用。

折流板型式很多，最常用的为圆缺型折流板，切去的弓形高度约为外壳内径的 20%～45%，一般取 20%～25%。弓形缺口太大或太小都将在流体流程中产生不能流动的“死区”，不利于传热，还增加流动阻力。

图 2-9 为各种型式折流板的示意图，其中最常见的为单缺口和双缺口折流板。在大直径的换热器中，若折流板间距较大，则容易在弓形折流板的非缺口底部两侧形成流动“死区”。此时，可采用双缺口折流板，使流体分成两股背向流动，其板间距缩小一半，有利于消除“死区”。当要求压降低时，采用三缺口或缺口无管型较好。

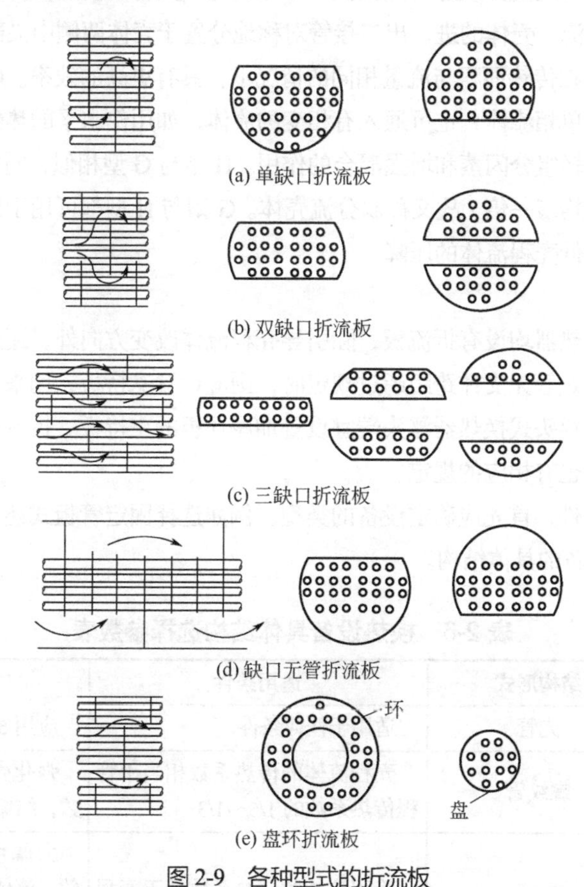

图 2-9　各种型式的折流板

双缺口、三缺口折流板换热器管束流体呈顺、错流流动，克服了单缺口换热器壳程流体流动因 180° 转弯造成“死区”和阻力大、易震动等缺陷。在维持相同壳程压降下，一般可将流速提高 1.5 倍以上，从而强化了传热。

确定折流板间距的原则是：应使缺口流道的截面积与通过管束错流流动的截面积大致相等，以减小压降并改善传热。板间距过小，则流动阻力大，且不便于制造和检修；板间距过大，则流体难于垂直地流过管束，使对流传热系数下降。折流板最小间距一般不小于圆筒内直径的五分之一，且不小于 50mm，特殊情况下也可取较小的间距。折流板一般应按等间距布置，管束两端的折流板应尽可能靠近壳程进、出口接管。

（2）壳程分程与纵向隔板

当壳程流量较小而流体温度变化较大时，要求采用多壳程结构，例如双壳程结构。双壳程在平行于管轴方向设有一个纵向隔板，壳程流体从换热器的左端进入壳体后，在隔板的上侧沿轴向折流到换热器的右端，然后从隔板右端的回流口进入隔板下侧，再返回到换热器的左端，由下部出口管引出。在双壳程结构中，壳程流体进出口端的纵向隔板承受全部壳程压降，必须保持密封，并有足够的刚度。纵向隔板的最小厚度为6mm，当壳程压降较大时，隔板应适当加厚。

图2-1中有七种壳程形式。E型是最普通的一种，壳程是单程，此时管程可以为单程，也可以是多程。为了增大平均温差提高传热效率，在壳程中装入一块平行于轴线的纵向隔板，便成为二壳程的F型换热器，流体按逆流方式进行热交换。G型也是二壳程的换热器，纵向隔板从管板的一端移开使壳程流体得以分流。壳体的进、出口接管对称地分置于壳体两侧中央部位。G型壳程中流体压降与E型的相同，但在传热面积与流量相同的情况下，具有更高的效率。G型壳体也称为对称分流壳体，壳体中可通入单相流体，也可通入有相变的流体，如用作水平的热虹吸式再沸器时，壳程中的纵向隔板起到防止轻组分闪蒸和增强混合的作用。H型与G型相似，同属二壳程的换热器，但进出口接管与纵向隔板均多一倍，故又称双分流壳体。G型与H型都可用于以压降作为控制因素的换热器中，且有利于降低壳程流体的压降。

（3）支持板

一般卧式列管式换热器均设有折流板，除引导壳程流体改变方向外，还起支撑作用。当换热器不需设置折流板，但换热管无支撑跨距超过规定时，则应设置支持板，用来支撑换热器，以防止换热管产生过大的挠度。浮头式换热器浮头端宜设置加厚环板的支持板。折流板或支持板一般做成半圆形较好，其最小厚度也有相应的规定。

对于一定的工艺条件，首先应确定设备的类型，例如选择固定管板式还是浮头式等。然后可参考表2-6来选择换热设备的具体结构。

表2-6　换热设备具体结构选择参数表

项目	结构形式	适用条件	使用效果
管子型式	光管	适用于任何条件	应用面广
	螺纹管	壳程流体的传热系数相当于管程传热系数的1/5～1/3	强化壳程传热，提高总传热系数，结垢速率低，操作周期长
	波纹管	管程流体的传热系数低于壳程的3/5及*Re*低的场合	大幅度提高管内表面传热系数，流体处于低*Re*时尤为显著，防垢性能好，管外表面传热系数也相应提高
管子排列方式	正三角形排列	壳程不易结垢、可以化学清洗的场合	比正方形斜转45°的菱形排列可多排17%的管子，单位传热面积金属消耗量低
	正方形斜转45°排列	适用面较广	适用面较广
管径	ϕ19mm×2mm	管程结垢不严重，允许压降较高的场合	管壁薄，相同壳径多排管，单位传热面积金属消耗量低
	ϕ25mm×2.5mm	适用面较广	适用面较广

续表

项目	结构形式	适用条件	使用效果
管长	1.5m、2m、3m、4.5m、6m、7.5m、9m、12m	适用任何条件	壳径较大的换热器采用较长的管子更为经济
壳径	159～1800mm	适用任何条件	壳径越大，单位传热面积的金属消耗量越低，采用一台大的换热器比采用几台小的换热器经济

2.4.4 辅助结构的选用

（1）流体进出口接管

流体进出口接管的大小，可先利用式（2-2）计算出接管内直径 d_i，即

$$d_i = \sqrt{\frac{4V_s}{\pi u}} \quad (2\text{-}2)$$

式中 d_i——接管内径，m；

V_s——进、出口换热器流体的体积流量，m^3/s；

u——流体在管内流动的适宜流速，m/s，根据表 2-2～表 2-4 确定。

用式（2-2）计算出 d_i 后，需按标准管径系列尺寸圆整。然后，再依圆整确定的管内直径校核管内的实际流速是否仍在适宜的流速范围。

（2）其他主要附件

其他主要附件包括封头、接管、拉杆、滑道、法兰、垫片以及支座等，相关文献中对这些附件的设计及选用都有详细的介绍，设计时可查阅。通常由工艺计算选取标准换热器后，其具体尺寸（包括接管、法兰等）可由标准图纸查取，需注意接管的尺寸应与输送该流体的管道尺寸保持一致。

2.5 列管式换热器的设计计算

目前，我国已制定了列管式换热器的系列标准，设计中应尽可能选用系列化的标准产品。当系列标准产品不能满足工艺需求时，可根据生产的具体要求自行设计换热器。下面介绍设计计算的基本步骤。

（1）试算并初选设备规格

① 了解换热流体的物理化学性质和腐蚀性能，根据换热流体的腐蚀性或其他特性来选择结构材料，然后根据该材料的加工性能、流体的压力和温度、换热的温差、交换热量、安装检修便利性和经济合理性等因素，决定列管式换热器的型式。

② 决定流体的流动方式（逆流、并流或错流）以及通入管程和壳程的流体。

③ 计算流体的定性温度，以确定流体的物性数据。

④ 根据传热任务计算热负荷，并确定另一种流体的流量。

⑤ 计算平均温差，并根据温差校正系数不应小于 0.8 的原则，决定壳程数。

⑥ 根据总传热系数的经验值范围，或按生产实际情况，估计总传热系数 $K_{估}$值。

⑦ 由总传热速率方程 $Q = KA\Delta t_m$ 初步算出传热面积 A，确定换热器的基本尺寸。

对于非标准系列换热器的设计，要确定管长、管径、管心距、管数及管子在管板上的排列方式，画出排管图，确定壳径 D 和壳程挡板型式及数量等，或按系列标准选择设备规格。

在换热器的工艺尺寸确定后，就可进行部件结构的设计与计算，对于非标准系列换热器，部件结构的设计与计算包括管子在管板上的固定、是否需要温差补偿装置的设计、管板强度、管板与壳体的连接结构、折流板与隔板的固定、管子与壳体的强度、顶盖与法兰的设计、各部位的公差及技术条件等。若是选用标准系列的换热器，结构尺寸亦随之确定。

（2）核算总传热系数

计算管程、壳程的对流传热系数 α_i 和 α_o，确定污垢热阻 R_{si} 和 R_{so}，再计算总传热系数 $K_{计}$。比较 $K_{估}$ 和 $K_{计}$，若 $\frac{K_{计}-K_{估}}{K_{估}}\times 100\% = 15\%\sim25\%$，则初选的设备合格。否则需另设 $K_{估}$ 值，重复以上步骤，直到满足需要为止。

（3）校核管、壳程压降

计算初选设备的管、壳程流体的压降，如超过工艺允许的范围，要调整流速，再确定管程数或折流板间距；或选择另一规格的换热器，重新计算压降直至满足要求为止。

从上述步骤来看，换热器的设计计算实际上是一个反复试算的过程，目的是使最终选定的换热器既能满足工艺传热要求，又能使操作时流体的压降在允许范围之内。

列管式换热器的设计计算过程大体包括下述各方面内容。

2.5.1 换热器热负荷的计算

换热器的热负荷又称为传热量，可通过热量衡算获得。

（1）两流体均无相变

$$Q = m_{sh}c_{ph}(T_1 - T_2) = m_{sc}c_{pc}(t_2 - t_1) \tag{2-3}$$

式中 Q ——热负荷，W；

m_s——流体的质量流量，kg/s；

c_p——流体的平均定压比热容，J/(kg·℃)；

T——热流体的温度，℃；

t——冷流体的温度，℃。

下标 h 和 c 分别表示热流体和冷流体，下标 1 和 2 分别表示换热器的进口和出口。上式在换热器绝热良好、热损失可以忽略时成立。

（2）有相变传热

例如蒸汽冷凝，当冷凝液在饱和温度下离开换热器时，热负荷为

$$Q = m_{sh}r = m_{sc}c_{pc}(t_2 - t_1) \tag{2-4}$$

式中 m_s——饱和蒸汽的冷凝速率，下标 h 表示热流体，下标 c 表示冷流体，kg/s；

r——饱和蒸汽的冷凝潜热，J/kg。

若冷凝液在低于饱和温度下流出换热器，则

$$Q = m_{sh}\left[r + c_{ph}(T_s - T_2)\right] = m_{sc}c_{pc}(t_2 - t_1) \tag{2-5}$$

式中 T_s——冷凝液的饱和温度，℃。

在换热器的设计中，冷热流体的物性数据，如定压比热容 c_p、密度 ρ、动力黏度 μ 及热导率 λ 等的查取，依流体的定性温度 t_m 进行。

黏度较小（$\mu < 2\mu_{水}$）的流体定性温度为

$$t_m = \frac{t_1 + t_2}{2} \quad （或 T_m = \frac{T_1 + T_2}{2}） \tag{2-6}$$

黏度较大（$\mu \geqslant 2\mu_{水}$）的流体定性温度为

$$t_m = 0.4t_h + 0.6t_c \tag{2-7}$$

应该注意，当换热器壳体保温后其外壁温度仍与环境温度相差较大时，热损失不可忽略，还需计入热损失量，一般可取换热器热负荷的3%～5%。

2.5.2 加热剂或冷却剂用量的计算

加热剂或冷却剂的用量取决于工艺流体所需的热量及加热剂或冷却剂的进出口温度。若忽略设备的热损失，那么加热剂的消耗量

$$m_{sh} = \frac{Q}{c_{ph}(T_1 - T_2)} = \frac{Q}{r} \tag{2-8}$$

或冷却剂的耗用量

$$m_{sc} = \frac{Q}{c_{pc}(t_2 - t_1)} \tag{2-9}$$

2.5.3 平均温差 Δt_m 的计算

平均温差是换热器的传热推动力，其值不仅与流体的进出口温度有关，还与两流体的流型有关。对于列管式换热器，常见的流型有并流、逆流、折流和错流四种。平均温差的计算步骤如下：

（1）计算出逆流时两流体的对数平均温差

$$\Delta t_{m逆} = \frac{\Delta t_2 - \Delta t_1}{\ln \dfrac{\Delta t_2}{\Delta t_1}} \tag{2-10}$$

式中 Δt_1、Δt_2——换热器两端热、冷流体的温差，℃。

当 $\frac{1}{2} \leqslant (\Delta t_2 / \Delta t_1) \leqslant 2$ 时，也可用算数平均值代替对数平均值

$$\Delta t_m = \frac{\Delta t_1 + \Delta t_2}{2} \tag{2-11}$$

（2）错流、折流的平均温差

$$\Delta t_m = \varphi \Delta t_{m逆} \tag{2-12}$$

式中 $\Delta t_{m逆}$——按逆流情况求得的对数平均温差，℃；

φ——温差校正系数，$\varphi = f(P, R)$，其中

$$P = \frac{t_2 - t_1}{T_1 - t_1} = \frac{冷流体的温升}{两流体的最初温度差} \tag{2-13}$$

$$R = \frac{T_1 - T_2}{t_2 - t_1} = \frac{热流体的温降}{冷流体的温升} \tag{2-14}$$

当$|R-1| \leqslant 10^{-3}$时

$$P_n = \frac{P}{N_s - N_s P + P} \tag{2-15}$$

$$\varphi = \frac{\sqrt{2}P_n / (1-P_n)}{\ln\left(\dfrac{2/P_n - 1 - R + \sqrt{R^2+1}}{2/P_n - 1 - R - \sqrt{R^2+1}}\right)} \tag{2-16}$$

当$|R-1| > 10^{-3}$时

$$P_n = \frac{1-\left(\dfrac{1-PR}{1-P}\right)^{1/N_s}}{R-\left(\dfrac{1-PR}{1-P}\right)^{1/N_s}} \tag{2-17}$$

$$\varphi = \frac{\dfrac{\sqrt{R^2+1}}{R-1}\ln\left(\dfrac{1-P_n}{1-P_n R}\right)}{\ln\left(\dfrac{2/P_n - 1 - R + \sqrt{R^2+1}}{2/P_n - 1 - R - \sqrt{R^2+1}}\right)} \tag{2-18}$$

上述式中，φ是对数平均温差校正系数；P为温度效率，为温度相关因数；P_n为与P、R相关的系数，引入P_n的目的是使公式简化；N_s为壳程数。

φ值可根据P和R两因数由图2-10查出，壳程数分别是单程和双程，每个单壳程内的管程可以是2、4、6或8程。式（2-15）～式（2-18）是根据图2-10关联得到的。图2-11适用于错流换热器。

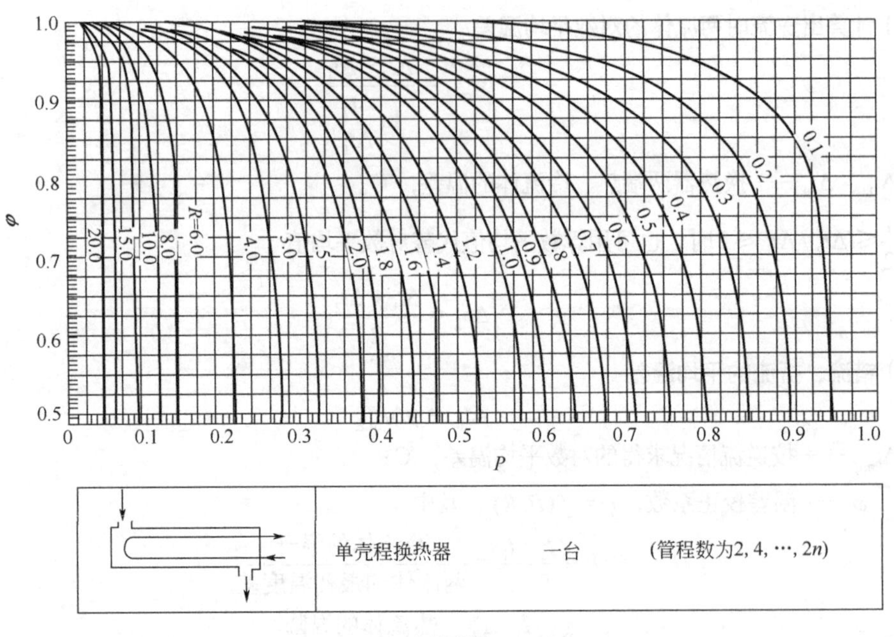

(a) 单壳程

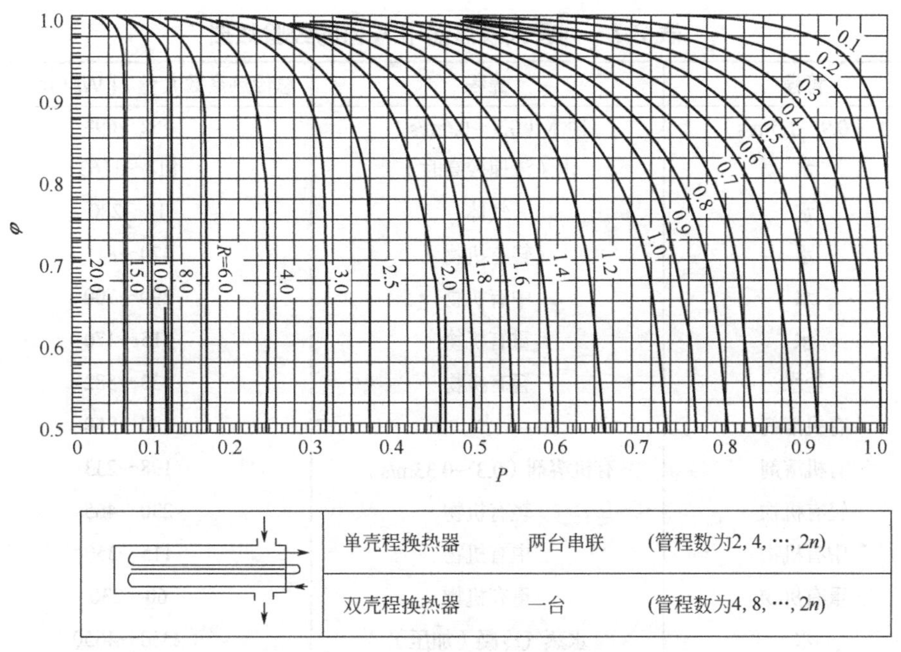

(b) 双壳程

图 2-10　对数平均温差校正系数

若查出的校正系数$\varphi \leqslant 0.8$，则认为过小，一方面会造成换热面积增加较多，另一方面在低于0.47以后，操作温度略有变化就可以使φ值急剧降低，影响操作的稳定性。此时，应考虑增加壳程数，再由相应壳程数计算并由图查出温差校正系数值，使得$\varphi>0.8$。通常增加换热器壳程数是将多台同一规格的设备串联。

计算φ值时，若分母对数项为0或者负数，可将原来的R改成倒数，并用PR替代式中的P，重新代入公式计算看是否有解，若仍无解，则需按上述φ值低于0.8的处理办法进行调试。

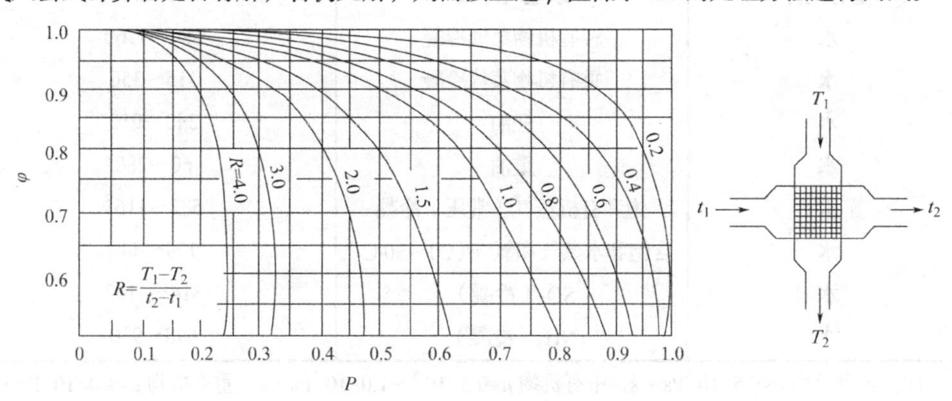

图 2-11　错流时的对数平均温差校正图

2.5.4　估算传热面积

在估算传热面积时，可根据所处理流体介质的性质，凭经验或参考表2-7换热器总传热系数的大致范围，预先估设一$K_{估}$值，利用总传热速率方程式得到估算的传热面积

$$A_{估}=\frac{Q}{K_{估}\Delta t_{m}} \tag{2-19}$$

表 2-7 列管式换热器中 K 值的经验数据

管程	壳程	总传热系数 K 值 / [W/ (m^2 · ℃)]
水（0.9～1.5m/s）	净水（0.3～0.6m/s）	582～698
水	水（流速较高时）	814～1163
水	气体	17～280
水	轻有机物	470～815
水	中有机物	290～700
水	重有机物	115～470
盐水	轻有机物	233～582
有机溶剂	水	280～850
有机溶剂	有机溶剂（0.3～0.33m/s）	198～233
轻有机物	轻有机物	230～465
中有机物	中有机物	115～350
重有机物	重有机物	60～230
水	水蒸气冷凝（加压）	2330～4650
水	水蒸气冷凝（常压或负压）	1745～3490
气体	水蒸气冷凝	30～300
水沸腾	水蒸气冷凝	2000～4250
水溶液（$\mu<2.0\times10^{-3}$Pa · s）	水蒸气冷凝	1160～4070
水溶液（$\mu>2.0\times10^{-3}$Pa · s）	水蒸气冷凝	580～2910
轻有机物	水蒸气冷凝	580～1190
中有机物	水蒸气冷凝	290～580
重有机物	水蒸气冷凝	115～350
水	轻有机物蒸气冷凝	580～1160
水	重有机物蒸气冷凝	115～350
水	轻油	340～910
水	重油	60～280
水	饱和有机蒸气（常压）冷凝	582～1163
水	含饱和水蒸气和氯气（20～50℃）	174～349
水	SO_2（冷凝）	814～1163
水	NH_3（冷凝）	698～930

注：轻有机物 $\mu<0.5\times10^{-3}$Pa · s，中有机物 $\mu=0.5\times10^{-3}\sim1.0\times10^{-3}$Pa · s，重有机物 $\mu>1.0\times10^{-3}$Pa · s。

2.5.5 换热管的选择

（1）管子的排列方式

见 2.4.2 节。

（2）管子数目与管长

在选定了管子的规格后，可由下式先求出单管程所需的管子数目

$$n = \frac{4V_{si}}{\pi d_i^2 u_i} \tag{2-20}$$

式中　n——单管程管子数目；

V_{si}——管内流体的体积流量，m^3/s；

d_i——管子内径，m；

u_i——管内流体的适宜流速，m/s，参考2.3.3节选取。

由式（2-19）估算出的管外表面积又可计算出单管程管束长度

$$l' = \frac{A_{估}}{n\pi d_o} \tag{2-21}$$

式中　l'——按单管程换热器计算的管束长度，m；

d_o——传热管外径，m。

若计算出的单管程管束长度过长，应对管束分程。此时应按照实际情况选择每程管子的长度L。国标（GB/T 151—2014）推荐的传热管长度为1.0m、1.5m、2.0m、2.5m、3.0m、4.5m、6.0m、7.5m、9.0m、12.0m。此外还要验算管长l与壳体直径D的长径比是否恰当。列管式换热器的长径比l/D可在4～25范围内，一般情况下为6～10，垂直放置的换热器，长径比为4～6。

确定了每程管子长度后，就可求出管程数N_t

$$N_t = \frac{l'}{l} \tag{2-22}$$

式中　l——选定的每程管子长度，m。

故此，换热器的总传热管数N为

$$N = nN_t \tag{2-23}$$

（3）排管数与实际管子数

根据后文内容确定壳体内径D、管心距t、隔板槽两侧管心距c以及选定的管子排列方式后，便可画出排管图，以便确定实际的管子数目。

管板上两管子的中心距离t称为管心距（或管间距）。管心距宜不小于换热管外径的1.25倍。常用的换热管管心距见表2-8。

表2-8　常用换热管的管心距

单位：mm

外径d_o	10	12	14	16	19	20	22	25	30	32	35	38	45	50	55	57
管心距t	13～14	16	19	22	25	26	28	32	38	40	44	48	57	64	70	72

值得注意的是：

① 换热器管间需要机械清洗时，应采用正方形排列，此时相邻两管间的净空距离$(c-d_o)$宜不小于6mm，外径为10mm、12mm和14mm的换热管的管心距分别不得小于17mm、19mm和21mm。

② 外径为25mm的换热管，当用转角正方形排列时，其分程隔板两侧相邻的管心距c应为32mm×32mm正方形的对角线长，即$c = 32\sqrt{2}$mm。

画排管图时还应注意：最外层管中心至壳体内表面的距离最少应有$0.5d_o + 10$mm。此外，采用多管程时，隔板槽要占去部分管板面积。

卧式换热器的壳程为蒸汽冷凝，且管子按正三角形排列时，为了减少液膜在列管上的包角及液膜厚度，管板在装配时，其轴线应与设备的水平轴线偏转一定角度。

2.5.6 壳体直径和折流板的确定

（1）壳体内径计算

换热器壳体的内径应等于或略大于（对浮头式换热器而言）管板的直径。在初步设计中可用下式计算壳体的内径，即

$$D = t(n_c - 1) + 2e \tag{2-24}$$

式中 D——壳体内径，m；

t——管心距，m，见表 2-8；

n_c——横过管束中心线的管数，管子按正三角形排列时，$n_c = 1.1\sqrt{N}$，管子按正方形排列时，$n_c = 1.19\sqrt{N}$，N 为换热管的总管数；

e——管束中心线上最外层管的中心至壳体内壁的距离，一般取 $e = (1 \sim 1.5)d_o$。

按式（2-24）计算得到的壳径应圆整到标准尺寸，见表 2-9。我国生产的化工容器，凡用无缝钢管作筒体的，均以外径作为设备的公称直径，用钢板卷制焊接的则以内径作为设备的公称直径。公称直径 $DN \leqslant 400$mm 的圆筒，可用钢管制作。表 2-9 中 325mm 为壳体外径，400mm 以上的尺寸均为壳体内径。

表 2-9 换热器壳径的标准尺寸 单位：mm

壳体直径	325	400	500	600	700	800	900	1000	1100	1200
最小壁厚	8	10				12			14	

当根据生产的具体要求自行设计非标准系列的换热器时，应画出排管图，并依式（2-24）确定壳体内径 D。若在标准系列化换热器中进行选择设计，则可直接由算出的传热面积查标准得出壳体内径，不必进行上述计算。

（2）折流板的计算

折流板直径 D_c 取决于它与壳体之间间隙的大小。间隙过大时，流体由间隙流过而根本不与换热管接触；间隙过小时会带来制造和安装的困难。折流板直径 D_c 与壳体内径 D 间的间隙可由表 2-10 中所列数值选定。

表 2-10 折流板直径与壳体内径间的间隙 单位：mm

壳体内径 D	325	400	500	600	700
间隙	2.0	3.0	3.5	3.5	4.0
壳体内径 D	800	900	1000	1100	1200
间隙	4.0	4.5	4.5	4.5	4.5

折流板的数量可由下面公式计算。计算时先依折流板间距的标准系列选取折流板间距 h'，然后根据计算结果取整后，再计算出实际板间距 h。

$$N_B = \frac{l}{h'} - 1 \tag{2-25}$$

式中　N_B——折流板数量；

h'——折流板间距的标准系列值，m。

折流板间距在阻力允许的条件下应尽可能小，允许的折流板最小间距为壳体内径的20%或50mm（取其中较大值）。允许的折流板最大间距与管径和壳体内径有关，当换热器内流体无相变时，其最大折流板间距不得大于壳体内径，否则流体流向就会与管子平行而不是垂直于管子，从而使对流传热系数降低。

2.5.7　总传热系数的计算与校核

K值计算公式（以K_o为例）

$$K_o=\frac{1}{\frac{1}{\alpha_o}+R_{so}+\frac{b}{\lambda}\times\frac{d_o}{d_m}+R_{si}\frac{d_o}{d_i}+\frac{d_o}{\alpha_i d_i}} \tag{2-26}$$

式中　K_o——基于换热器外表面积的总传热系数，W/(m²·℃)；

α_o、α_i——管外及管内的对流传热系数，W/(m²·℃)；

d_m——换热管的平均直径，m；

R_{so}、R_{si}——管外侧及管内侧表面上的污垢热阻，(m²·℃)/W；

b——换热管管壁厚度，m；

λ——换热管管壁的热导率，W/(m·℃)。

在式（2-26）中，每项热阻都以管外表面积为基准。在初选换热器型号时，建议先用经验的总传热系数估算换热面积，选出具体型号后，再详细计算各项热阻，求出总传热系数计算值。如果计算值与选用的经验值相对误差较大（超过25%），则需要调整经验值重新估算换热面积。

各种传热条件下对流传热系数的关联式有很多，在选用时要注意它的适用范围。这里仅对常见的无相变及壳程为饱和蒸汽冷凝的情况进行简单介绍。

（1）无相变流体管内对流传热系数

不同流动状态下对流传热系数α的关联式不同，具体可参考有关传热文献中的介绍。这里，仅对设计列管换热器中常用到的无相变流体在圆形直管中进行强制湍流时的对流传热系数关联式进行介绍。

① 对于低黏度流体（μ≤2倍常温水的黏度）

$$Nu=0.023Re^{0.8}Pr^n \tag{2-27}$$

$$\alpha_i=0.023\frac{\lambda}{d_i}\left(\frac{d_i u_i \rho}{\mu}\right)^{0.8}\left(\frac{c_p\mu}{\lambda}\right)^n \tag{2-27a}$$

式中　ρ、μ——流体的密度和黏度，kg/m³、Pa·s；

λ、c_p——流体的热导率和定压比热容，W/(m·℃)、J/(kg·℃)；

u_i——管内流体流速，m/s；

d_i——管内径，m；

n——指数，视热流方向而定，当流体被加热时，n=0.4，当流体被冷却时，n=0.3。

应用范围：Re>10000，Pr=0.7～160，管长与管径之比l/d_i>60。若l/d_i<60，可将由式（2-27a）算出的α_i乘以$\left[1+(d_i/l)^{0.7}\right]$。

特征尺寸：管内径 d_i。

定性温度：取流体进、出口温度的算术平均值。

② 对于高黏度液体（μ>2 倍常温水的黏度）

$$Nu = 0.027Re^{0.8}Pr^{0.33}\left(\frac{\mu}{\mu_w}\right)^{0.14} \tag{2-28}$$

$$\alpha_i = 0.027\frac{\lambda}{d_i}\left(\frac{du\rho}{\mu}\right)^{0.8}\left(\frac{c_p\mu}{\lambda}\right)^{0.33}\left(\frac{\mu}{\mu_w}\right)^{0.14} \tag{2-28a}$$

式中，$(\mu/\mu_w)^{0.14}$ 是考虑热流方向的校正系数，以 φ_μ 表示；μ_w 指壁面温度下流体的黏度，因壁温未知，计算 μ_w 需用试差法，故 φ_μ 可取近似值。液体被加热时，取 φ_μ=1.05，液体被冷却时，取 φ_μ=0.95。气体不论加热或冷却均取 φ_μ=1.0。

应用范围：Re>10000，Pr=0.7～160，l/d_i>60。

特征尺寸：管内径 d_i。

定性温度：除 μ_w 按壁温取值外，均取流体进、出口温度的算术平均值。

（2）无相变流体在管外进行强制对流时的对流传热系数

列管换热器内装有 25%圆缺形挡板时

$$Nu = 0.36Re^{0.55}Pr^{1/3}\varphi_\mu \tag{2-29}$$

$$\alpha_o = 0.36\frac{\lambda}{d_e}\left(\frac{d_e u\rho}{\mu}\right)^{0.55}\left(\frac{c_p\mu}{\lambda}\right)^{1/3}\left(\frac{\mu}{\mu_w}\right)^{0.14} \tag{2-29a}$$

应用范围：Re=2×（10^3～10^6）。

特征尺寸：当量直径 d_e。

定性温度：除 μ_w 按壁温取值外，均取流体进、出口温度的算术平均值。

当量直径可根据管子排列形式采用不同公式进行计算。图 2-12 为管间当量直径推导的示意图。

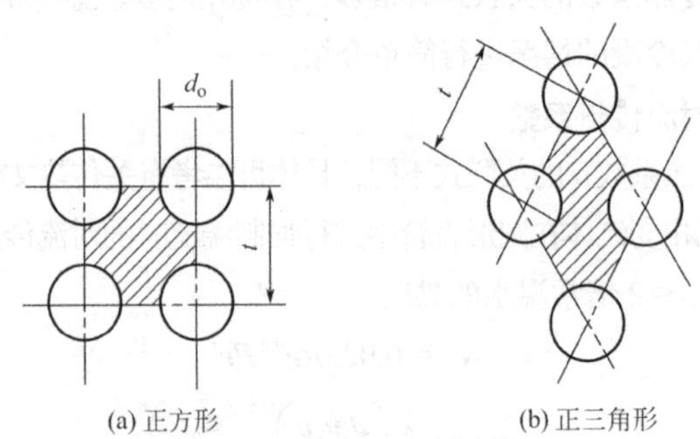

图 2-12　管间当量直径推导示意图

管子为正方形排列时

$$d_e = \frac{4\left(t^2 - \frac{\pi}{4}d_o^2\right)}{\pi d_o} \tag{2-30}$$

管子为正三角形排列时

$$d_e = \frac{4\left(\frac{\sqrt{3}}{2}t^2 - \frac{\pi}{4}d_o^2\right)}{\pi d_o} \tag{2-30a}$$

式中　t——相邻两管的管心距，m；

d_o——管外径，m。

管外的流速可以根据流体流过管间最大截面积 A 来计算

$$A = hD\left(1 - \frac{d_o}{t}\right) \tag{2-31}$$

式中　h——折流板间距，m；

D——换热器的外壳内径，m。

式（2-31）的适用条件：$Re = 2\times(10^3 \sim 10^6)$，弓形折流板圆缺形高度为直径的 25%。

若换热器的管间无挡板，管外流体沿管束平行流动时，则对流传热系数仍可用管内强制对流的公式计算，但需将式中的管内径改为管间的当量直径。

（3）蒸汽在管外冷凝时的冷凝传热系数

工业上冷凝器采用水平管束和垂直管束居多，且管表面液膜多为层流。计算对流传热系数时可分别采用不同的关联式。

① **垂直管束**　当冷凝液膜呈层流流动时（$Re < 1800$），根据 Nusselt 推导出的理论计算公式，并经实验修正后，α 可采用下式计算

$$\alpha = 1.13\left(\frac{g\rho^2\lambda^3 r}{\mu H \Delta t}\right)^{1/4} \tag{2-32}$$

式中　H——垂直管的高度，m；

λ——冷凝液的热导率，W/(m・℃)；

ρ——冷凝液的密度，kg/m^3；

μ——冷凝液的黏度，Pa・s；

r——饱和蒸汽的冷凝潜热，kJ/kg；

Δt——蒸汽的饱和温度与壁温之差，$\Delta t = t_s - t_w$，℃。

定性温度：蒸汽冷凝潜热取其饱和温度 t_s 下的值，其余物性取液膜平均温度 $t_m = \frac{1}{2}(t_w + t_s)$ 下的值。

当冷凝液膜中的液体呈湍流流动（$Re > 1800$）时，α 用下式计算

$$\alpha^* = 0.0077Re^{0.4} \tag{2-32a}$$

式中，α^* 为冷凝特征数，无量纲，$\alpha^* = \alpha\left(\frac{\mu^2}{\rho^2 g\lambda^3}\right)^{1/3}$

② **水平管束**　Kern 推荐下式

$$\alpha = 0.725\left(\frac{g\rho^2\lambda^3 r}{n_c^{2/3} d_o \mu \Delta t}\right)^{1/4} \tag{2-33}$$

式中，n_c 为水平管束在垂直列上的管数，管子按正三角形排列时，$n_c = 1.1\sqrt{N}$，管子按正方形排列时，$n_c = 1.19\sqrt{N}$，N 为总管数。其余符号的意义与式（2-32）相同。

液膜流型的 Re 数可表示为

$$Re = \frac{4M}{\mu} \tag{2-34}$$

式中　M——冷凝负荷，kg/(m·s)，$M=\frac{m_s}{b}$；

b——润湿周边，m，对垂直管 $b=\pi d_o$，对水平管 $b=l$，l 为管长；

m_s——冷凝液的质量流量，kg/s。

（4）污垢热阻

沉积在传热壁面上的污物、腐蚀产物或其他杂质构成管壁上的污垢。换热表面污垢热阻增大的原因一般为物料流速过低，物料温度升高或者管壁温度高于流体主体温度，管壁粗糙或者有死角，油品中焦炭、石蜡和机械杂质的增多以及水的硬度增大等。换热表面沉积物的形成与流体主体的温度无关，而取决于管壁表面的液膜温度。

很多情况下，污垢热阻往往是总传热系数的控制因素。在设计换热器时，必须采用正确可靠的污垢系数，否则换热器的设计误差会很大，因此污垢系数是设计中非常重要的参数。

污垢热阻主要取决于它的热导率和垢层厚度。污垢的种类很多，影响垢层厚度的因素又复杂，难以准确地估计污垢的热导率及垢层厚度，因此，通常选用污垢热阻的经验值，表 2-11 给出了壁面污垢热阻的经验数据。影响生成沉淀物的主要因素不在于流体的温度，而在于流体的流速。当流体流速超过 3m/s 时，污垢热阻趋于零。

表 2-11　某些物料的污垢热阻

冷却水

加热流体的温度 /℃	≤115		115～206	
水的温度 /℃	≤52		>52	
水的流速 /（m/s）	≤1	>1	≤1	>1
	污垢热阻 /［10^{-5}（m^2·K）/W］			
海水	8.8	8.8	17.6	17.6
自来水、井水、湖水、软化锅炉水	17.6	17.6	35.2	35.2
蒸馏水	8.8	8.8	8.8	8.8
硬水（>257mg/L）	52.8	52.8	88.0	88.0
河水（平均值）	52.8	35.2	70.4	52.8

工业用气体

气体名称	污垢热阻 /［10^{-5}（m^2·K）/W］
水蒸气（不带油）	8.8
常压空气	8.8～17.6
溶剂蒸气	17.2
天然气	17.6
工业废气（高炉燃烧气）	176.1

工业用液体

液体名称	污垢热阻 /［10^{-5}（m^2·K）/W］
轻有机化合物	17.6
制冷剂液体	17.6
熔盐	8.8
植物油	52.8

（5）管壁热阻

管壁热阻取决于传热管壁的厚度和材料，其计算式为

$$R_w = \frac{bd_o}{\lambda d_m} \tag{2-35}$$

式中　R_w——管壁热阻，$(m^2 \cdot ℃)/W$；

d_o、d_m——传热管外径和外径与内径的算术平均值，m，$d_m = \frac{d_o + d_i}{2}$；

λ——传热管的热导率，$W/(m \cdot ℃)$；

b——传热管的壁厚，m。

换热管常用金属材料的热导率见表2-12。

表2-12　换热管常用金属材料的热导率

温度/（℃）	100	150	200	250	300	350	400	450	500	550	600	650	700	750
碳素钢/[W/（m·℃）]	51.8	50.2	48.6	47.1	45.5	44.0	42.5	40.9	—	—	—	—	—	—
奥氏体不锈钢18%Cr、8%Ni/[W/（m·℃）]	16.3	17.0	17.3	18.8	19.1	20.2	20.8	21.6	22.6	23.0	24.3	24.3	25.8	26.1

在实际工业设计中，当温度变化不是很大时，往往忽略金属热导率随温度的变化。此时，金属管壁的热阻便可直接从换热手册中查取。

（6）壁温的计算

在某些对流传热系数的关联式中，需知壁温才能计算α，此外，选择换热器的类型和管子材料也需知道壁温。

首先在管程流体温度t_i和壳程流体温度t_o之间假设壁温t_w值，用以计算两流体的α_i和α_o，再根据α_i、α_o及污垢热阻计算总传热系数K_o，然后用下列近似关系核算t_w值是否正确。

$$\frac{t_o - t_w}{\frac{1}{\alpha_o} + R_{so}} = \frac{t_w - t_i}{\frac{1}{\alpha_i} + R_{si}} = \frac{\Delta t_m}{\frac{1}{K_o}} \tag{2-36}$$

式中　R_{si}、R_{so}——管程流体与壳程流体的污垢热阻，$(m^2 \cdot K)/W$。

由此算出的t_w值应与假设的t_w值相符合。否则重设壁温，重复上述计算，直到基本相符为止。应予以指出的是，初设的t_w值应接近于α值较大的那个流体的温度。

（7）管程与壳程压降的计算与校核

列管式换热器的设计必须满足工艺上提出的压降要求。列管式换热器允许的压降范围如表2-13所示。若是达不到要求，需调整流速，再确定管程、壳程数和折流板间距等，进行重新计算，直至满足要求为止。

通常，液体流经换热器的压降为10～100kPa，气体为1～10kPa左右。流体流经列管式换热器因流动阻力所引起的压降，可按管程和壳程分别计算。

表 2-13　列管式换热器允许的压降范围

设备类型	介质	允许的压降/kPa
加热器	原油	103.0～172.0
	稳定塔进料	69.0～103.0
	稳定塔釜液	69.0～103.0
	贫油	69.0～103.0
	富油	69.0～103.0
	循环气	21.0～55.0
冷却器	轻瓦斯油	55.0～83.0
	重瓦斯油	69.0～103.0
	贫油	55.0～83.0
	石脑油	55.0～83.0
冷凝器	贫油塔顶馏分	14.0～28.0
	常压塔顶馏分	7.0～21.0
	再蒸馏塔塔顶馏分	7.0～14.0
	分馏塔塔顶馏分	7.0～14.0

① **管程压降**　对于多管程列管换热器，管程压降的计算公式为

$$\Sigma \Delta p_t = (\Delta p_1 + \Delta p_2) F_t N_s N_t \tag{2-37}$$

式中　Δp_1、Δp_2——直管及回弯管中摩擦阻力引起的压降，Pa；

N_t——管程数；

N_s——串联的壳程数；

F_t——结垢校正系数，无量纲，对于 ϕ 25mm×2.5mm 的管子 F_t 取 1.4，对于 ϕ 19mm×2mm 的管子 F_t 取 1.5，对于波纹管，由于自身的防垢特征，可将 F_t 乘以 0.8～0.9 计算。

上式中直管压降 Δp_1 可按流体在管中流动的阻力公式计算

$$\Delta p_1 = f_i \frac{l}{d_i} \times \frac{\rho_i u_i^2}{2} \tag{2-38}$$

式中　l——管长，m；

λ_i——管内摩擦系数，无量纲；

u_i——管内流速，m/s；

d_i——管内径，m；

ρ_i——定性温度下流体的密度，kg/m^3。

对光滑换热管 f_i 的计算方法如下：

当 $Re_i < 10^3$ 时，$f_i = 67.63 Re_i^{-0.9873}$　　(2-39)

当 $10^3 \leqslant Re_i \leqslant 10^5$ 时，$f_i = 0.4513 Re_i^{-0.2653}$　　(2-39a)

当 $Re_i > 10^5$ 时，$f_i = 0.2864 Re_i^{-0.2258}$　　(2-39b)

f_i 的计算方法也可以按流体在管中流动的阻力公式计算。

回弯管的压降 Δp_2 可由下面的经验公式估算，即

$$\Delta p_2 = 3\left(\frac{\rho u_i^2}{2}\right) \tag{2-40}$$

一般情况下，换热器进、出口阻力可忽略不计。

② **壳程压降** 当壳程无折流板时，流体顺着管束运动，壳程压降可按流体在管中流动的阻力公式计算，以壳体的当量直径 d_e 代替圆管内径 d_i。

当壳程装上折流板后，流体在其中做曲折运动，壳程压降的计算方法有 Bell 法、Kern 法和 Esso 法等。下面仅介绍用 Esso 法计算壳程压降 $\Sigma\Delta p_s$ 的公式，即

$$\Sigma\Delta p_s = (\Delta p_1' + \Delta p_2')F_s N_s \tag{2-41}$$

式中 $\Delta p_1'$——流体流过管束的压降，Pa；

$\Delta p_2'$——流体流过折流板缺口的压降，Pa；

F_s——壳程压降的结垢校正系数，无量纲，对于液体 F_s 可取 1.15，对于气体或可凝蒸汽可取 1.0，亦可依据污垢热阻，由参考文献选取；

N_s——串联的壳程数。

$$\Delta p_1' = F f_o n_c (N_B + 1)\frac{\rho_o u_o^2}{2} \tag{2-42}$$

$$\Delta p_2' = N_B\left(3.5 - \frac{2h}{D}\right)\frac{\rho_o u_o^2}{2} \tag{2-43}$$

式中 F——管子排列方法对压降的校正系数，无量纲，管子三角形排列时 F=0.5，正方形错列时 F=0.4，正方形直列时 F=0.3；

f_o——壳程流体的摩擦系数；

n_c——横过管束中心线的管数，管子按正三角形排列时，$n_c = 1.1\sqrt{N}$，管子按正方形排列时，$n_c = 1.19\sqrt{N}$，N 为总管数；

h——折流板间距，m；

D——换热器壳体内径，m；

N_B——折流板数，按式（2-25）计算；

u_o——按壳程流道截面积 A 计算的流速，m/s，A 按式（2-31）计算。

按相关规定，令 Z 为弓形折流板圆缺高度百分数（国家标准系列 Z=25），对于 Z=25 的标准尺寸，壳程流体的摩擦系数符号为“f_o”；对于其他尺寸，壳程流体的摩擦系数符号为“f_o'”。

对于 Z=25 的标准尺寸 $\lambda_o = \lambda_o'$；对于其他尺寸，按式（2-44）校核

$$f_o = f_o' \frac{35}{Z+10} \tag{2-44}$$

当 $Re_o > 500$ 时，有

$$f_o = 5.0 Re_o^{-0.228} \tag{2-45}$$

折流板必然存在安装公差所带来的间隙，因而壳程流体就不可避免地出现漏流与旁流。Esso 法未考虑漏流与旁流的影响，使壳程压降的计算结果产生误差，但其值可作为近似值参考。但当折流板数比较多，换热管数也比较多时，Esso 法与 Bell 法及 Kern 法的计算结果相差不大。

Bell 法是用修正系数的方法考虑了漏流和旁流的影响，所得结果比较接近实际操作测定的数据，为设计单位所采用。但 Bell 法关联式的计算烦琐而且费时，宜用于编程计算。

2.6 列管式换热器设计示例

用水将苯从 80℃冷却到 40℃，苯的流量为 60m³/h，循环冷却水的入口温度为 30℃。选用一个列管式换热器完成这个任务，要求管程和壳程的压降均不超过 50kPa。

解： 此为两流体均无相变的列管式换热器的设计计算

（1）试算并初选换热器规格

① **确定流体通入的空间** 由于苯是易燃易爆的液体，适合在管内流动，因此将冷却水通入壳程空间。

② **确定流体的定性温度、物性数据** 冷却水为循环水，设其出口温度 $t_2 = 37℃$。

苯和水的平均温度分别为 60℃和 33.5℃，定性温度下苯和水的物性见表 2-14。

表 2-14 换热器两流体定性温度下的物性

物料名称	温度/℃	密度/（kg/m³）	黏度/（mPa·s）	比热容/[kJ/（kg·℃）]	热导率 /[W/（m·℃）]
苯	60	879	0.41	1.842	0.137
水	33.5	995	0.745	4.174	0.622

③ **计算传热速率 Q** 按苯的传热量计算

$$m_{si} = 60 \times \frac{879}{3600} = 14.65\,\text{kg/s}$$

$$Q = m_{si} c_{pi} (T_1 - T_2) = 14.65 \times 1.842 \times (80-40) = 1079\text{kW}$$

若忽略换热器的热损失，水的流量可由热量衡算求出，按式（2-9）

$$m_{so} = \frac{Q}{c_{po}(t_2 - t_1)} = \frac{1079000}{4.174 \times 1000 \times (37-30)} = 36.93\text{kg/s}$$

④ **计算平均温度差，并确定壳程数** 先计算逆流时的平均温差

$$\Delta t_{m逆} = \frac{(80-37)-(40-30)}{\ln\dfrac{(80-37)}{(40-30)}} = 22.6℃$$

然后计算温度差校正系数 φ

$$P = \frac{t_2 - t_1}{T_1 - t_1} = \frac{37-30}{80-30} = 0.14$$

$$R = \frac{T_1 - T_2}{t_2 - t_1} = \frac{80-40}{37-30} = 5.71$$

由图 2-10（a），得到 $\varphi = 0.89$

所以采用单壳程即可，由式（2-12）可得，$\Delta t_m = \varphi \Delta t_{m逆} = 0.89 \times 22.6 = 20.1℃$。

⑤ **初选换热器型号** 根据表 2-7，初选基于外表面的总传热系数为 K_o=350W/(m²·℃)，所以该换热器所需的传热面积为

$$A_o=\frac{Q}{K_O\Delta t_m}=\frac{1079000}{350\times 20.1}=153.4\text{m}^2$$

由于冷热两种流体的温差小于50℃，选用固定管板式换热器。根据附录2换热器设计常用数据，我们选用换热器BEM800－1.6－155－$\frac{4.5}{25}$－4I（字母表示固定管板式换热器，封头管箱，单壳程，其后的数字分别表示公称直径800mm，管壳程设计压力1.6MPa，公称换热面积155m²，公称长度4.5m，管外径25mm，4管程，采用较高级碳素钢冷拔管）。其基本参数如表2-15所示。

表2-15　初选换热器的基本参数

壳径 D/mm	800	管子总数 N	442
换热面积 A/m²	152.7	中心管排数 n_c	23
管排列方式	正三角形	每管程流通面积/m²	0.0347
管长 l/m	4.5	管程数 N_t	4
换热管外径 d_o/mm	25	壳程数 N_s	1
换热管壁厚/mm	2.5		

（2）校核压降

① **管程压降**　苯是易燃液体，按表2-4，$u_{允}<1\text{m/s}$

$$u_i=\frac{V_{si}}{A_i}=\frac{60}{3600\times 0.0347}=0.48\text{m/s}$$

$$Re_i=\frac{d_i u_i \rho_i}{\mu_i}=\frac{0.02\times 0.48\times 879}{0.41\times 10^{-3}}=20581$$

由式（2-39a），管程摩擦系数　$f_i=0.4513Re_i^{-0.2653}=0.032$

管程压降按式（2-37）计算

$$\Sigma\Delta p_t=(\Delta p_1+\Delta p_2)F_t N_s N_t$$

由式（2-38）　$$\Delta p_1=f_i\times\frac{l}{d_i}\times\frac{\rho_i}{2}u_i^2=0.032\times\frac{4.5}{0.02}\times\frac{879\times 0.48^2}{2}=729\text{Pa}$$

由式（2-40）　$$\Delta p_2=3\left(\frac{\rho_i u_i^2}{2}\right)=304\text{Pa}$$

$$\Sigma\Delta p_t=(729+304)\times 1.4\times 1\times 4=5.78\text{kPa}$$

② **壳程压降**　按式（2-41）计算

$$\Sigma\Delta p_s=(\Delta p_1'+\Delta p_2')F_s N_s$$

壳程结垢校正系数 F_s 取1.15。由式（2-42），流体流过管束的压降

$$\Delta p_1'=Ff_o n_c(N_B+1)\frac{\rho_o u_o^2}{2}$$

正三角形排列管心距为32mm，取折流板间距为0.3m，壳程的流动截面积

$$A_o=hD\left(1-\frac{d_o}{t}\right)=0.3\times 0.8\times\left(1-\frac{0.025}{0.032}\right)=0.0525\text{m}^2$$

$$u_o = \frac{m_{so}}{A_o \rho_o} = \frac{36.93}{0.0525 \times 995} = 0.707\text{m/s}$$

壳程的当量直径按式（2-30a）计算

$$d_e = \frac{4\left(\frac{\sqrt{3}}{2} \times 0.032^2 - \frac{3.14}{4} \times 0.025^2\right)}{3.14 \times 0.025} = 0.0202\text{m}$$

$$Re_o = \frac{d_e u_o \rho_o}{\mu_o} = \frac{0.0202 \times 0.707 \times 995}{0.745 \times 10^{-3}} = 1.91 \times 10^4$$

由式（2-25），取折流板的间距 $h' = 0.3\text{m}$，则折流板数

$$N_B = \frac{l}{h'} - 1 = 14$$

正三角形排列，取 $F = 0.5$，由式（2-45）

$$f_o = 5.0 Re_o^{-0.228} = \frac{5.0}{(19100)^{0.228}} = 0.528$$

$$\Delta p_1' = F f_o n_c (N_B + 1) \frac{\rho_o u_o^2}{2} = 0.5 \times 0.528 \times 23 \times 15 \times \frac{995 \times 0.707^2}{2} = 22649\text{Pa}$$

由式（2-43），流体流过折流板缺口的压降

$$\Delta p_2' = N_B \left(3.5 - \frac{2h}{D}\right) \frac{\rho_o u_o^2}{2} = 14 \times \left(3.5 - \frac{2 \times 0.3}{0.8}\right) \times \frac{995 \times 0.707^2}{2} = 9574\text{Pa}$$

壳程总压降为 $\Sigma \Delta p_o = (22649 + 9574) \times 1.15 \times 1 = 37.1\text{kPa}$

由以上计算可知，管程和壳程的压降均小于50kPa，符合设计要求。

（3）校核总传热系数

① **管程对流传热系数 α_i**　因 $Re_i = 20581 > 10^4$，管内对流传热系数按式（2-27a）计算

$$\alpha_i = 0.023 \frac{\lambda}{d_i} Re_i^{0.8} Pr_i^{0.3} = 0.023 \times \frac{0.137}{0.02} \times 20581^{0.8} \times \left(\frac{1.842 \times 0.41}{0.137}\right)^{0.3} = 742\text{W/(m}^2 \cdot ℃)$$

② **壳程对流传热系数 $\boldsymbol{\alpha_o}$**　按式（2-29a）计算

$$\alpha_o = 0.36 \times \frac{\lambda}{d_e} \times (Re)^{0.55} (Pr)^{1/3} \left(\frac{\mu}{\mu_w}\right)^{0.14}$$

$$Pr = \frac{c_p \mu}{\lambda} = \frac{4.174 \times 10^3 \times 0.745 \times 10^{-3}}{0.622} = 5$$

取 $\left(\frac{\mu}{\mu_w}\right)^{0.14} \approx 1$，则

$$\alpha_o = 0.36 \times \frac{0.622}{0.0202} \times (1.91 \times 10^4)^{0.55} \times 5^{1/3} \times 1 = 4288\text{W/(m}^2 \cdot ℃)$$

③ **总传热系数 $\boldsymbol{K}$**　由表2-11，取管程和壳程的污垢热阻为 $R_{so} = R_{si} = 0.0002\ (\text{m}^2 \cdot ℃)/\text{W}$

$$\frac{1}{K_o} = \frac{d_o}{\alpha_i d_i} + R_{si} \frac{d_o}{d_i} + \frac{b}{\lambda} \times \frac{d_o}{d_m} + R_{so} + \frac{1}{\alpha_o}$$

代入数据，得 K_o=412W/(m²·℃)

该换热器的换热面积裕量为 $\frac{412-350}{350}=17.7\%$。

由以上计算得知，该换热器的换热面积裕量和管壳程压降均符合要求，故所选的换热器合适。

2.7 换热器网络优化示例

随着我国石化企业原油加工能力的提升和乙烯产能的逐步增加，作为乙烯等产业副产品的 C4 资源产量必然随之大幅提高。C4 中异丁烯含量占比为 20%～40%，但其在我国石化行业的利用程度较低，除生产甲基叔丁基醚（MTBE）外，大部分作为民用液化气燃料被烧掉，造成了资源的巨大浪费。此外，MTBE 对地下水有潜在的污染，因此必须进一步开拓异丁烯的化工利用领域。某石油化工企业以蒸汽裂解的 C4 及海水淡化水为原料，采用异丁烯水合工段、选择性氧化工段、酯化氧化工段及丁二烯抽提工段的生产工艺路线，优化了生产 11×10^4t/a 甲基丙烯酸甲酯（MMA）的换热网络。原料组成如表 2-16 所示。

表 2-16 原料消耗一览表

原料	规格	10^4t/a
蒸汽裂解 C4	—	30.889
海水淡化水	—	5.8234
甲醇	分析纯	3.7899
N-甲基吡咯烷酮（NMP）	分析纯	248.192

2.7.1 工艺路线

工艺路线如图 2-13 所示。

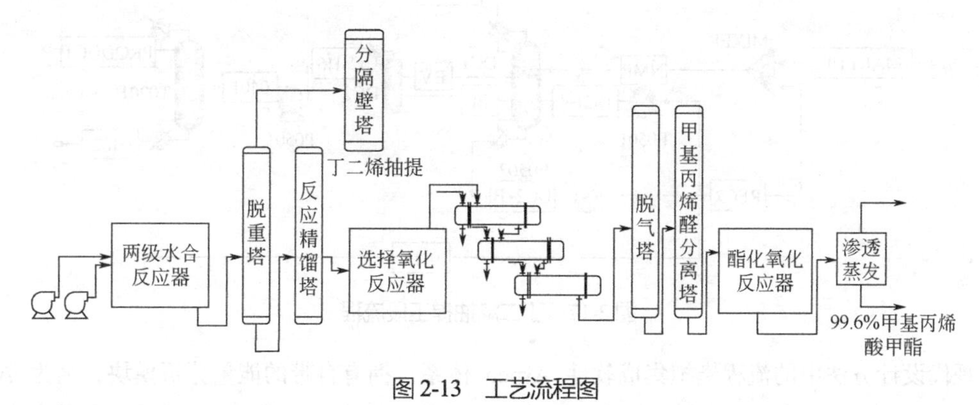

图 2-13 工艺流程图

利用现代设计方法对整个工艺进行换热网络的全流程模拟设计，得到初步设计结果。以分工段显示的方式展示，如图 2-14～图 2-17 所示。

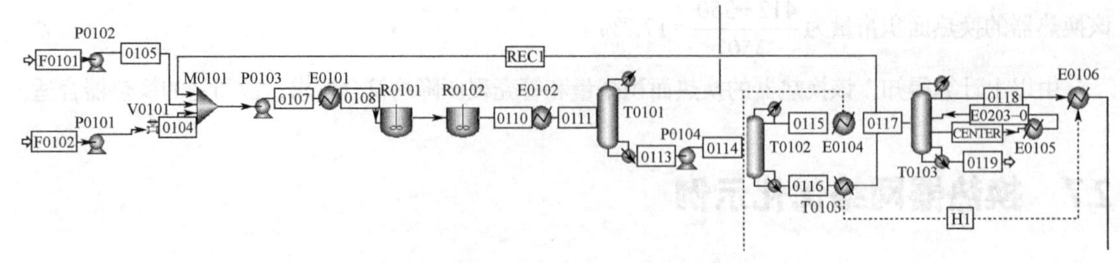

图 2-14　异丁烯水合工段流程

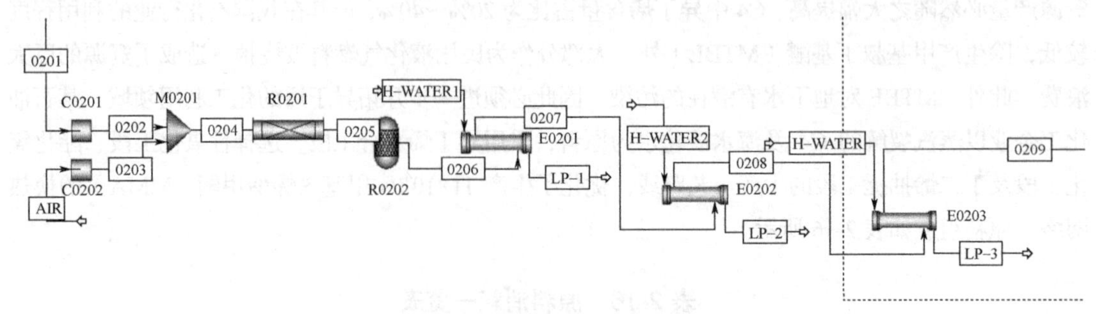

图 2-15　选择性氧化工段流程

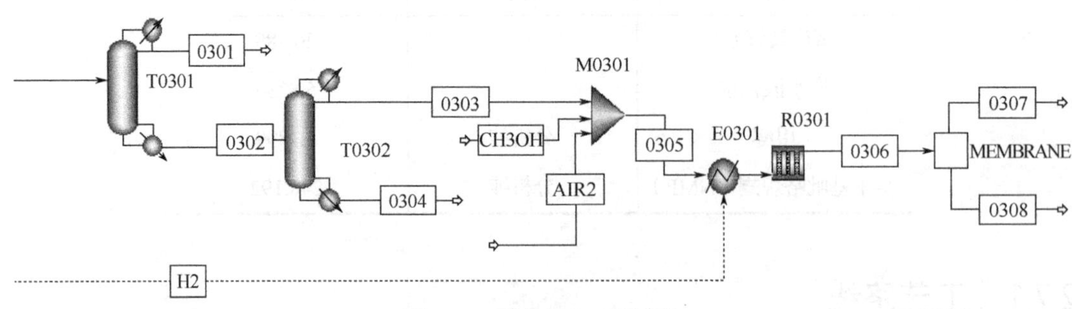

图 2-16　酯化氧化工段流程

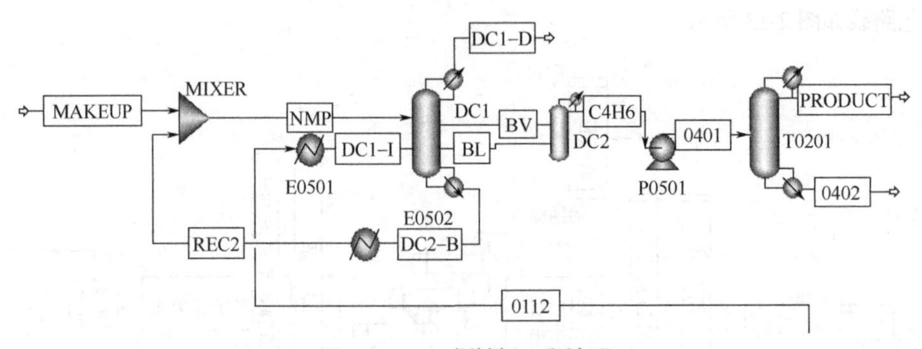

图 2-17　丁二烯抽提工段流程

现代设计方法中的流程模拟集成软件 Aspen 体系，拥有自带的能量分析模块，名为 Aspen Energy Analyzer，能够实现热集成设计。换热网络的优化是将可能需要热交换的流股信息进行了提取（不涉及反应器的热稳定性等问题），流股数据列于表 2-17 中（流股编号为全流程模拟中的初始编号）。

表 2-17　流股数据

流股	进口温度/℃	出口温度/℃	热负荷/（kJ/h）	流速/（kg/h）	换热器名称
0106-0107	80	30	−13020192.93	71039.54	E0102
0115-0116	58.80	40.00	−1679583.70	29662.98	E0103
0203-0204	90	200.00	11403883.04	11357.05	E0201
0204-0206	200	263.46	1597924.31	11357.05	C0201
0205-0207	20	144.40	2675017	21176.19	C0202
0301-0302	25	174.15	4377881.84	28850.40	C0301
0304-0305	80.00	20.00	−14722278.22	44518.35	E0301
0313-0317	93.06	25.00	−235951.28	821.05	E0302

2.7.2　换热网络合成过程

① 将所提取的工艺流股输入 Aspen Energy Analyzer 中，如图 2-18 所示。

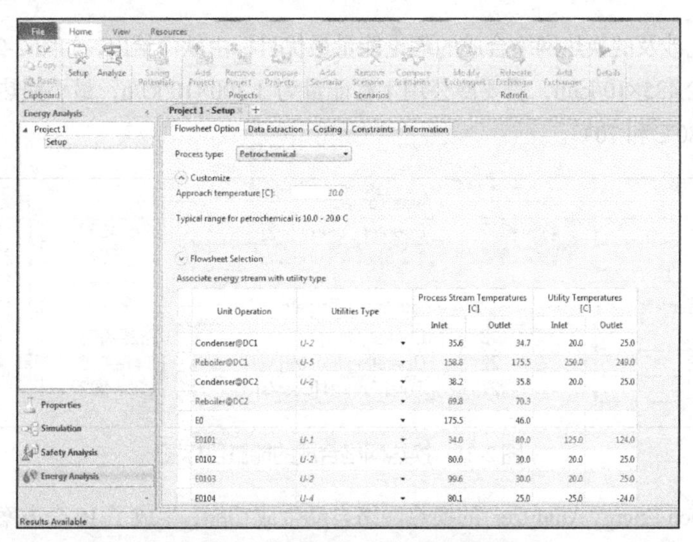

图 2-18　Aspen Energy Analyzer 界面

② 经经济评估，获得总费用和温差的关系曲线如图 2-19 所示。确定最小温差为 10℃。

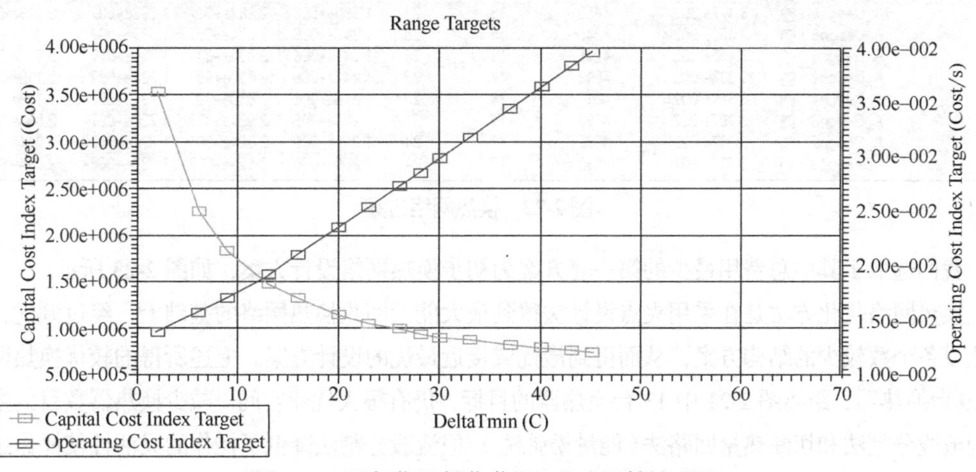

图 2-19　设备费用/操作费用和最小温差关系图

③ 在 Aspen Energy Analyzer 中，经过流股分析，获得冷热物流的组合曲线温焓图，如图 2-20 所示。

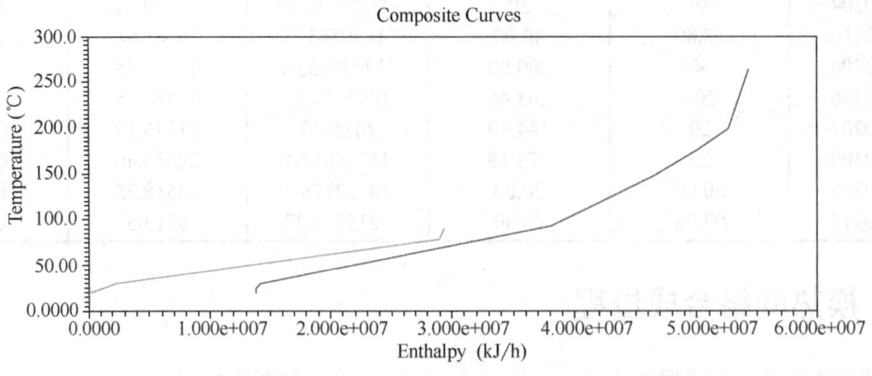

图 2-20 冷热物流组合曲线图

同时，本工艺涉及的换热网络合成的理论能量最优目标由软件给出，如图 2-21 所示。需要的热公用工程能量为 2.485×10⁷kJ/h，需要冷公用工程能量为 1.390×10⁷kJ/h，最小换热器数目为 13 个，夹点温度分别为 80℃和 70℃。

Energy Targets

Heating [kJ/h]	2.485e+007
Cooling [kJ/h]	1.390e+007

Area Targets

Counter Current [m2]	4953
1-2 Shell & Tube [m2]	5644

Pinch Temperatures

Hot	Cold
250.0 C	240.0 C
175.0 C	165.0 C
125.0 C	115.0 C
80.0 C	70.0 C
30.0 C	20.0 C

Number of Units Targets

Total Minimum	13
Minimum for MER	22
Shells	27

Cost Index Targets

Capital [Cost]	1.782e+006
Operating [Cost/s]	1.747e-002
Total Annual [Cost/s]	3.238e-002

图 2-21 换热网络合成的能量目标图

④ 使用 Aspen Energy Analyzer 的换热网络自动生成功能，生成了 10 套方案，如图 2-22 所示。

Design		Total Cost Index [Cost/s]	Area [m2]	Units	Shells	Cap. Cost Index [Cost]	Heating [kJ/h]	Cooling [kJ/h]	Op. Cost Index [Cost/s]
A_Design2		3.477e-002	4456	15	23	1.330e+006	2.887e+007	1.792e+007	2.119e-002
A_Design9		3.477e-002	4456	15	23	1.330e+006	2.887e+007	1.792e+007	2.119e-002
A_Design6		3.477e-002	4456	15	23	1.330e+006	2.887e+007	1.792e+007	2.119e-002
A_Design5		3.462e-002	4245	19	28	1.347e+006	2.834e+007	1.739e+007	2.087e-002
A_Design1		3.462e-002	4245	19	28	1.347e+006	2.834e+007	1.739e+007	2.087e-002
A_Design8		3.388e-002	4013	14	27	1.244e+006	2.830e+007	1.734e+007	2.118e-002
A_Design4		3.388e-002	4013	14	27	1.244e+006	2.830e+007	1.734e+007	2.118e-002
A_Design3		3.387e-002	4082	17	24	1.266e+006	2.824e+007	1.728e+007	2.094e-002
A_Design7		3.387e-002	4082	17	24	1.266e+006	2.824e+007	1.728e+007	2.094e-002
A_Design10		3.387e-002	4082	17	24	1.266e+006	2.824e+007	1.728e+007	2.094e-002

图 2-22 换热网络方案

我们选取了其中总费用最少的第一套方案为初步换热网络设计方案，如图 2-23 所示。

换热网络优化方法是在采用夹点设计法得到最大能量回收换热网络的基础上，经过调优，得到换热设备个数较少的结构方案，从而得到最优或接近最优的设计方案。上述所得的较优换热网络共需 19 台换热器，距离图 2-21 中 13 台换热器的目标，仍有很大优化空间。减少换热器数目的主要方法为流股分割法和切断热量回路法（能量松弛法）。但流股分割法降低了操作的灵活性使操作过程复杂化。在允许的情况下，尽可能采用能量松弛法进行优化。

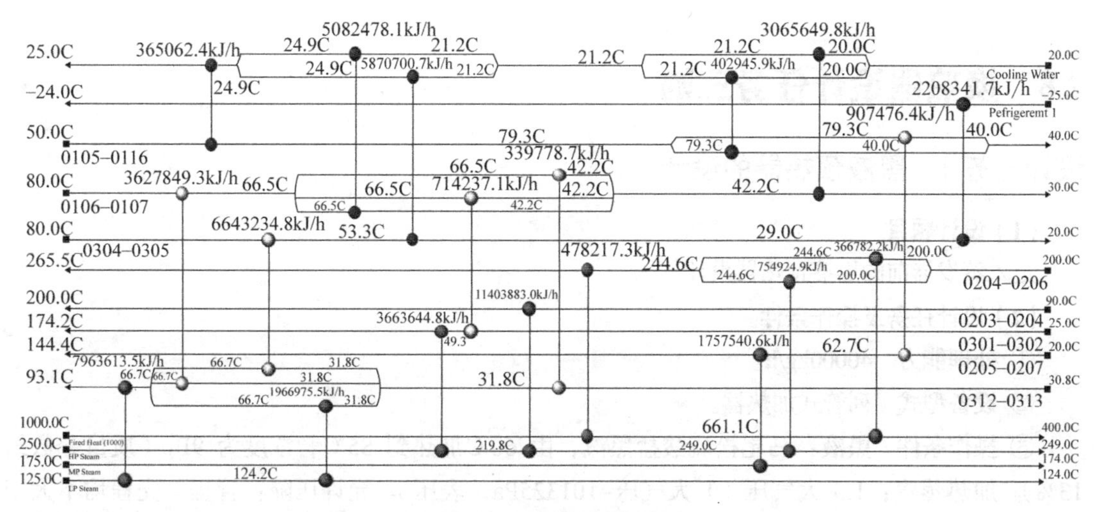

图 2-23　初步换热网络方案

能量松弛法通过合并相同物流间的两个换热器，将两个换热器的热负荷转移到一个换热器上，两物流间交换的总负荷不变，传热温差发生变化。但这样常常会导致穿过夹点的热量流动，公用工程相应地增加，使得换热网络的合成偏离最大能量回收的目标，因而称之为能量松弛。

⑤ 通过观察发现，上述换热网络中存在一些热负荷比较小的换热器，显然设置不合理。通过能量松弛法，将其与相邻换热器合并，减少换热器数目。在减少换热器的同时，去除了一些不必要的分流操作，使得总费用有所下降，也使得换热网络更加便于布置。最终优化后的换热网络如图 2-24 所示。

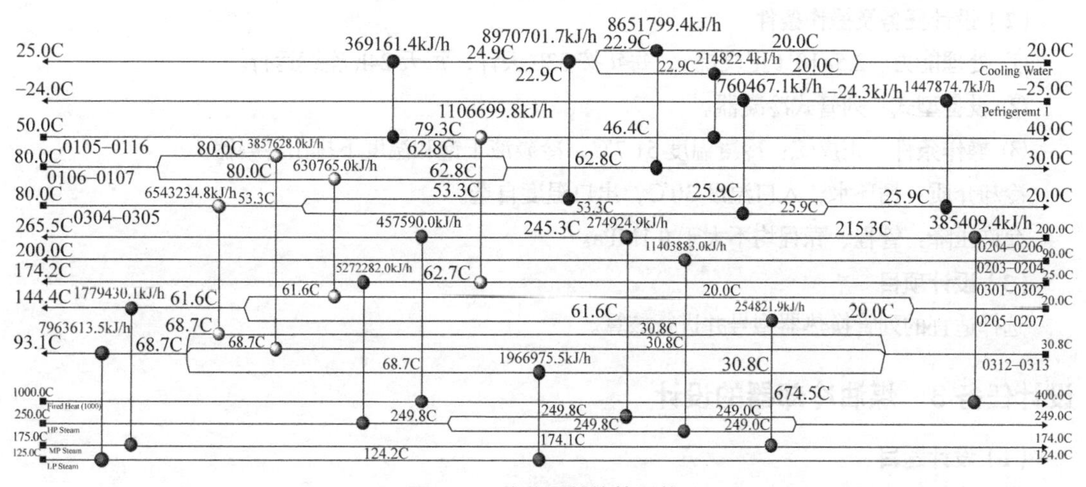

图 2-24　优化后的换热网络

最终所需的热公用工程为 2.824×10^7kJ/h，冷公用工程为 1.728×10^7kJ/h，换热器数目降为 17 台。与不进行换热网络合成的工艺流程相比，能量回收效果较为显著。

思考：如果从图 2-23 换热网络方案中选择其他方案进行换热网络优化和调优是否可行？有何理由？

传热思考题参考答案

在安装有 Aspen9.0（含）以上版本软件及热分析（Aspen Energy Analyzer）等相关组件的前提下，下载并双击“换热网络.hch”文件（需扫描本书二维码下载）。

2.8 换热器设计任务三则

设计任务 1 黑液预热器的设计

(1) 设计题目

进入蒸发器前的黑液预热器设计

(2) 设计任务及操作条件

① **处理能力** 40000kg/h。

② **设备型式** 列管式加热器。

③ **操作条件** 黑液：马尾松硫酸盐黑液，由 60℃加热到 85℃，浓度为 9Be（质量分数约 13%）。加热蒸汽：1.5 大气压（1 大气压=101325Pa，表压）。允许压降：管程、壳程均不大于 0.1MPa。

(3) 设计项目

选择适宜的列管换热器型号并进行核算。

设计任务 2 正戊烷冷凝器的设计

(1) 设计题目

正戊烷冷凝器的设计

(2) 设计任务及操作条件

① **处理能力** 2.5×10^4 t 正戊烷/a，每年按 330 天计，每天 24h 连续运行。

② **设备型式** 列管式冷凝器。

③ **操作条件** 正戊烷：冷凝温度 51.7℃，冷凝液于饱和温度下排出冷凝器。

冷却介质：循环水，入口温度 30℃，出口温度自选。

允许压降：管程、壳程均不大于 0.1MPa。

(3) 设计项目

选择适宜的列管换热器型号并进行核算。

设计任务 3 煤油冷却器的设计

(1) 设计题目

煤油冷却器的设计

(2) 设计任务及操作条件

① **处理能力** 1.98×10^5 t 煤油/a，每年按 330 天计，每天 24h 连续运行。

② **设备型式** 列管式冷却器。

③ **操作条件** 煤油：入口温度 95℃，出口温度 40℃。冷却介质：循环水，入口温度 30℃，出口温度 40℃（或自选）。允许压降：管程、壳程均不大于 0.1MPa。

(3) 设计项目

选择一个适宜的列管换热器型号并进行核算。

参考文献

[1] 王瑶，张晓冬．化工单元过程及设备课程设计[M]．3 版．北京:化学工业出版社，2013.

[2] 钱讼文．换热器设计手册[M]．北京：化学工业出版社，2002.

[3] 王松汉．石油化工设计手册：第三卷 化工单元过程[M]．北京：化学工业出版社，2002.

[4] 贺匡国．化工容器及设备设计简明手册[M]．北京：化学工业出版社，2002.

[5] 全国锅炉压力容器标准化技术委员会．热交换器．GB/T 151—2014[S]．北京：中国标准出版社，2015.

[6] 全国锅炉压力容器标准化技术委员会．压力容器．GB 150—2011[S]．北京：中国标准出版社，2011.

[7] 全国锅炉压力容器标准化技术委员会．热交换器型式与基本参数．GB/T 28712—2012[S]．北京：中国标准出版社，2013.

本章符号说明

符号	名称	单位	符号	名称	单位
A	公称换热面积	m^2	N_B	折流板数	
b	壁厚	m	N_s	壳程数	
	润湿周边	m	N_t	管程数	
c	分程隔板两侧相邻的管心距	mm	Nu	努塞尔数	
c	下标，表示冷流体		o	下标，表示换热器管外	
c_p	流体的平均定压比热容	J/(kg·℃)	p	设计压力	MPa
d	管径	m	PN	公称压力	MPa
d_e	当量直径	mm	Pr	普兰特数	
DN	公称直径	mm	p_s	壳程设计压力	MPa
D	换热器的外壳内径	m	p_t	管程设计压力	MPa
F_t	结垢校正系数		Q	热负荷，传热速率	W
f	摩擦系数		r	饱和蒸汽的冷凝潜热	kJ/kg
h	折流板间距	m	R	热阻	$(m^2·℃)/W$
h	下标，表示热流体			因数	
h'	折流板间距的系列标准	m	t	温度	℃
H	垂直管的高度	m		管心距	m
j_H	传热因子		T	热流体的温度	℃
i	下标，表示换热器管内		u	流体流速	m/s
K	总传热系数	$W/(m^2·℃)$	V	体积流量	m^3/s
l	管长	m	w	下标，表示壁面	
LN	公称长度	m	Z	弓形折流板圆缺高度百分数	%
m_s	质量流量	kg/s	δ	厚度	m
M	冷凝负荷	kg/(m·s)	λ	热导率	W/(m·℃)
n	指数		μ	黏度	Pa·s
	单程管子数目		ρ	密度	kg/m^3
n_c	管束中心线上的管数		φ	温差校正系数	
N	管程数		ϕ	外径	
	总的传热管数目				

第3章 板式精馏塔设计

板式精馏塔设计是一个总结性、综合性的实践教学环节，它涉及了化工单元操作的动量传递、热量传递和质量传递诸方面的知识，是对学生综合运用各个单元操作的基本理论及有关课程的相关知识解决蒸馏单元操作综合设计任务能力的训练。

3.1 板式塔的基本结构

板式塔为逐级接触式的汽液传质设备，其结构如图3-1所示，它主要由圆柱形壳体、塔板、溢流堰、降液管及受液盘等部件构成。对于直接蒸汽加热的精馏塔，塔体上有5个重要的接管，分别为料液进口、加热蒸汽进口、回流液进口、塔顶蒸汽出口和塔釜残液出口，还有支撑裙座、扶梯平台等。

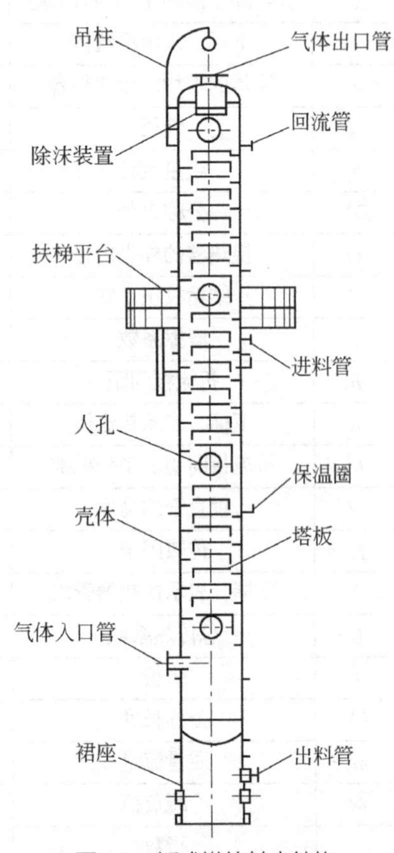

图3-1 板式塔的基本结构

操作时，塔内液体在重力作用下，由上层塔板的降液管流到下层塔板的受液盘，然后横向流过塔板，从另一侧的降液管流至下一层塔板。溢流堰的存在，使塔板上保持一定厚度的液层。由塔底上升的汽体则在压力差的推动下，自下而上穿过各层塔板的汽体通道（泡罩、筛孔或浮阀等），被分割成许多小股汽流，鼓泡通过各层塔板的液层。在塔板上，汽液两相密切接触，进行热量和质量的交换，完成易挥发组分由液相向汽相的转移和难挥发组分由汽相向液相的转移。在板式塔中，汽液两相逐级接触，两相的组成沿塔高呈阶梯式变化，常见的汽液接触状态有鼓泡态、泡沫态和喷射态。以鼓泡态和泡沫态接触时，液相为连续相，汽相为分散相；以喷射态接触时，液相为分散相、汽相为连续相。工业应用板式塔的塔板上，汽、液两相的接触状态一般为泡沫态或喷射态。

一般而论，板式塔的空塔速度比较高，因而生产能力较大；在每层塔板上，都维持一定厚度的液层，塔内持液量大，故操作比较稳定，塔板效率稳定；操作弹性大，且造价低、检修和清洗方便，故工业上应用较为广泛。

3.1.1 板式塔的类型

板式塔作为一种逐级接触型汽液传质设备，种类繁多。根据塔板上汽液接触元件的不同，可分为泡罩塔、浮阀塔、筛板塔、固定舌形塔、穿流板塔、浮动舌形塔和浮动喷射塔等。

1）塔板类型

工业上最早使用的塔板是泡罩塔板，随后是筛孔塔板，再其后（特别是在二十世纪五十年代以后）随着石油、化学工业生产的迅速发展，相继出现了大批新型塔板，如 S 型板、浮阀塔板、舌形塔板、穿流式波纹塔板、多降液管筛板、浮动喷射塔板、斜孔塔板及角钢塔板等。目前从国内外实际使用情况看，主要的塔板类型为浮阀塔板、筛孔塔板及泡罩塔板，尤其是前两者使用更为广泛，因此，本章重点讨论筛板塔的设计。塔板可分为错流式塔板（也称溢流式塔板或有降液管式塔板）及逆流式塔板（也称穿流式塔板或无降液管式塔板）两类，在工业生产中，以错流式塔板应用最为广泛，在此以讨论错流式塔板为主。

（1）泡罩塔板

泡罩塔板是工业上应用最早的塔板，其结构如图 3-2 所示。它主要由升气管及泡罩构成，泡罩安装在升气管的顶部，分圆形和条形两种，以圆形泡罩的使用较为广泛。工业上常用的泡罩直径有 80mm、100mm、150mm 三种尺寸，可根据塔径的大小选择。泡罩的下部周边开有很多齿缝，齿缝一般为三角形、矩形或梯形。泡罩在塔板上呈正三角形排列。

操作时，液体横向流过塔板，靠溢流堰维持板上一定厚度的液层，而使齿缝浸没于液层之中形成液封。升气管的顶部应高于泡罩齿缝的上沿，以防止液体从中漏下。上升气体通过齿缝进入液层时，被分散成许多细小的气泡或流股，在板上形成鼓泡层，为汽液两相的传热和传质提供大量的界面。

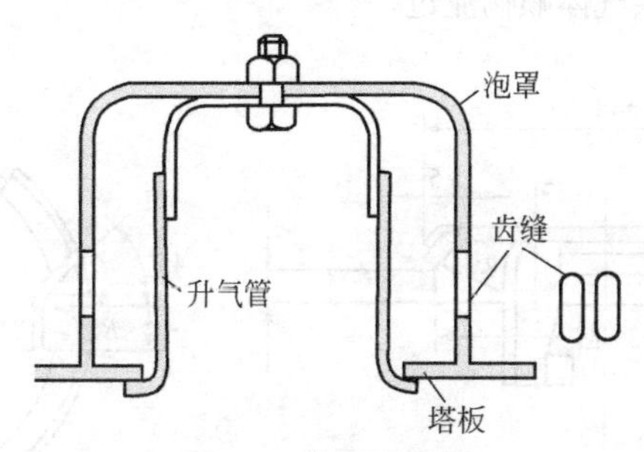

图 3-2 泡罩示意图

泡罩塔板的优点是操作弹性较大，塔板不易堵塞；缺点是造价高、结构复杂，板上液层较厚造成较大的塔板压降，生产能力及板效率较低。目前工业上的绝大多数泡罩塔板已被筛板、浮阀塔板等取代，在新建塔设备中已很少采用。

（2）筛孔塔板

筛孔塔板简称筛板。在塔板上开设许多均匀的小孔，即形成筛板。根据筛孔直径的不同，可分为小孔径筛板（孔径 3～8mm）和大孔径筛板（孔径 10～25mm）两类。工业中以小孔径筛板的应用为主。通常筛孔在塔板上采用正三角形排列，塔板上设置溢流堰，使板上能保持一定厚度的液层。操作时，气体经筛孔分散成小股气流，鼓泡通过液层，汽液间密切接触而进行传热和传质。在正常的操作条件下，通过筛孔上升的气流，应能阻止液体经筛孔向下泄漏。

筛板的优点是：①结构简单、造价低，筛板的结构比浮阀塔更简单，易于加工，造价约为泡罩塔的60%，为浮阀塔的80%左右；②处理能力大，比同塔径的泡罩塔可增加10%～15%的处理量；③传质效率高，筛板的板效率高，比泡罩塔高15%左右；④压降较低，单板压降比泡罩塔低30%左右。

缺点是：①塔板安装的水平度要求较高，否则汽液接触不匀；②操作弹性较小（约 2～3）；③筛孔易堵塞，不宜处理易结焦、黏度大的物料。

（3）浮阀塔板

浮阀塔板兼有泡罩塔板和筛孔塔板的优点，应用广泛。它是在泡罩塔板的基础上发展起来的，主要改进是取消了升气管和泡罩，在塔板开有若干个阀孔（标准孔径为39mm），孔上设有随气体流量波动而上下浮动的浮阀，可自行调节，使气缝速度稳定在某一数值，这就是浮阀塔板的结构特点。这一改进使浮阀塔在操作弹性、压降、塔板效率、生产能力以及设备造价等方面比泡罩塔优越，但在处理黏稠度大的物料方面，又不及泡罩塔可靠。国外浮阀塔径，大者可达10m，塔高可达80m，塔板有的多达数百块。塔径从200mm到6400mm，使用效果均较好。浮片的型式很多，如图3-3所示的F1型、V-4型及T型等。F1型浮阀分轻阀（代表符号Q）和重阀（代表符号Z）两种。一般重阀应用较多，轻阀泄漏量较大，只有在要求塔板压降小时（如减压蒸馏）采用。浮阀塔广泛用于精馏、吸收以及脱吸等传质过程中。

工业上常用的浮阀为如图3-3（a）所示的F1型浮阀，结构较简单、节省材料、制造方便、性能良好，已经列为机械行业标准（JB/T 1118—2001）。阀片本身连有几个阀腿，插入阀孔后将阀腿底脚拨转90°，以限制阀片升起的最大高度（8.5mm），并防止阀片被气体吹走。阀片周边冲出几个略向下弯的定距片，当气速很低时，由于定距片的作用，阀片与塔板呈点接触而落在阀孔上，阀片与塔板间保持2.5mm的开度供气体顺畅流过。

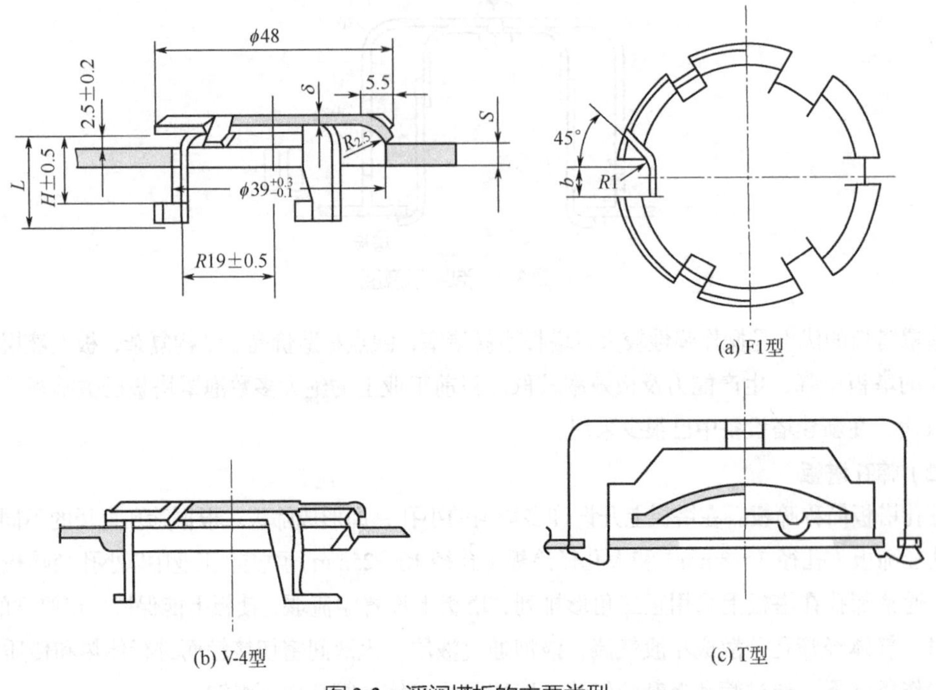

图3-3　浮阀塔板的主要类型

操作时，由阀孔上升的气流经阀片与塔板间隙沿水平方向进入液层，增加了汽液接触时间。浮阀开度随气体负荷而变，在低气量时，开度较小，气体仍能以足够的气速通过缝隙，避免过多的漏液；在高气量时，阀片自动浮起，开度增大，使气速不致过大。

浮阀塔板的优点是：①结构简单，安装容易，制造费为泡罩塔板的 60%～80%，为筛板塔的 120%～130%；②生产能力大，比同塔径的泡罩塔可增加 20%～40%，接近于筛板塔；③操作弹性大，一般约为 5～9，比筛板、泡罩、舌形塔板的操作弹性要大得多；④塔板效率高，比泡罩塔高 15%左右；⑤压降小，在常压塔中每层板的压降一般为 400～660Pa；⑥液面梯度小，使用周期长，适用范围广，针对黏度稍大以及有一般聚合现象的物系也能正常操作。

虽然浮阀塔具有很多优点，但在处理易结焦、黏稠度较大的物料方面不及泡罩塔，阀片易与塔板黏结，在操作过程中有时会发生阀片脱落或卡死等现象，使塔板效率和操作弹性下降。在结构、生产能力、塔板效率、压降等方面不及筛板塔。

（4）喷射型塔板

上述的几种塔板均属于气体分散型的塔板，气体以鼓泡或泡沫状态与液体接触。当气体垂直向上穿过液层时，使分散形成的液滴或泡沫具有一向上的初速度，若气速过高，会造成较为严重的液沫夹带，使塔板效率下降，因而生产能力受到一定的限制。为克服这一缺点，近年来开发出了喷射型塔板，大致有以下几种类型。

① **固定舌形塔板**　固定舌形塔板的结构如图 3-4 所示。在塔板上冲出许多舌孔，方向朝塔板液体流出口一侧张开。舌片与板面呈一定的角度，有 18°、20°、25° 三种（一般为 20°），舌片尺寸有 50mm×50mm 和 25mm×25mm 两种。舌孔按正三角形排列，塔板的液体流出口一侧不设溢流堰，只保留降液管，但是降液管截面积要比一般塔板设计得更大一些。

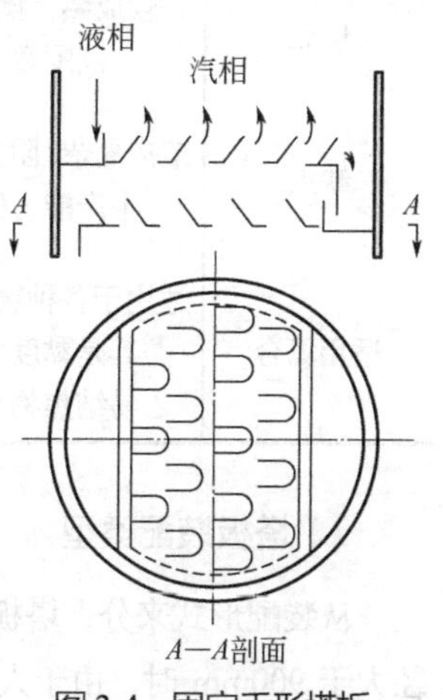

图 3-4　固定舌形塔板

固定舌形塔板的优点是生产能力大，塔板压降低，传质效率较高；缺点是操作弹性较小，气体喷射作用易使降液管中的液体夹带气泡流到下层塔板，从而使塔板效率降低。

② **浮舌塔板**　浮舌塔板的结构如图 3-5 所示。与固定舌形塔板相比，浮舌塔板的结构特点是其舌片可上下浮动。因此，浮舌塔板兼有浮阀塔板和固定舌形塔板的特点，具有处理能力大、压降低、操作弹性大等优点，特别适宜于热敏性物系的减压分离过程。

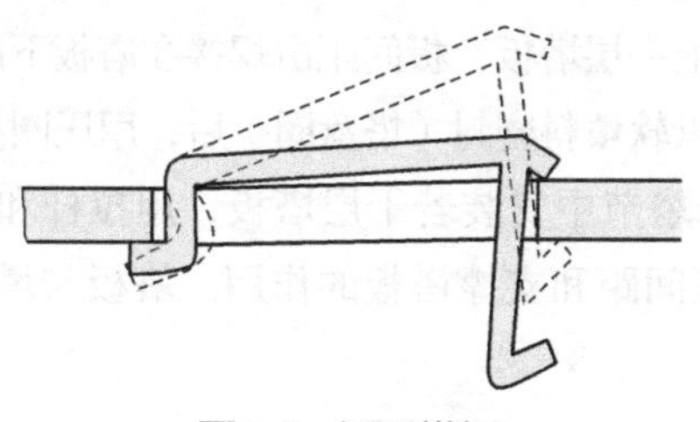
图 3-5　浮舌塔板

③ **斜孔塔板**　斜孔塔板是在板上开有斜孔，孔口向上与板面呈一定角度。斜孔的开口方向与液

流方向垂直，同一排孔的孔口方向一致，相邻两排开孔方向相反，使相邻两排出孔的气体向相反的方向喷出。这样，气流不会对喷，既可得到水平方向较大的气速，又阻止了液沫夹带，使板面上液层低而均匀，气体和液体不断分散和聚集，其表面不断更新，汽液接触良好，传质效率提高。斜孔塔板克服了筛孔塔板筛孔易堵塞，不宜处理易结焦、黏度大的物料的缺点，也克服了浮阀塔板易发生阀片脱落或卡死的缺点。斜孔塔板的生产能力比浮阀塔板大30%左右，效率与之相当，且斜孔塔板结构简单，加工制造方便，是一种性能优良的塔板。

喷射型塔板除以上介绍的几种类型外，二十世纪七八十年代开发出了压延塔板（网孔塔板）、垂直筛板、立体传质塔板等其他类型，详细介绍可参考有关文献。常见塔板的性能比较见表3-1。

表3-1 常见塔板的性能比较

塔板类型	泡罩塔板	筛孔塔板	浮阀塔板	舌形塔板	斜孔塔板
相对生产能力	1	1.2～1.4	1.2～1.3	1.3～1.5	1.5～1.8
相对板效率	1	1.1	1.1～1.2	1.1	1.1
塔板压降	高	低	中	低	低
结构	复杂	简单	一般	最简单	简单
相对成本	1	0.4～0.5	0.7～0.8	0.5～0.6	0.5
优点	较成熟，操作范围宽	效率较高，成本低	效率高，操作范围宽	结构简单，生产能力大	生产能力大，效率高
缺点	结构复杂，阻力大，生产能力低	安装要求高，易堵，操作范围窄	采用不锈钢，浮阀易脱落	操作范围窄，效率较低	操作范围比浮阀塔和泡罩塔窄
适用场合	适用于各种物料，尤其是黏度大、易结焦物系	分离要求高，负荷变化大	污垢物料、高弹性比、真空操作、大液汽比的情况	分离要求较低的闪蒸塔及减压蒸馏	分离要求高，生产能力要求高

2）塔板装配类型

从装配形式来分，塔板有整块式和分块式两种。当塔径小于800mm时采用整块式塔板；当塔径大于900mm时，由于人能在塔内进行装拆，可采用分块式塔板；塔径为800～900mm时，可根据制造和安装的具体情况选用上述两种结构之一。

（1）整块式塔板

整块式塔板分为重叠式和定距管式两类。重叠式塔板是在每一塔节下面焊一组支撑，底层塔板安置在支撑上，然后依次装入上一层塔板，板间距由焊接在塔板下的支撑保证，并用调节螺丝调节水平。塔板与塔壁间的缝隙，以软填料密封（塔盘圈）后，用压圈及压块压紧。

定距管式塔板结构为一个塔节中安装若干层塔板，用拉杆和定距管将塔板紧固在塔节内的支座上，定距管起着保持塔板间距和支撑塔板的作用。塔板与塔壁间隙的密封形式与重叠式塔板相同。

（2）分块式塔板

在直径较大的板式塔中，由于人能进入塔内，故采用分块式塔盘，此时塔身为一焊制整体圆筒，不分塔节，而将塔板细分成数块，通过人孔送入塔内，装到焊接在塔内壁的塔盘固定件上。

① **塔盘板块数** 塔盘由数块塔盘板组成，靠近塔壁的为弓形板，其余的是矩形板。不论塔板分为多少块，为了在塔内进行清洗和检修时便于人能进入各层塔板，都应在塔盘板接近中央处设置一块通道板。塔盘板块数的划分与塔径大小有关，一般按表 3-2 选取。

表 3-2 塔盘板块数与塔径的关系

塔径/mm	800～1200	1400～1600	800～2000	2200～2400
塔盘板块数	3	4	6	6

分块式塔盘在保证工艺操作条件下，应尽量满足结构简单、装拆方便、有足够的刚度和便于检修等要求，常见的有自身梁式和槽式两种结构。

② **塔板连接** 塔盘与通道板、塔盘与塔盘之间的连接，采用螺柱-椭圆垫板连接。此结构中螺栓被铣扁，椭圆垫板上的孔是缺口圆，螺栓与椭圆垫板只能一起旋动，松开螺母后，将椭圆垫板由横向垂直位置旋至顺向水平位置，塔板可以取出。

对塔径在 2000mm 以下的塔，分块式塔板采用支撑圈支撑，支撑圈焊在塔壁上，然后将塔板放在支撑圈上；当塔径在 2000mm 以上时，由于塔盘的跨度较大，分块塔板自身刚度不够，需采用支撑梁结构，将分块塔盘一端搭在支撑圈上，另一端搭在支撑梁上。

3.1.2 板上流程选择

有降液管的板式塔，降液管的布置规定了板上液体的流动途径。液体在塔板上的流动形式有单溢流、双溢流和多溢流。通常采用单溢流，当液体流率很大或塔径过大时，采用双溢流或多溢流。几种溢流形式如图 3-6 所示。

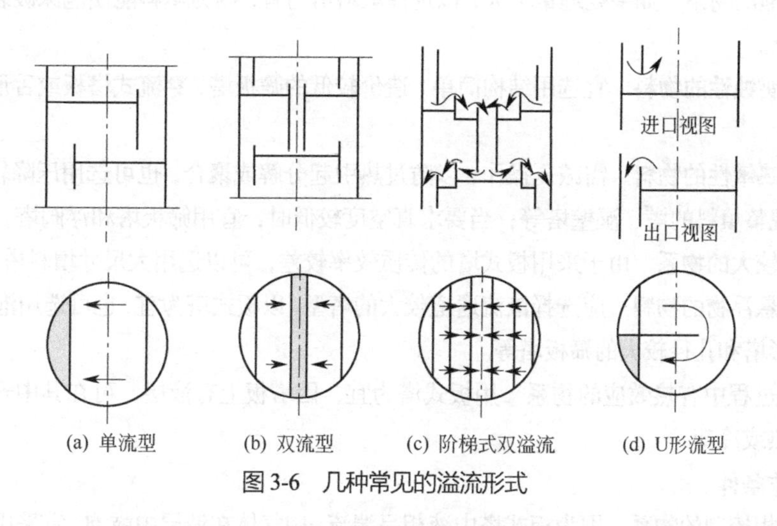

图 3-6 几种常见的溢流形式

由图 3-6 可知，塔板边上降液管呈弓形，塔板中间降液管为矩形（或梯形）。对于单溢流，溢流堰长度通常为(0.6～0.8)D，对于双溢流（或四溢流）两侧的降液管，堰长取(0.5～0.7)D。中间降液管的堰长通常为 0.9D 左右，塔板上的总堰长为该板上各堰的长度之和。

① **单流型** 最简单和最常用，但当塔径和流量过大时，易造成汽液分布不均匀，影响塔板效率。

② **双流型** 当塔的直径较大，或液相的负荷较大时，宜采用双流型。

③ **折（U形）流型** 一般只在小塔和汽液比很小时采用。

④ **其他流型** 当塔径及液量均特别大，双流型也不适合时，可以采用四流型或阶梯流型。

初选塔板液流型时，根据塔径和液相负荷的大小，参考表3-3预选塔板液体流动形式。

表3-3 板上液流形式与液流负荷的关系

塔径/mm	液体流量/（m^3/h）			
	U形流型	单流型	双流型	四流型、阶梯流型
600	5以下	5～25	—	—
1000	7以下	45以下	—	—
1200	9以下	9～70	—	—
1400	9以下	70以下	—	—
2000	11以下	11～110	110～160	—
2400	—	11～110	110～180	—
3000	—	110以下	110～200	200～300

3.1.3 塔型选择的一般原则

选择塔型应考虑物料性质、操作条件、塔设备的性能，以及塔设备的制造、安装、运输和维修等因素，在完成生产任务的前提下，还应重点考虑经济合理。

（1）物料性质

① **易起泡的物系** 如果处理量不大，以选择填料塔为宜，因为填料能使泡沫破裂，在板式塔中则易引起液泛。

② **具有腐蚀性的物料** 宜选用结构简单、造价较低的筛板塔、穿流式塔板或舌形塔板，以便及时更换。

③ **具有热敏性的物料** 需减压操作，以防过热引起分解或聚合，也可选用压降较小的塔型，如可采用装填规整填料的塔、湿壁塔等；当要求真空度较低时，宜用筛板塔和浮阀塔。

④ **黏性较大的物系** 由于采用板式塔的传质效率较差，可以选用大尺寸填料塔。

⑤ **含有悬浮物的物料** 应选择液流通道较大的塔型，以板式塔为宜，也可选用泡罩塔、浮阀塔、栅板塔、舌形塔和孔径较大的筛板塔等。

⑥ **操作过程中有热效应的物系** 用板式塔为宜，因塔板上有液层，可在其中安放换热管，进行有效的加热或冷却。

（2）操作条件

① **受液相控制的物系** 因为板式塔中液相呈湍流，用气体在液层中鼓泡，宜采用板式塔；反之，若汽相传质阻力大（即汽相控制系统，如低黏度液体的蒸馏，空气增湿等），宜采用填料塔，因填料层中汽相呈湍流，液相为膜状流。

② **液体负荷较大** 宜选用汽液并流的塔型（如喷射型塔板）或选用板上液流阻力较小的塔型（如筛板塔和浮阀塔）。

③ **液汽比波动较大** 板式塔优于填料塔，宜用板式塔。

④ **操作弹性** 板式塔操作弹性较填料塔大，其中以浮阀塔为最大，泡罩塔次之，一般来讲，穿流式塔的操作弹性较小。

（3）设备因素

① **塔径** 塔径大于800mm时，宜用板式塔，塔径小于800mm时，宜用填料塔，个别也有例外。

② **制造价格** 直径较大的塔以板式塔造价最低廉。因填料价格约与塔体的容积成正比，而板式塔按单位面积计算价格，其单位面积价格随塔径增大而减小。

3.2 板式精馏塔的设计

确定设计方案是指确定整个精馏装置的流程、各种设备的结构型式和某些操作条件及指标。例如组分的分离顺序，塔设备的型式，操作压力，进料热状态，塔顶蒸汽的冷凝方式，余热利用方案以及安全、调节机构和测量控制仪表的设置等。

3.2.1 设计原则

确定设计方案总的原则是在可能的条件下，尽量采用科学技术上的最新成就，使生产达到技术先进、经济合理的要求，符合优质、高产、安全、低耗的原则。为此，必须具体考虑如下几点。

（1）满足工艺和操作要求

所设计出来的工艺流程和设备，首先必须保证产品能达到设计任务规定的要求，而且质量要稳定。这就要求采取相应的措施保证各流体流量和压头稳定，保证入塔料液的温度和状态稳定。其次所定的设计方案需要有一定的操作弹性，各处流量应能在一定范围内进行调节，必要时传热量也可进行调整。因此，在必要的位置上（泵出口、蒸汽进口、回流管路、塔釜残液出口管路等）要安装调节阀门，在管路中安装备用旁路。计算传热面积和选取操作条件时，也应考虑到生产上的可能波动。再其次，要考虑必须安装的仪表（如温度计、压力计、流量计等）及其安装的位置，以便能通过这些仪表来观测生产过程是否正常，帮助找出不正常的原因，以便采取相应措施。有时为实现高度的自动化控制，还需要安装一些在线检测仪器仪表（如浓度在线测定仪），根据在线反馈的信息对其他控制元件进行实时调控。

（2）满足经济要求

要节省热能和电能的消耗，减少设备和基建费用。如前所述在蒸馏过程中如能适当地利用塔顶、塔底的热量，就能节约很多生蒸汽和冷却水，也能减少很多电能消耗，达到节能降耗的目的。又如冷却水出口温度的高低，一方面影响冷却水用量，另一方面也影响所需传热面积的大小，即对操作费用和设备费用都有影响。同样，回流比的大小对操作费用和设备费用也有很大影响。

降低生产成本是各部门都关心的问题。因此在设计时，采用哪种加热方式，是否能合理利用热能，以及回流比和其他操作参数是否选得合适等，均要作全面考虑，力求尽可能降低总费用。应结合具体条件，选择最佳方案。例如，在缺水地区，冷却水的节省就很重要，冷却水出口温度可设定高些；在水源充足及电力充沛、价廉地区，冷却水出口温度就可选低一些，以节省传热面积。

（3）保证安全生产

例如酒精属易燃物料，不能让其蒸气弥漫车间，也不能使用容易产生火花的设备或工具。又如，针对指定在常压下操作的塔，如果塔内压力过大或塔骤冷而产生真空，都会使塔受到破坏，因而需要设置安全装置。

以上三项原则在生产中都是同样重要的。但在化工原理课程设计中，对第一个原则应作更多的考虑，对第二个原则只作定性考虑，而对第三个原则只要求作一般性的考虑，在今后工程实际中会逐步加深认识。

3.2.2 设计方案的确定

（1）装置流程

精馏装置包括精馏塔、原料预热器、再沸器（蒸馏釜）、冷凝器、釜液冷却器和产品冷却器等设备。精馏过程按照操作方式的不同，分为连续精馏和间歇精馏两种流程。连续精馏具有生产能力大、产品质量稳定等优点，工业生产中以连续精馏为主。间歇精馏具有操作灵活、适应性强等优点，适用于小规模、多品种或多组分物系的初步分离。

为了保持塔的操作稳定性，流程中除了用泵直接送入塔原料外也可采用高位槽进料，以免受泵操作波动的影响。

塔顶冷凝装置可采用全凝器、分凝器-全凝器两种不同的装置。工业上以采用全凝器为主，以便于准确地控制回流比。塔顶分凝器对上升蒸汽有一定的增浓作用，若后续装置使用气态物料，则宜用分凝器。

（2）操作压力

精馏操作可在常压、加压和减压下进行。确定操作压力时，必须根据所处理物料的性质，兼顾技术上的可行性和经济上的合理性进行考虑。精馏操作最好在常压下进行，不能在常压下进行时，可根据下述因素考虑加压或减压操作。

① 对热敏性物质，为降低操作温度，可考虑减压操作；

② 若常压下塔釜残液的沸点接近或超过 200℃时，可考虑减压操作，因为加热蒸汽温度一般低于 200℃；

③ 常压下呈气态的物质必须采用加压蒸馏，例如石油气常压下呈气态，必须采用加压蒸馏；

④ 最经济方便的冷却介质为水，若常压下塔顶蒸汽冷凝时的温度低于冷却介质的温度可考虑加压操作或者采用深井水、冷冻盐水作为冷却剂。但是，压力增大时，操作温度随之升高，轻、重组分的相对挥发度减小，分离所需的理论板数会有所增加。

在确定操作压力时，除了上面所述诸因素之外，尚需考虑设备的结构、材料等因素。

（3）进料热状态

进料热状态与塔板数、塔径、回流液量及塔的热负荷都有密切的关系。理论上进料热状态有五种，但在实际生产中常见的是将料液预热到泡点或接近泡点才送入塔中，这是由于此时塔的操作比较容易控制，不易受季节和环境的影响。此外，在泡点进料时，精馏段与提馏段的塔径几近相同，便于设计和制造。

（4）加热方式

精馏塔釜的加热方式通常为间接蒸汽加热，塔底设置再沸器。若塔底产物近于纯水，而且在浓度较稀时溶液的相对挥发度较大（如乙醇与水的混合液），也可采用直接蒸汽加热。

直接蒸汽加热的优点是：可以利用压力较低的蒸汽加热，在釜内只需安装鼓泡管，不需在塔底安置传热面较大的再沸器。这样，既可简化设备流程节省设备费用又能减少操作费用。然而，直接蒸汽加热，由于通入蒸汽的不断冷凝，对塔底溶液起了稀释作用，在塔底易挥发物损失量相同的情况下，塔底残液中易挥发组分的浓度会进一步降低，因而塔板数稍有增加。但对于乙醇与水的二元混合液，当残液的浓度低时，溶液的相对挥发度很大，容易分离，故所增加的塔板数并不多，此时采用直接蒸汽加热是合适的。

值得注意的是，采用直接蒸汽加热时，加热蒸汽的压力要高于釜中的压力，以便克服蒸汽喷出小孔的阻力及釜中液柱静压力。

饱和水蒸气的温度与压力互为单值函数关系，其温度可通过压力调节。同时，饱和水蒸气的冷凝潜热较大，价格较低廉，因此通常用饱和水蒸气作为加热剂。但若要求加热温度超过 180℃时，应考虑采用其他的加热剂，如烟道气或热油。

（5）冷却剂与出口温度

冷却剂的选择由塔顶蒸汽温度决定。如果塔顶蒸汽温度较低，可选用冷冻盐水或深井水作冷却剂。最经济的冷却剂是水，冷却水从塔顶冷凝器出口排出后，经凉水塔冷却后循环使用，故此，水的入口温度由气温决定，出口温度由设计者确定。设计时一般取冷却水进口温度为 25～30℃。冷却水出口温度设定越高，其用量越少；但同时温差较小，传热面积将增加，实际应用中应综合两方面考虑。冷却水出口温度的选择还应根据当地水资源条件（主要是硬度）确定，但一般不宜超过 50℃，否则溶于水中的无机盐将析出，形成水垢附着在换热器的表面而影响传热效果。

（6）热能利用

精馏过程是组分多次汽化和多次冷凝的过程，能耗较大，如何节约和合理地利用精馏过程本身的热能是十分重要的。

选取适宜的回流比，使精馏过程在最佳条件下进行，可使能耗降至最低。同时，合理利用精馏过程本身的热能也是节约的重要举措。一般来说，适宜的回流比大致为最小回流比的 1.1～2 倍。通常，能源价格较高或物系比较容易分离时，这一倍数宜适当地取得小一些。在实际生产中，回流比往往是调节产品质量的重要手段，必须留有一定的裕度，因此，具体的倍数需参考实际生产中的经验数据来决定。

若忽略进料、馏出液和釜液间的焓差，塔顶冷凝器所放出的热量近似等于塔底再沸器所需要的热量，其数值是相当可观的，然而，在大多数情况下，这部分热量被冷却剂带走而损失掉了。如果采用釜液产品去预热原料，或用塔顶蒸汽的冷凝潜热去加热能级低一些的物料，可以实现塔顶蒸汽冷凝潜热及釜液产品余热的充分利用。

此外，通过蒸馏系统的合理设置，采用中间再沸器和中间冷凝器的流程，也可以提高精馏塔的热力学效率。因为设置中间再沸器，可以利用温度比塔底低的热源，而中间冷凝器则可回收温度比塔顶高的热量，均可取得节能的效果。

3.3 板式精馏塔的工艺计算

精馏塔的工艺设计计算包括物料衡算，塔径、塔高、塔板各部分尺寸的设计计算，塔板的布置，塔板流体力学性能的校核及塔板的汽液负荷性能图的绘制。

由于精馏操作涉及传热、传质过程，影响因素较多，为简化计算，引入理论板假设和恒摩尔流假设。

① **理论板假设** 把精馏塔看成是由许多理论板（平衡级）构成，并将复杂的传质动力学归结到塔板效率中去解决。理论板是理想化的塔板，即汽液两相在塔板上充分接触、传质，离开塔板的汽液两相温度相等，组成达到平衡。理论板的提出是求出实际板数的基础。

② **恒摩尔流假设** 精馏操作中各层塔板上尽管有物质交换，但是，可假设在塔的精馏段或提馏段中，从每层塔板上升的蒸气的摩尔流率都相等，下降的液体摩尔流率也相等（进料状态不同，这两段的液体或蒸气的摩尔流率一般不相等）。恒摩尔流假设是视操作线为直线的前提。

3.3.1 物料衡算

通常，原料量和产量都以 kg/h 或 t/a 来表示，但在理论板计算时均需转换为 kmol/h。在设计时，汽液流量又需用 m^3/s 来表示。因此要注意不同的场合应使用不同的流量单位。

1）浓度换算

（1）质量分数换算为摩尔分数

生产任务给定原料液的浓度一般是以易挥发组分的质量分数表示，为便于利用恒摩尔流假设进行物料衡算，需要将质量分数换算成摩尔分数。

进料的质量分数 w_F 按下式换算成摩尔分数，以 x_F 表示

$$x_F = \frac{w_F / M_A}{w_F / M_A + (1 - w_F) / M_B} \tag{3-1}$$

式中 M_A、M_B——易、难挥发组分的摩尔质量，kg/kmol。

塔顶产品的质量分数 w_D 按下式换算成摩尔分数，以 x_D 表示

$$x_D = \frac{w_D / M_A}{w_D / M_A + (1 - w_D) / M_B} \tag{3-1a}$$

塔釜残液质量分数 w_W 按下式换算成摩尔分数，用 x_W 表示

$$x_W = \frac{w_W / M_A}{w_W / M_A + (1 - w_W) / M_B} \tag{3-1b}$$

（2）计算混合物的平均摩尔质量

分别用 M_F、M_D、M_W 表示原料液、塔顶产品、塔底产品的平均摩尔质量，x_i 表示在各处易挥发组分的摩尔分数，则各处混合物的平均摩尔质量

$$M_i = M_A x_i + M_B (1 - x_i) \tag{3-2}$$

2）确定回流比

在精馏塔设计中，回流比是决定设备费用和操作费用的一个重要参数，也是对产品的产量和质量有重大影响而又便于调节的参数，它是由设计者预先选定的。回流比的大小，直接影响着理论板数、塔径和冷凝器及再沸器的热负荷。因此，正确地选择回流比是精馏塔设计中的关键问题。回流

比有两个极限值，其上限为全回流（即回流比为无限大），下限为最小回流比 R_{min}，操作回流比介于两个极限值之间，一般取 $R=(1.1\sim2)R_{min}$。

（1）最小回流比 R_{min}

对于一定的分离任务，如果减小操作回流比，由精馏段操作线方程式可知，精馏段操作线的斜率变小，截距变大，精馏段操作线向平衡线靠近（提馏段操作线亦然），表示汽液两相间的传质推动力减小，所需理论板数也随之增多。当回流比减小到某一数值时，两操作线的交点 d 落到平衡线上，如图 3-7 所示。此时，若在平衡线与操作线之间绘梯级，将需要无穷多梯级才能到达点 e，相应的回流比即为最小回流比。在 e 点前后（通常为进料板上下区域），各板之间的汽液两相组成基本上不发生变化，即没有增浓作用，故 e 点称为夹紧点，这个区域称为夹紧区（恒浓区）。最小回流比是回流比的下限。当操作回流低于 R_{min} 时，精馏操作无法达到指定的分离程度

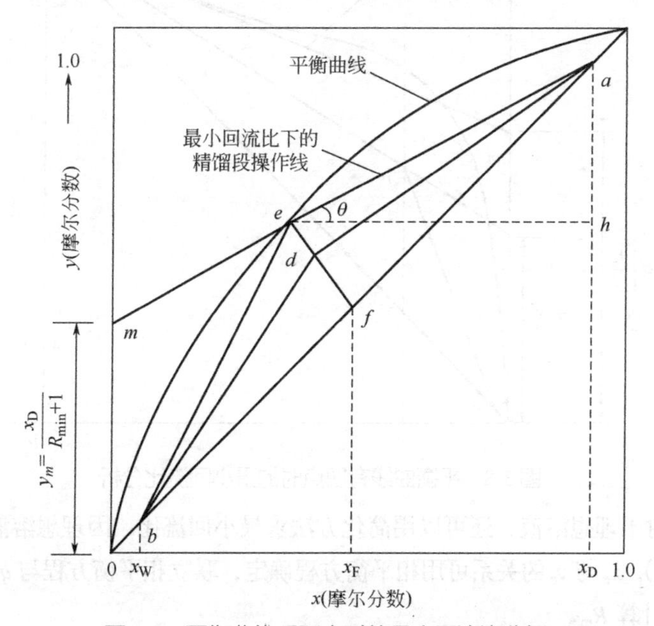

图 3-7　平衡曲线无凹点时的最小回流比分析

（2）最小回流比的求取方法

最小回流比有作图法和解析法两种不同的求法，现分别予以介绍。

① **作图法**　根据平衡曲线形状不同，作图方法有所不同。若平衡曲线无凹点，如图 3-7 所示，进料线与平衡线的交点即为夹紧点 e，此时由精馏段操作线的斜率可求出最小回流比，即

$$\frac{R_{min}}{R_{min}+1}=\frac{x_D-y_e}{x_D-x_e} \tag{3-3}$$

整理得

$$R_{min}=\frac{x_D-y_e}{y_e-x_e} \tag{3-3a}$$

式中　x_e、y_e——进料线与平衡线的交点坐标，由图中读得。

由图解理论板图中读出精馏段操作线在 y 轴上的截距 y_m，或者通过式（3-3b）计算

$$y_m=\frac{x_D}{R_{min}+1} \tag{3-3b}$$

若分离的为非理想物系，且其平衡曲线有凹点，如图 3-8 所示。此种情况下的夹紧点 e 在两操作线与平衡线相交前出现，即出现在精馏段操作线与平衡线相切的切点位置，这种情况应根据切线的斜率求得 R_{min}。

附录 3 给出了乙醇-水物系的汽液平衡数据，根据平衡数据作 y-x 平衡曲线，由塔顶馏出液组成点 a（x_D，x_D）作平衡曲线最凹处的切线，从图中读出切点坐标，其斜率为 $k = R_{min}/(R_{min}+1)$，代入式（3-3a），进而求出 R_{min}。也可以由图解理论板图中读出精馏段操作线在 y 轴上的截距 y_m，通过式（3-3b）计算求出 R_{min}。

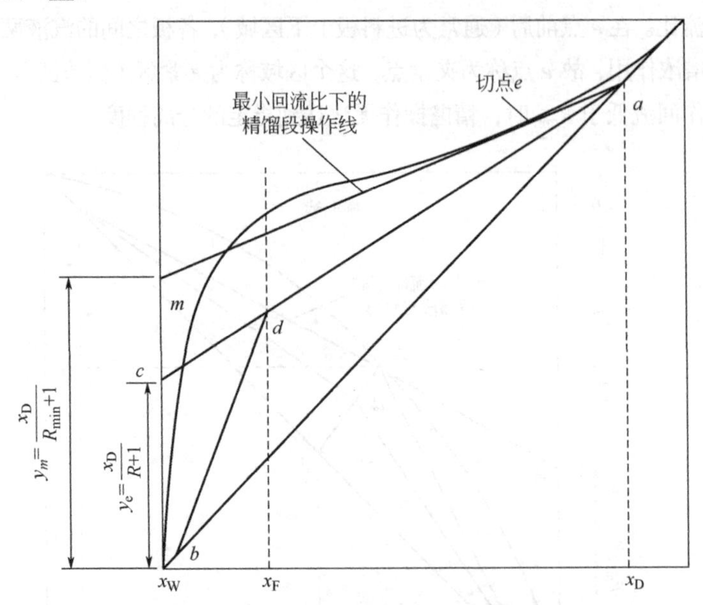

图 3-8　平衡曲线有凹点时的最小回流比分析

② **解析法**　对于理想溶液，还可以用简化方法求最小回流比。因理想溶液的相对挥发度 α 为常数（或取平均值），x_e 与 y_e 的关系可用相平衡方程确定，联立相平衡方程与 q 线方程求出 x_e、y_e，再代入式（3-3a）计算 R_{min}。

对于某些进料热状态，可直接推导出相应的 R_{min} 计算式，如泡点进料时 $x_e = x_F$，则有

$$R_{min} = \frac{1}{\alpha-1}\left[\frac{x_D}{x_F} - \frac{\alpha(1-x_D)}{1-x_F}\right] \tag{3-4}$$

饱和蒸汽进料时 $y_e = x_F$，则有

$$R_{min} = \frac{1}{\alpha-1}\left(\frac{\alpha x_D}{y_F} - \frac{1-x_D}{1-y_F}\right) - 1 \tag{3-5}$$

式中　y_F——饱和蒸汽进料中易挥发组分的摩尔分数。

（3）确定适宜回流比 R

设计计算时的回流比应介于 R_{min} 与 $R = \infty$ 之间，其选择的原则是根据经济核算，使操作费用和设备费用之和最小，此时的回流比称为适宜（操作）回流比。在精馏设计计算中，一般不需进行经济核算，常采用经验值，根据工程实践总结，适宜回流比的范围为（1.1～2）R_{min}。

3）原料液量、釜残液量及加热蒸汽消耗量的计算

精馏塔塔顶、塔釜的产量与原料液量及组成之间的关系可通过全塔物料衡算来确定。根据加热

方式的不同，对精馏塔进行全塔物料衡算得到。

（1）间接蒸汽加热

如图 3-9 所示，对全塔进行总物料衡算可得原料液量 F 和釜残液量 W

$$F = D + W \tag{3-6}$$

对全塔进行易挥发组分的物料衡算可得

$$Fx_F = Dx_D + Wx_W \tag{3-7}$$

式中 x_F、x_D、x_W——原料液、塔顶产品、塔底残液中易挥发组分的摩尔分数；

F、D、W——原料液、塔顶产品、釜残液流量，kmol/h。

设计者将设计任务提出的 D、x_F、x_D 和 x_W 代入式（3-6）和式（3-7）以解出 F、W。

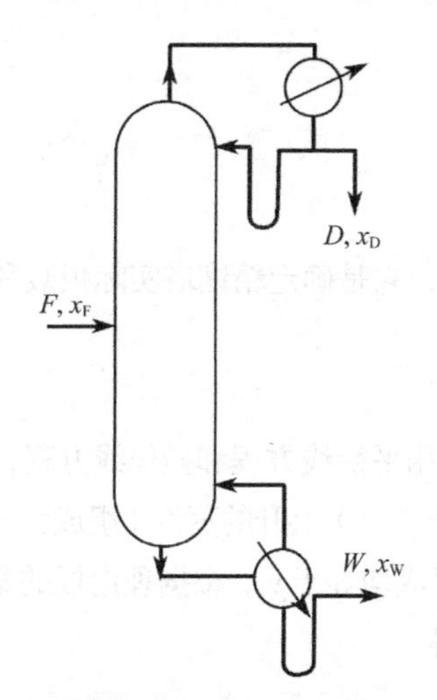

图 3-9　间接蒸汽加热精馏塔的全塔物料衡算

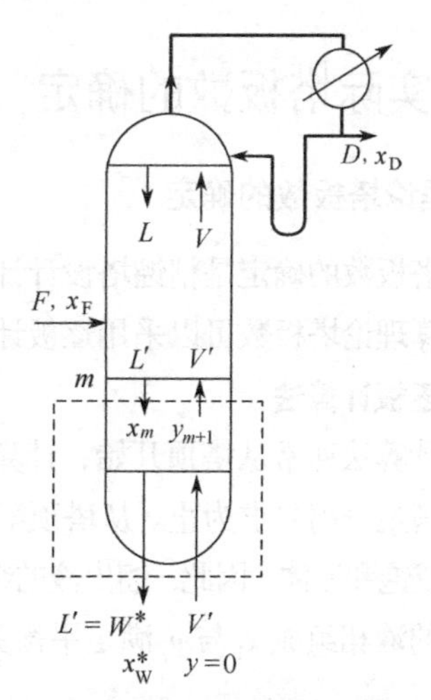

图 3-10　直接水蒸气加热的精馏塔物料衡算

（2）直接水蒸气加热

若分离的是水溶液，且水是难挥发组分，则塔釜中几乎是不含易挥发组分的水，故可以通入水蒸气进行直接加热。如图 3-10 所示，对精馏塔进行全塔物料衡算得

$$F + S = W^* + D \tag{3-8}$$

$$Fx_F + Sx_S = W^* x_W^* + Dx_D \tag{3-9}$$

式中 S——加热蒸汽量，kmol/h；

x_S——加热蒸汽中易挥发组分的摩尔分数；

W^*——直接蒸汽加热时塔底残液量，kmol/h；

x_W^*——直接蒸汽加热时塔底残液中易挥发组分的摩尔分数。

将式（3-8）改写成

$$W^* = F + S - D = W + S \tag{3-10}$$

将式（3-10）代入式（3-9），且蒸汽中不含易挥发组分 $x_S = 0$，得到

$$x_W^* = (Fx_F - Dx_D) / W^* = Wx_W / W^* \tag{3-11}$$

对提馏段进行物料衡算

$$V' + W^* = L' + S \tag{3-12}$$

式中 V'、L'——提馏段上升蒸汽和下降的液相流量，kmol/h。

根据恒摩尔流假设，得 $S=V'$，$W^*=L'$。若为泡点进料，则提馏段上升蒸汽量 V'

$$V' = V = S \tag{3-13}$$

则加热蒸汽消耗量

$$S = V = (R+1)D \tag{3-14}$$

釜残液量

$$W^* = L' = L + qF = L + F \quad (q=1) \tag{3-15}$$

釜液组成

$$x_W^* = Wx_W / W^* \tag{3-16}$$

由上可知，将间接蒸汽加热改为直接蒸汽加热，进料和塔顶产品的量及组成不变，釜液量（W^*）和组成（x_W^*）发生变化。采用直接蒸汽加热可省去再沸器，使设备简化，故在工业生产酒精时多有采用。

为使计算结果清晰，做完物料衡算后，可以把计算结果列举出来，便于后面计算参考。

3.3.2 实际塔板数的确定

1）理论塔板数的确定

理论塔板数的确定是精馏塔设计计算的主要内容之一，它是确定精馏塔实际板数和有效高度的关键。计算理论塔板数可以采用逐板计算法或图解法。

（1）逐板计算法

逐板计算法通常从塔顶开始，计算过程中依次交替使用平衡线方程和操作线方程，逐板进行计算，直至满足分离要求为止。从塔顶第一层理论塔板（序号为 1）上升的蒸汽（组成为 y_1）经全凝器全部冷凝成饱和液体，因此，馏出液的组成 x_D 和回流液的组成均等于 y_1，根据理论板的概念，自第一层板下降的液相组成 x_1 与 y_1 满足平衡关系，由平衡方程得

$$x_1 = \frac{y_1}{y_1 + \alpha(1-y_1)} \tag{3-17}$$

从第二层塔板上升的蒸汽组成 y_2 与 x_1 符合操作关系，故可用精馏段操作线方程由 x_1 求得 y_2，即

$$y_2 = \frac{R}{R+1}x_1 + \frac{x_D}{R+1} \tag{3-18}$$

同理，y_2 与 x_2 为平衡关系，可用平衡方程由 y_2 求得 x_2，再用精馏段操作线方程由 x_2 计算 y_3。如此交替地利用平衡方程及精馏段操作线方程进行逐板计算，直至求得的 $x_n \leqslant x_F$（泡点进料）时，则第 n 层理论板便为进料板。通常，认为进料板是提馏段的第一层板，因此精馏段所需理论板层数为 $(n-1)$。应予以注意，对于其他进料热状态，应计算到 $x_n \leqslant x_d$ 为止（x_d 为两操作线交点横坐标）。

在进料板以下，改用提馏段操作线方程由 x_n（将其记为 x_1'）求得 y_2'，再利用平衡关系由 y_2' 求得 x_2'，如此重复计算，直至计算到 $x_m \leqslant x_W$ 为止。对于间接蒸汽加热，再沸器内汽液两相达到相平衡，再沸器相当于一层理论板，故提馏段所需理论板数为（m-1）。

在计算过程中，每使用一次平衡关系，便对应一层理论板。逐板计算法计算结果准确，概念清晰，在计算得到理论板数的同时，还可得到每层理论板上的组成，但计算过程较为烦琐，一般适用于计算机编程计算。

（2）图解法

图解法又称麦克布-蒂利法，简称 M-T 法，此方法与逐板计算法的基本原理是一致的。在 y-x

相图上，用平衡曲线和操作线分别代替平衡方程和操作线方程，用简便的图解法求解理论板数，该方法在双组分精馏计算中应用广泛。

这里以分离乙醇-水物系为例，介绍设计常采用的图解法。首先根据平衡数据（附录3乙醇-水物系的汽液平衡数据）作出 y-x 平衡线，再作出对角线，如图3-8所示。

① **精馏段操作线（定点截距法）** 将精馏段操作线方程与对角线方程 $y=x$ 联解，可得出精馏段操作线与对角线的交点 $a(x_D, x_D)$；再根据已知的 R 和 x_D，求出精馏段操作线在 y 轴上的截距 $\frac{x_D}{R+1}$，依此值在 y 轴上标出点 $c\left(0, \frac{x_D}{R+1}\right)$，连接直线 ac 即为精馏段操作线，如图3-8所示。也可从点 a 作斜率为 $\frac{R}{R+1}$ 的直线 ac，得到精馏段操作线。

② **进料线** 当为饱和液体（泡点）进料时，进料线（q 线）为垂线，与精馏段操作线交于点 d，此时 $x_F=x_d$，即为两条操作线的交点。

③ **提馏段操作线** 连接 b 点（x_W，x_W）与 d 点，直线 db 即为提馏段操作线；若为直接蒸汽加热，还需将 db 线延长，延长到与 x 轴相交得 b' 点（x_W^*，0），直线 db' 即为直接蒸汽加热时的提馏段操作线。

④ **理论板绘制** 自对角线上的点 a 开始，在精馏段操作线 ac 与平衡线之间下行绘直角梯级，梯级跨过两操作线交点 d 时，改在提馏段操作线 db 与平衡线之间绘直角梯级，直到梯级的垂直线达到或超过点 b（x_W，x_W）为止。平衡线上每个梯级的顶点即代表一层理论板。跨过点 d 的梯级为理论进料板，最后一个梯级为再沸器，因其相当于一层理论板，所以总理论板数为总梯级数减1。当采用直接蒸汽加热时，提馏段操作线要延长至 x 轴，梯级要跨过 b' 点（x_W^*，0），此时塔釜亦视为一块理论板。

若塔顶采用分凝器，则塔顶蒸汽经分凝器部分冷凝作为回流液，由于离开分凝器的汽相与液相可视为相互平衡，故分凝器也相当于一层理论板，所以上述方法求得的理论板数还应减去1。

2）总板效率

总板效率为在指定分离要求与回流比下所需的理论板数与实际板数的比值，反映了实际塔板的汽液两相传质的完善程度。

全塔效率又称总板效率，用 E 表示，其定义为

$$E=\frac{N_T}{N_p}\times 100\% \tag{3-19}$$

式中 E——总板效率，%；

N_T——理论塔板数；

N_p——实际塔板数。

影响全塔效率的因素主要有以下几个方面：

① **系统的物性** 包括黏度、密度、表面张力、扩散系数及相对挥发度等；

② **塔的操作条件** 包括温度，压力，气体、液体的流速及回流比等；

③ **塔板结构** 包括塔板类型、开孔大小、开孔率及堰高等。

上述诸影响因素是彼此联系又相互制约的。因此，很难找到各影响因素之间的定量关系。设计

中所用的全塔效率数据，一般是从条件相近的生产装置或中试装置中取得的经验数据，也可通过经验关联式计算，以下介绍应用比较广泛的奥康奈尔（O′connell）法。

首先计算平均相对挥发度和料液平均黏度的乘积 $\alpha\mu_L$，由横坐标 $\alpha\mu_L$ 可从泡罩蒸馏塔总板效率的奥康奈尔关联图（图 3-11）中查得总板效率 E_T。将查得的总板效率 E_T 再乘以表 3-4 中的校正系数即为筛板塔的总板效率 E。图 3-11 中的曲线也可用下式表达

$$E = 0.49(\alpha\mu_L)^{-0.245} \tag{3-20}$$

该式适用于 $\alpha\mu_L = 0.1 \sim 7.5$，且板上液流长度≤1.0m 的工业板式塔。

图 3-11 中的横坐标 $\alpha\mu_L$ 可根据下面的方法求得。

表 3-4　总板效率相对值（校正系数）

塔型	总板效率相对值
泡罩塔	1.0
筛板塔	1.1
浮阀塔	1.1～1.2
穿流筛孔板塔（无降液管）	0.8

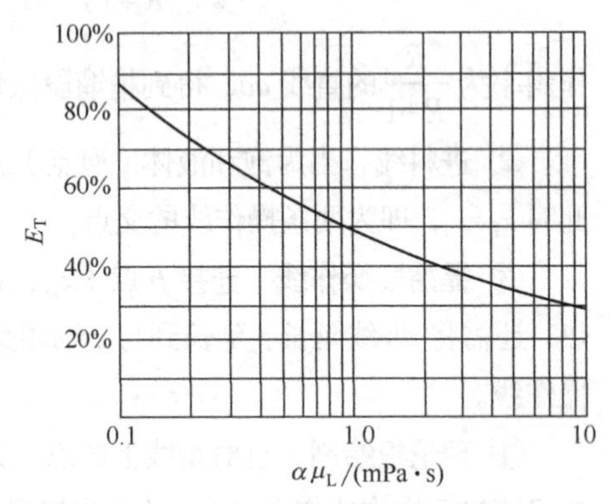

图 3-11　奥康奈尔总板效率关联图

（1）平均相对挥发度 α 的求法

若为理想溶液，其相对挥发度 α 近乎为常数；而对于非理想溶液，α 数值由塔顶到塔底变化很大，应逐板计算后再求其平均值。由图解理论板图中查得每块塔板上的汽相和液相组成，根据式（3-21）求得每块板的相对挥发度

$$\alpha_i = \frac{y_i(1-x_i)}{x_i(1-y_i)} \tag{3-21}$$

式中　α_i——第 i 块理论板上的相对挥发度；

y_i、x_i——第 i 块理论板上的汽、液相组成。

全塔的平均相对挥发度由下式计算

$$\alpha = (\alpha_1\alpha_2\cdots\alpha_{n-1}\alpha_n)^{\frac{1}{n}} \tag{3-22}$$

式中　α——平均相对挥发度；

n——理论塔板数，取整数。

（2）μ_L 的计算

以进料摩尔组成为基准计算出的液体平均摩尔黏度 μ_L，由两组分在全塔平均温度下的黏度线性加和得到。两组分在平均温度下的黏度 μ_A、μ_B 可查黏度共线图，根据读出的黏度和已知的进料组成 x_F，用下式计算出平均黏度

$$\mu_L = \mu_A x_F + \mu_B(1-x_F) \tag{3-23}$$

平均塔温为塔顶和塔底温度的算术平均值，塔顶和塔底的温度根据塔顶和塔底的浓度在平衡关系中查出或用内插法求出。

3）实际板数 N_p 的计算

根据图解理论板求出的理论塔板数和计算出的总板效率，按式（3-19）求出实际板数。其中精馏段的实际板数为 $N_{p精}=N_{T精}/E$，并圆整；提馏段的实际板数为 $N_{p提}=N_{T提}/E$，并圆整，同时标明加料板的位置。全塔实际板数

$$N_p = N_{p精} + N_{p提} \tag{3-24}$$

3.3.3 塔径和塔高的计算

板式塔为逐级接触式的汽液传质设备，每层板的组成、温度、压力都不同。设计时，先选取某一层塔板（例如进料板或塔顶、塔底）条件下的参数作为设计依据，以此确定塔的尺寸，然后再作适当调整；或分段分别计算，以适应两段的汽液相体积流量的变化，但应尽量保持塔径相同，以便于加工制造、安装及操作。

设计的板式塔应为汽液接触传质提供尽可能大的接触面积，应尽可能地减少雾沫夹带和气泡夹带，保证有较高的塔板效率和较大的操作弹性。但是由于塔中两相流动情况和传质过程的复杂性，许多参数和塔板尺寸需根据经验来选取，而参数与尺寸之间又互相影响和制约。因此，设计过程中不可避免地要进行试差，计算结果也需要工程标准化。基于以上原因，在设计过程中需要不断地调整、修正和核算，直至设计出较为满意的板式塔。

1）初选塔板间距 H_T

塔板间距不仅影响塔高，而且影响塔的生产能力、操作弹性和板效率。塔板间距取得较大些，能允许较大的空塔气速，对一定的生产任务，塔径可小些，但塔高要增加；反之，塔径选大些，塔高则可小些。板间距与塔径之间的关系，应通过流体力学验算，权衡经济效益，作出最佳选择。塔板间距选取时应考虑塔高、塔径、物系性质、分离效率、操作弹性等因素。例如，塔板层数很多时，宜选用较小的板间距，适当加大塔径降低塔板间的高度。塔内各段负荷差别较大时，也可采用不同的板间距以保持塔径的一致。对易发泡的物系，板间距应取大一些，以保证塔的分离效果；对生产负荷波动较大的场合，也需加大板间距以提高操作弹性。在设计中，有时需反复调整，才能选定适宜的板间距。

设计时通常根据塔径的大小，在表 3-5 列出的塔板间距的经验数值中选取。确定板间距除了要考虑上述因素外，还应考虑安装、检修的需要。例如，在塔体的人孔处，应采用较大的板间距，一般不低于 600～700mm，以便有足够的工作空间。对只需开手孔的小型塔，开手孔处的板间距可取 450mm 以下。

表 3-5 板间距与塔径的关系 单位：mm

塔径 D	板间距 H_T
800～1200	300,350,400,450,500
1400～2400	400,450,…,650,700
2600～6600	450,500,…,750,800

2）塔径的计算

塔径的计算方法有两类：一类是根据适宜的空塔气速，求出塔径；另一类是先确定适宜的孔速，定出每块塔板上所需的孔数，进行孔的排列后得到塔径。现仅介绍前一类方法。

塔径所决定的塔横截面应满足汽液接触部分的面积，受液和降液部分的面积及塔板支承、固定

等结构处理所需面积的要求，在塔板设计中起主要作用的往往是汽液接触部分的面积，应保证有适宜的气速。精馏塔的直径，可由塔内上升蒸汽的体积流量及其通过塔净截面的空塔线速度求得。精馏段塔径的计算以塔顶第一块理论板为准，提馏段以进料板为准。由于精馏段、提馏段的汽液相流量和物性不同，故两段中的气速和塔径也不尽相同。

（1）精馏段

精馏段的物流和组成情况如图 3-12 所示。应用恒摩尔流假设计算下降的液相和上升的汽相流率，得到：

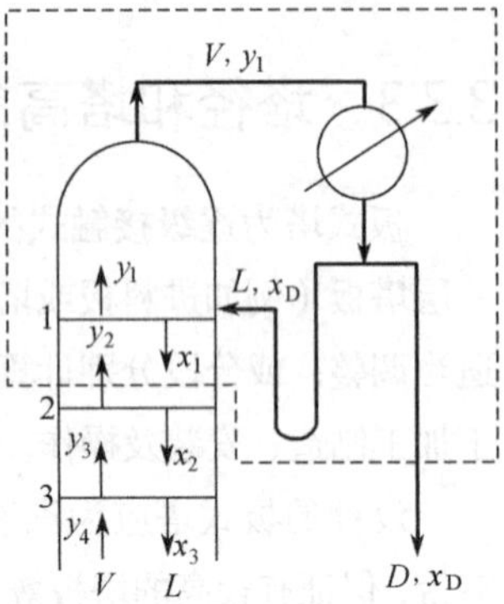

① 汽、液相流率 精馏段以塔顶第一块板为基准计算其他参数，因塔顶附近板的分离能力不大，以塔顶第一层理论板的参数为准即可。

图 3-12 精馏段分析

a. 计算汽相流率 V

$$V = D + L = (R+1)D \tag{3-25}$$

式中 V——精馏段汽相摩尔流率，kmol/h；

R——回流比；

L——回流入塔的液相摩尔流率，kmol/h。

b. 换算成体积流率

$$V_h = \frac{VM_{mV}}{\rho_V} \tag{3-26}$$

式中 V_h——精馏段汽相体积流率，m^3/h；

M_{mV}——精馏段汽相混合物平均摩尔质量，kg/kmol；

ρ_V——精馏段汽相混合物的平均密度，kg/m^3。

精馏段汽相混合物的平均密度由式（3-27）求得

$$\rho_V = \frac{pM_{mV}}{RT} \tag{3-27}$$

式中 p——塔顶压力，对于常压精馏来说为一个大气压，101.3kPa；

R——摩尔气体常数，8.314kJ/(kmol·K)；

T——精馏段汽相混合物温度，K。

c. 计算液相流率 L 根据恒摩尔流假设，精馏段的液相流率为塔顶回流入塔的液体流率，可根据设计任务和确定的回流比 R 求出

$$L = RD \tag{3-28}$$

换算成体积流率

$$L_h = \frac{LM_{mL}}{\rho_L} \tag{3-29}$$

式中 L_h——精馏段液相体积流率，m^3/h；

M_{mL}——精馏段液相混合物平均摩尔质量，kg/kmol；

ρ_L——精馏段液相混合物的平均密度，kg/m^3。

由 $x_D = y_1$，查泡点下两组分的密度，根据第一块板上两组分的质量分数，可求出液相混合物的密度

$$\frac{1}{\rho_L} = \frac{w_A}{\rho_A} + \frac{w_B}{\rho_B} \tag{3-30}$$

式中　w_A——精馏段易挥发组分的质量分数；

w_B——精馏段难挥发组分的质量分数；

ρ_A、ρ_B——两组分的纯物质密度，kg/m^3。

② **气体负荷因子 *C***　气体负荷因子是由塔板上液体和气体的动能因子的比值即汽液动能参数 $\frac{L_s}{V_s}\sqrt{\frac{\rho_L}{\rho_V}}$ 和板间无液空间 H_T-h_L 查图 3-13 确定。

此时先依据表 3-5 预选一个塔板间距 H_T，计算出塔径后再校核板间距是否合适。

从图 3-13 查出的 C_{20} 为液体的表面张力 σ 等于 20mN/m 时的气体负荷因子，若 σ 不等于 20mN/m，则根据下式计算塔板工作情况下的气体负荷因子 C

$$C = C_{20}\left(\frac{\sigma}{20}\right)^{0.2} \tag{3-31}$$

式中　σ——操作物系的液体表面张力，mN/m。

为了便于在计算机上进行运算，图 3-13 还可用下述回归式表示

$$\begin{aligned} C_{20} = \exp\Big\{ & (-4.531 + 1.6562H + 5.5496H^2 - 6.4695H^3) \\ & + (-0.4746 + 0.079H - 1.39H^2 + 1.3212H^3)\ln\left(\frac{L_s}{V_s}\sqrt{\frac{\rho_L}{\rho_V}}\right) \\ & + (-0.0729 + 0.088307H - 0.49123H^2 + 0.43196H^3)\left[\ln\left(\frac{L_s}{V_s}\sqrt{\frac{\rho_L}{\rho_V}}\right)\right]^2 \Big\} \end{aligned} \tag{3-32}$$

式中　H——板间无液空间（称为分离空间），$H=H_T-h_L$，m；

H_T——板间距，m；

h_L——清液层的高度，m，一般取 0.05～0.1m。

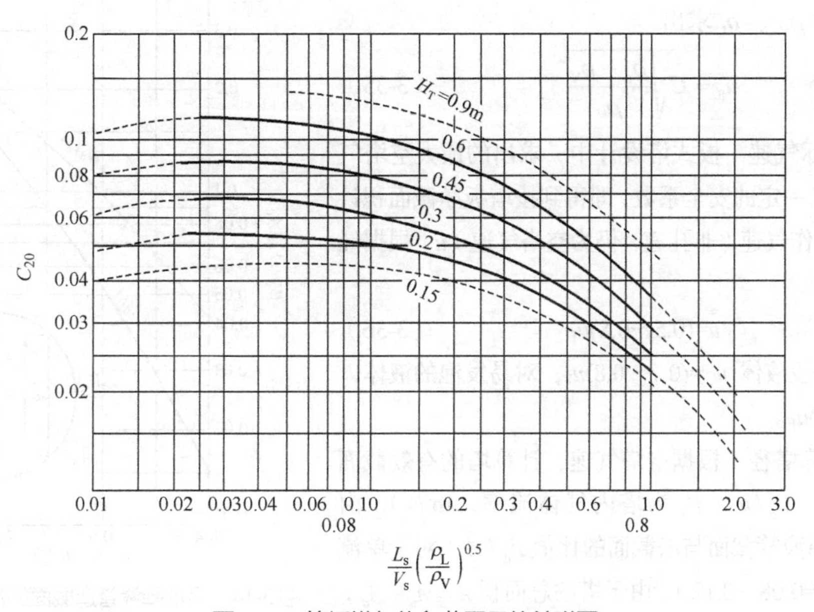

图 3-13　筛板塔气体负荷因子的关联图

液体的表面张力 σ 可按下式计算

$$\sigma = \left[\frac{P_m(\rho_L - \rho_V)\times 10^{-3}}{M_{mL}}\right]^4 \tag{3-33}$$

式中　σ——表面张力，mN/m；

P_m——平均分子常数，可由式（3-34）求得。

$$P_m=\sum P_i x_i \tag{3-34}$$

式中　P_i——分子常数；

x_i——摩尔分数。

分子常数 P_i 由组成分子、原子常数及分子结构常数相加而得，其值列于表 3-6 中。

表 3-6　常见物质的分子常数一览表

分子	分子常数	分子	分子常数	分子	分子常数
C	4.8	Cl	54.3	三环	16.7
H（与 O 相连）	11.3	Br	68.0	四环	11.6
H（与 C 相连）	17.1	I	91.0	五环	8.5
O（酸中，包括羟基）	20.0	N（胺中）	12.5	六环	6.1
O（碳水化合物中）	43.2	N	29.1	双键	23.2
O（酯、醚中）	60.0	S	48.2	三键	46.6
F	25.7	P	37.7		

③ **最大空塔气速（又称为液泛气速）** 最大空塔气速 u_F 可根据悬浮液滴沉降原理，利用上面得到的气体负荷因子 C 和 ρ_V、ρ_L 求出

$$u_F = C\sqrt{\frac{\rho_L - \rho_V}{\rho_V}} \tag{3-35}$$

④ **实际气速**　板式塔设计中，求出的最大空塔气速 u_F 再乘以一定的安全系数，即得到按塔板净截面积计算的实际操作气速（非孔速，仍为空塔气速）u，根据经验一般取

$$u=(0.5\sim0.8)u_F \tag{3-36}$$

对于一般液体 $u=(0.7\sim0.8)u_F$；对易发泡的液体，$u=(0.5\sim0.6)u_F$。

⑤ **计算塔径**　根据空塔气速，计算塔的有效截面积 A_n，$A_n = V_s / u$（V_s 为塔内气体流率，m³/s），由图 3-14 查降液管截面与塔截面的比值 A_d / A（对于单流型塔 A_d / A=0.08～0.12），由于塔的总面积 $A = A_n + A_d$，故 $A = A_n / (1 - A_d / A)$。由 $A = \pi D^2 / 4$ 可得

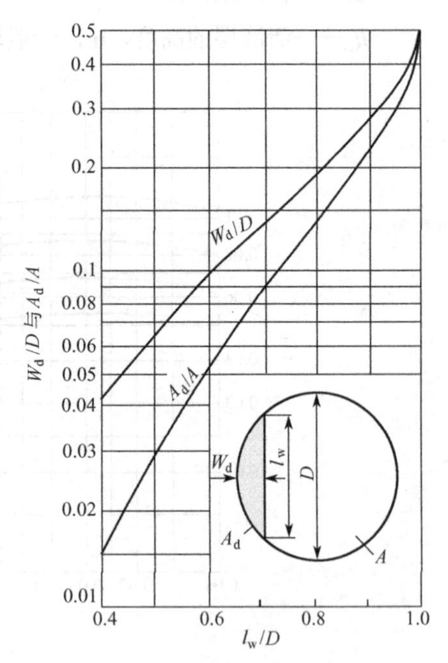

图 3-14　弓形降液管道截面的尺寸参数比例

$$D = \sqrt{\frac{4A}{\pi}} \tag{3-37}$$

式中　D——塔径，m。

⑥ **圆整与校核**　以上计算出的塔径只是初估值，需按塔径标准原则进行圆整，即：塔径在1000mm以内，以100mm递增圆整；塔径在1000mm以上时，以200mm递增圆整。按圆整后的塔径重新计算塔的截面积A。

圆整后的塔径与最初计算值不一定相符，因此要进行校核。须重新计算流速u，看是否在（0.5～0.8）u_F之间，若符合则D适宜，若不符合还需重新调整。

（2）提馏段

提馏段以进料板的参数为准进行计算。根据给出的进料状态，主要分别计算提馏段的汽相和液相流率，提馏段的操作情况如图3-15所示。

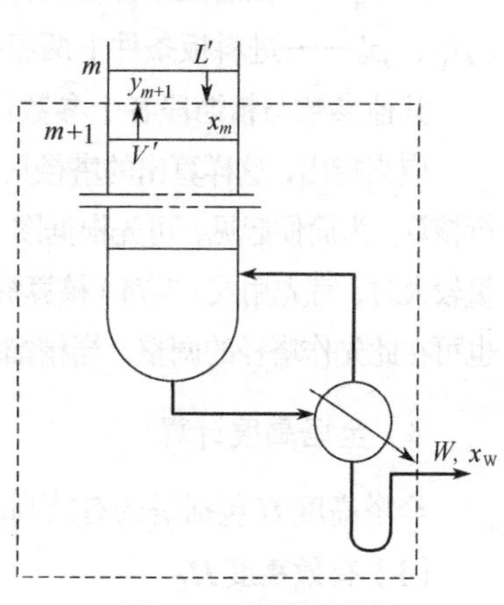

图3-15　提馏段分析

① **汽相流率**　采用饱和液体进料时，即q=1，故有$V' = V$，换算成体积流率

$$V'_h = \frac{V'M'_{mV}}{\rho'_V} \tag{3-38}$$

式中　V'_h——提馏段汽相体积流率，m³/h；

M'_{mV}——提馏段汽相混合物平均摩尔质量，kg/kmol；

ρ'_V——提馏段汽相混合物的平均密度，kg/m³。

进料板压力计算：设单板压降H_P=50mm水柱（1mm水柱=9.8066Pa），则加料板上的压力p'为

$$p' = 101.3 + N_{p精} \times H_P \times 9.807/1000 \tag{3-39}$$

式中　p'——进料板上的压力，kPa；

$N_{p精}$——精馏段的实际板数。

这样，也可由进料板上的温度和压力计算提馏段汽相体积流率

$$V'_h = \frac{V'M'_{mV}}{\rho'_V} = \frac{V'M'_{mV}}{\frac{p'M'_{mV}}{RT'}} = \frac{V'RT'}{p'} \tag{3-40}$$

式中　R——摩尔气体常数，8.314kJ/(kmol·K)；

T'——进料板汽相混合物温度，K。

② **液相流率**　若是饱和液体进料可得

$$L' = L + qF = L + F \tag{3-41}$$

式中　L'——提馏段液相摩尔流率，kmol/h；

q——进料的热状况参数。

换算成体积流率

$$L'_h = \frac{L'M'_{mL}}{\rho'_L} \tag{3-42}$$

式中　L'_h——提馏段液相体积流率，m³/h；

M'_{mL}——提馏段液相混合物平均摩尔质量，kg/kmol；

ρ'_{L}——提馏段液相混合物的平均密度，kg/m³。

以进料板的条件为准，在 y-x 图上查得进料板上的汽、液相组成，并根据进料板上混合液的组成查泡点温度。再查泡点下两组分的密度，根据进料板上两组分的质量分数，由式（3-43）求出提馏段液相混合物的密度。

$$\frac{1}{\rho'_{L}}=\frac{w'_{A}}{\rho'_{A}}+\frac{w'_{B}}{\rho'_{B}} \tag{3-43}$$

式中 w'_{A}——提馏段易挥发组分的质量分数；

w'_{B}——提馏段难挥发组分的质量分数；

ρ'_{A}、ρ'_{B}——进料板条件下两组分的密度，kg/m³。

其他参数与精馏段各个参数计算方法相同，最终计算出提馏段的塔径 D'。

应当指出，这样算出的塔径只是初估值，除需根据塔径标准予以圆整外，还要根据流体力学原则进行核算。为简便起见，可先根据图 3-23 验算雾沫夹带量分率 ψ，必要时可先在此对塔径进行调整。当液量较大时，宜先用式（3-74）核算液体在降液管中的停留时间 τ，如不符合要求且难以加大板间距 H_{T} 时，也可在此先作塔径的调整。当精馏塔的精馏段和提馏段上升气量差别较大时，两段的塔径应分别计算。

3）全塔高度计算

全塔高度 H 包括塔的有效高度 H_{E}、塔顶空间 H_{D}、塔底空间 H_{B} 和裙座高度 H_{S}。

（1）有效高度 H_E

板式塔的有效高度是指安装塔板部分的高度，其计算方法是先通过板效率将理论板数换算为实际板数，选择板间距 H_{T}（指相邻两层实际板之间的距离），然后根据具体情况计算出设置人孔、手孔的板间距 H'_{T}。

人孔数目根据塔板安装方便和物料的清洁程度而定。当物系不含固体杂质、发泡性不强时，设置人孔或手孔的间距可以大一些。对于处理不需要经常清洗的物料，可每隔 6～8（或更多）块塔板设置一个人孔；处理易结垢、结焦的物系需经常清洗塔器，则每隔 3～4 块塔板开一个人孔。此外，塔顶及塔底空间应各设置一个人孔，以便于安装检修。通常，手孔直径为 150mm，人孔直径为 450～600mm（特殊的也有长方形人孔），其伸出塔身的筒体长为 200～250mm，人孔中心距操作平台约 800～1200mm。人孔处的板间距 H'_{T} 一般不低于 600～700mm。

根据一般规律，进料板处要开人（手）孔，进料板处的板间距 H_{F} 也应适当增大。因此，板式塔的有效高度为

$$H_{E}=(N_{p}-2-S)H_{T}+SH'_{T}+H_{F} \tag{3-44}$$

式中 H_{E}——有效高度，m；

N_{p}——实际的塔板数；

S——人孔或手孔的数目；

H'_{T}——开有人孔或手孔处的板间距，m；

H_{F}——进料板处的板间距，m，一般可以兼设人孔、手孔。

（2）塔顶空间 H_D

塔顶空间指塔内最上层塔板与塔顶封头的距离。为便于出塔气体夹带液滴的沉降，其高度应大

于板间距，通常取H_D=(1.5～2.0)H_T。若需要安装除沫器时，要根据除沫器的安装要求确定塔顶空间。塔顶空间一般取1～1.2m。

（3）塔底空间 H_B

塔底空间指塔内最下层塔板到塔底封头之间的距离。该距离由釜液所占空间高度和釜液面到最下层塔板间的高度两部分组成。釜液所占空间高度是依据釜液在塔内的停留时间确定出空间容积，再根据塔径计算出釜液所占空间高度。塔釜液面到最下层塔板间所需的空间高度以满足安装塔底汽相接管所需空间高度和汽液分离所需空间高度来计算。一般情况下，要求釜液停留时间为3～8min，对于易结焦的物料，釜液的停留时间一般取1～1.5min。塔底空间一般取1～2m，大塔可大于此值。

（4）裙座高度 H_S

裙座高度是指塔底封头到基础环之间的高度，H_S可由式（3-45）计算。塔底裙座高度主要由出料管尺寸H_1决定，而出料管到基础面的高度H_2则由实际工艺条件确定，若塔底采用再沸器加热，则一般应考虑到安装塔底再沸器所需的空间高度，同时也应考虑防止釜液离心泵发生汽蚀所需要的压头。

$$H_S = H_1 + H_2 \tag{3-45}$$

综上所述，板式精馏塔的全塔高度H为

$$H = H_D + H_E + H_B + H_S \tag{3-46}$$

3.3.4 塔板结构参数的计算

1）溢流装置

塔板上溢流装置包括出口（溢流）堰、降液管、受液盘及入口堰等部件，是液体的通道，其结构和尺寸对塔的性能有重要的影响。

（1）出口堰

出口堰又称为溢流堰、外堰，其作用是维持板上有一定的液层，并使液流均匀。除个别情况（如塔径很小）外，均应设置溢流堰。对于单流型塔板，一般堰长l_w与塔径D的比$l_w / D = (0.6\sim0.8)$；对于双流型塔板，$l_w / D = (0.5\sim0.7)$。

根据经验，对于筛板塔和浮阀塔，最大的堰上液体流率不宜超过100～130m^3/h，也可按此原则确定堰长。出口堰的高度与塔板型式和板上的液层高度有关，对于筛板和浮阀塔板，出口堰高 h_W可按下列要求来确定。

① **堰上液层高度 h_{OW}** 溢流堰板的形状有平直形和齿形两种。平直堰上的液层高度为

$$h_{ow} = 0.0028 F_w (L_h / l_w)^{2/3} \tag{3-47}$$

式中 h_{OW}——堰上液层高度，m；

L_h——液相体积流率，m^3/h；

l_W——出口堰长度，m；

F_W——液流收缩系数，由图3-16求得。一般情况下可取F_W=1，对计算结果影响不大。

设计时h_{OW}不宜超过60mm，过大时应该用双流型塔板。流率小时，h_{OW}应不小于6mm，以免造

成板上液相分布不均匀。若 h_{ow} 小于 6mm，可采用齿形堰。若原来堰长较大，也可以通过减少堰长来调整。

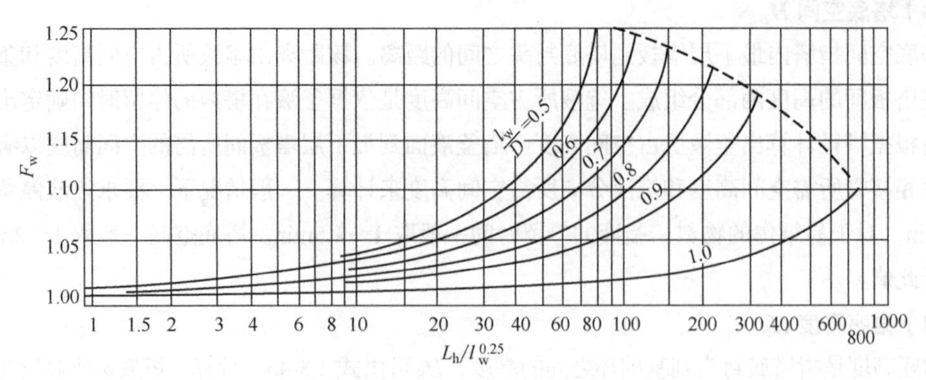

图 3-16 液流收缩系数计算图

若 h_{ow} 小于 6mm 或 $\frac{L_h}{l_w} \ll 3.5\text{m}^2/\text{h}$，可采用齿形堰。齿形堰的齿深 h_n 一般宜在 15mm 以下。如图 3-17（a）所示，当溢流层不超过齿顶时，采用式（3-48）计算堰上液层高度（由齿底算起），得

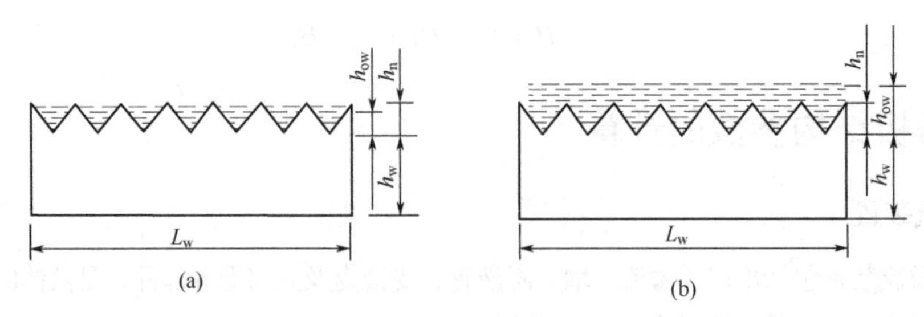

图 3-17 齿形堰

$$h_{ow} = 1.17\left(\frac{L_h h_n}{l_w}\right)^{2/5} \tag{3-48}$$

如图 3-17（b）所示，当溢流层超过齿顶时，采用下式计算堰上液层高度（需用试差法）

$$L_h = 0.735\frac{l_w}{h_n}[h_{ow}^{2.5} - (h_{ow} - h_n)^{2.5}] \tag{3-49}$$

对于没有设溢流堰的圆形溢流管，当 $h_{ow} \leqslant 0.2d$ 时，堰上液流高度 h_{ow} 可按下式计算

$$h_{ow} = 0.14\left(\frac{L_h}{d}\right)^{0.704} \tag{3-50}$$

当 $0.2d < h_{ow} < 1.5d$ 时（此条件下易液泛，应尽量避免采用），h_{ow} 可按下式计算

$$h_{ow} = 2.65\times10^{-4}\left(\frac{L_h}{d^2}\right)^2 \tag{3-51}$$

式中 d——溢流管的直径，mm。

② **板上清液层高度 h_L** 一般塔板上的清液层高度 h_L=50～100mm，而清液层高度 h_L 为出口堰

高 h_W 与堰上液层高度 h_{OW} 之和，因此有

$$50 - h_{ow} \leqslant h_W \leqslant 100 - h_{ow} \tag{3-52}$$

式中　h_W——出口堰高，mm。

对于真空度较高的操作，或要求压降很小的情况，可将清液层高度 h_L 降至 25mm 以下，此时出口堰高 h_w 可降至 6～15mm。当液量很大时，只要堰上液层高度 h_{OW} 大于能起液封作用的液层高度，甚至可以不设堰板。

（2）降液管

降液管是塔板间液体流动的通道，也是溢流液中夹带的气体得以分离的场所。从形状上来看，降液管可分为弓形降液管和圆形降液管。弓形降液管是堰与壁之间的全部截面区域均作为降液空间，适用于直径较大的塔。圆形降液管用于小塔，制作较易，但降液管流通截面较小，没有足够空间分离溢流液中的气泡，汽相夹带严重，不适用于流率大及易发泡的物料。

降液管的截面积 A_d 是塔板的重要参数。A_d 过大，塔板上汽、液两相接触传质的区域相对较小，单位塔截面的生产能力和塔板效率将降低。但是 A_d 过小，则不仅易产生气泡夹带，而且液体流动不畅，甚至可能引起降液管液泛。

常用弓形降液管的设计，一般应遵循下列原则。

① **降液管截面积 A_d 与弓型降液管宽度 W_d 的确定**　由 l_w/D 查 W_d/D 和 A_d/A 的值，参考图 3-14，即可求出 W_d 和 A_d 的值，但是有一定的误差，图中 A=0.785D^2 是塔的总截面积。也可以通过堰长 l_w 用弓型面积公式计算 A_d 和 W_d，如式（3-53），式中 θ 以弧度制代入

$$A_d = \frac{1}{2}R^2\theta - \frac{l_w}{2}\sqrt{R^2 - \left(\frac{l_w}{2}\right)^2} \tag{3-53}$$

$$W_d = R - \sqrt{R^2 - \left(\frac{l_w}{2}\right)^2} \tag{3-54}$$

$$\theta = 2\arcsin\left(\frac{l_w}{2R}\right) \tag{3-55}$$

式中　A_d——降液管截面积，m^2；

R——塔板半径，m，2R=D（塔板直径）；

θ——降液管两端与塔中心组成的夹角，rad；

W_d——降液管宽度，m。

由公式计算得到的 A_d 和 W_d 是精确的，而查图则有一定的误差。

② **降液管中的液体线速度**　宜小于 0.1m/s。

③ **液体在降液管中的停留时间**　一般不应低于 3～7s，设计中不易起泡液体的停留时间大于 3s 即可。停留时间是板式塔设计中的重要指标之一，停留时间太短，容易造成板间的气体夹带，使汽相返混，降低效率，还会增加降液管液泛（淹塔）发生的概率，3.3.5 小节中对停留时间还有详尽的介绍和计算。

④ **降液管底隙高 h_H**　降液管底部与下一块塔板间间隙 h_H 的大小，主要取决于该处要求压降的大小，所以 h_H 与通过底隙的液体水平速度 u_H 有关，h_H 不应过小，以免降液管底隙被固体杂质堵塞，或因安装偏差而使液流不畅，造成液泛。h_H 一般可根据经验选取，不应小于 20～25mm，亦应比出

口堰高 h_W 小 6mm 以上，液相通过此间隙时的流速 u_H 一般不大于降液管内的线速度，其值的范围是：严重起泡物系 u_H 小于 0.06m/s，中等起泡物系 u_H=0.06～0.1m/s，不易起泡物系 u_H=0.11～0.13m/s。如果必须超出规定范围时，最大间隙流速亦应小于 0.4m/s。

（3）受液盘及入口堰

受液盘有平形和凹形两种形式。平形受液盘根据降液管底部的结构和有无入口堰又有不同形式，如图 3-18 所示。对于容易聚合的液体或含固体悬浮物的液体，为了避免形成死角，宜采用平形受液盘。

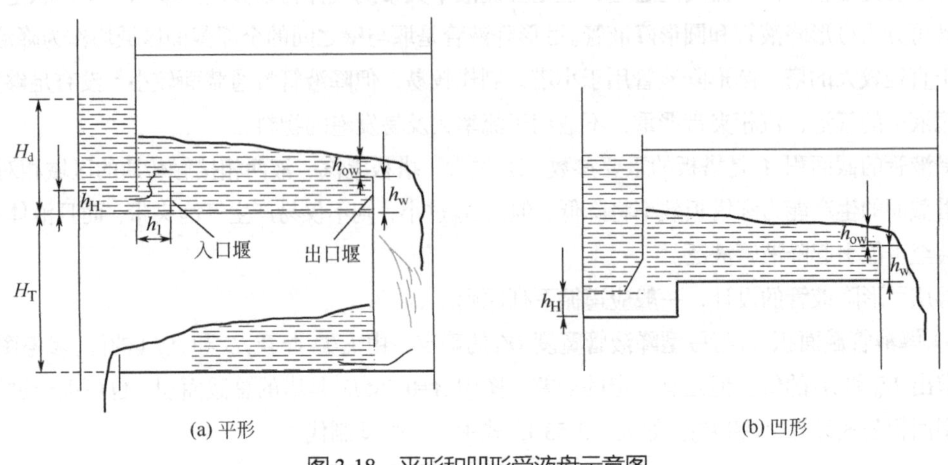

图 3-18　平形和凹形受液盘示意图

对于直径为 800mm 以上的大塔，一般常采用凹形受液盘。这种受液盘有如下的优点：a. 便于液体的侧线抽出；b. 在液相流率较低时仍可形成良好的液封；c. 对改变液体流向具有缓冲作用。凹形受液盘的深度一般在 50mm 以上，但不能超过板间距的三分之一。

若采用平形受液盘，为了使降液管中流出的液体能在塔板上均匀分布，保证降液管的液封，并减少入口处液体的水平冲击，可设置入口堰（又称内堰）。

堰上液流强度为塔板上的液体体积流率与堰长之比，这个参数主要用于确定溢流堰的长度，一般液流强度不大于 $110m^3/(m \cdot h)$。如果液流强度高于 $110m^3/(m \cdot h)$，此时应考虑采用多溢流塔板或者采用掠堰来降低液流强度；如果液流强度低于 $8m^3/(m \cdot h)$，则推荐采用齿形堰；如果液流强度低于 $1m^3/(m \cdot h)$，有效的办法是在溢流堰的上方设置防溅挡板，可以增大塔板上的持液量和泡沫层高度并防止塔板上液体被气体大量夹带。液流强度多取 $8～90m^3/(m \cdot h)$。

2）安定区与边缘区的安排

① **安定区**　在塔板上的鼓泡区（其面积以 A_a 表示）与堰之间，需设有一个不开孔区域，称为安定区，此处设置安定区的作用是避免大量的含泡沫液相进入降液管；在受液区与鼓泡区之间也设置一安定区，其作用是避免液面落差带来的倾向性漏液。出口安定区的宽度用 W_s 表示，入口安定区的宽度用 W_s' 表示，如图 3-19 所示。一般地，安定区宽度可根据塔径 D 按下列数据选取：$D \geqslant 1.5m$，W_s=80～110mm；$1m \leqslant D < 1.5m$，W_s=60～75mm；$D < 1m$，W_s 酌情减少。

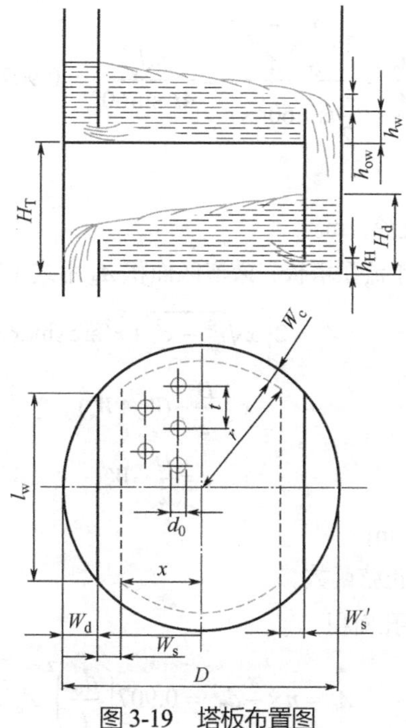

图 3-19　塔板布置图

② **边缘区**　塔板靠近塔壁部分，需留出一圈边缘区 W_c 供支撑塔板的边梁使用。对于塔径在 2.5m 以上的塔，边缘区宽度 W_c 可取为 50～75mm；塔径小于 2.5m 时，W_c 可取为 25～50mm。设置边缘区 W_c 主要是从结构力学角度考虑，实际应用中要注意塔板的材质、厚度及焊接等方面的因素。为了防止液体经无效区流过而产生“短路”现象，可在边缘区设置挡板。

3）塔板结构参数系列化

为了便于设备设计与制造，在满足生产工艺要求的条件下，将塔板的一些参数系列化。现选取分块式单流型塔板系列（见电子版附录 9 分块式单流型塔板系列参数）和整块式单流型塔板参数表（见电子版附录 10 整块式单流型塔板系列参数），供选用参考。

4）筛孔直径、筛孔排列和开孔率、开孔面积和孔数

（1）精馏段的开孔

① **筛孔直径**　工业塔中筛板常用的孔径 d_0 为 3～8mm，推荐孔径为 4～5mm。过小的孔径只在有特殊要求时才使用。采用小孔径时，应注意小孔径容易堵塞，或由于加工误差而影响开孔率，或有时易形成过多的泡沫等问题。近年来有逐渐采用大孔径（d_0 为 10～25mm）筛板的趋势，因为大孔径筛板加工简单，不易堵塞，只要设计合理，同样可以得到满意的塔板效率。但一般来说，大孔径塔板操作弹性会小一些。

② **筛孔排列和开孔率**　筛孔一般按三角形排列，如图 3-20 所示。孔中心距 t 一般为（2.5～5）d_0。实际设计时，t/d_0 应尽可能在 2～4 的范围内，t/d_0 过小，易使气流互相干扰，过大则导致鼓泡不均匀，都会影响传质的效率。

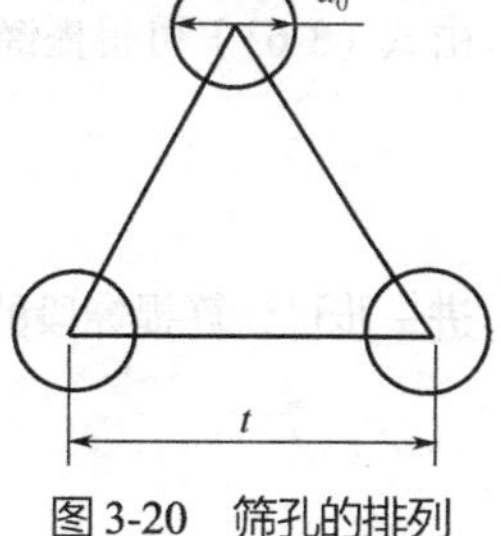

图 3-20　筛孔的排列

开孔率是指开孔面积 A_0 与鼓泡区面积 A_a 的比。筛孔按正三角形排列时，开孔率与 d_0/t 有如下的关系

$$\varphi=\frac{A_0}{A_a}=\frac{3\times\frac{1}{6}\times\frac{\pi}{4}d_0^{\ 2}}{\frac{1}{2}t\sin 60°\times t}=\frac{\pi d_0^{\ 2}}{4t^2\sin 60°}=0.907\left(\frac{d_0}{t}\right)^2 \tag{3-56}$$

式中　φ——开孔率；

t、d_0——孔中心距、筛孔直径，m。

③ **开孔面积和孔数**　对于单流型塔板，鼓泡区面积 A_a 用式（3-57）～式（3-59）计算

$$A_a=2\left[x\sqrt{r^2-x^2}+r^2\arcsin(x/r)\right] \tag{3-57}$$

由图 3-19 可以看出

$$x=\frac{D}{2}-(W_d+W_s) \tag{3-58}$$

$$r=\frac{D}{2}-W_c \tag{3-59}$$

式中　W_d——弓形降液管宽度，m；

$\sin^{-1}(x/r)$——以弧度表示的反正弦函数。

由此，据式（3-56）可得开孔面积

$$A_0=n\times\frac{\pi}{4}d_0^{\ 2}=0.907\left(\frac{d_0}{t}\right)^2 A_a \tag{3-60}$$

开孔面积即全部筛孔的截面积，通过计算得到开孔面积，则可确定塔板上的开孔数 n。由式（3-60）可得孔数 n

$$n=\frac{0.907}{0.785t^2}\times A_a=1.155A_a/t^2 \tag{3-61}$$

注意上式中 t 与 A_a 的单位应一致。筛孔气速可由式（3-62）求出

$$u_0=\frac{V_h}{A_0}=\frac{V_h}{0.785\times 3600d_0^{\ 2}n} \tag{3-62}$$

筛孔气速 u_0 为设计中的一个重要参数。

④ **作图**　设计中要求作出筛板的正视图及俯视图，可参照图 3-19 作出，筛孔示意即可，不必逐一画出。

（2）提馏段的开孔

考虑加工方面的因素，提馏段塔径应与精馏段塔径取相同值，即取精馏段塔径为全塔塔径，并取提馏段孔径 $d_0'=d_0$，对于采用较小的开孔率可保持筛孔气速相同，提馏段筛孔气速为

$$u_0'=u_0=\frac{V_h'/3600}{0.785d_0^{\ 2}n'} \tag{3-63}$$

由式（3-63）可得提馏段的孔数 n'，则提馏段开孔率可求

$$\varphi'=\frac{0.785d_0^{\ 2}n'}{A_a}=\frac{n'}{n}\varphi=0.907\left(\frac{d_0}{t'}\right)^2 \tag{3-64}$$

进一步可计算提馏段的孔中心距

$$t'=d_0\sqrt{\frac{0.907}{\varphi'}} \tag{3-65}$$

提馏段开孔总面积 $$A_0' = 0.785 d_0^2 n' \tag{3-66}$$

3.3.5 塔板流体力学的计算

塔板流体力学的计算，目的在于验算预选的塔板参数是否能维持塔的正常操作，以便决定是否对有关塔板参数进行必要的调整，最后还要作出塔板负荷性能图。

（1）气体通过塔板的压降 ΔH_t（单板压降）

气体通过塔板的压降（单板压降）是塔板的重要水力学参数。它不仅影响板上流体的操作，还决定沿塔高的压力分布，从而决定全塔的压降，对于精馏过程来说，单板压降也影响全塔的温度分布。所谓常压精馏是指塔顶压力可近似视为常压，塔釜的压力总是要高于塔顶，即高于外界大气压。例如，工业上的乙醇精馏塔塔釜表压一般为 18～20kPa，设计要求为塔釜表压不高于 30kPa。

在正常操作情况下，计算气体通过一块塔板的压降常用加和性模型，即认为气体通过有液层的塔板的压降包括气体通过筛孔时的压降（干板压降）h_0、板上液层的有效阻力 h_e 和鼓泡时克服液体表面张力的阻力 h_σ，h_σ 一般很小，可以忽略，故

$$\Delta H_t = h_0 + h_e \tag{3-67}$$

① 干板压降 h_0 干板压降主要是由气体通过筛孔时，突然缩小或突然扩大的流体局部阻力所引起的。根据塔板种类的不同，干板压降有不同的计算方法。对于筛板，可用流体通过孔板流动的公式计算

$$h_0 = \frac{1}{2g}\left(\frac{u_0}{C_0}\right)^2\left(\frac{\rho_V}{\rho_L}\right) \tag{3-68}$$

式中 h_0——干板压降，m 液柱；

u_0——筛孔气速，m/s；

C_0——孔流系数。

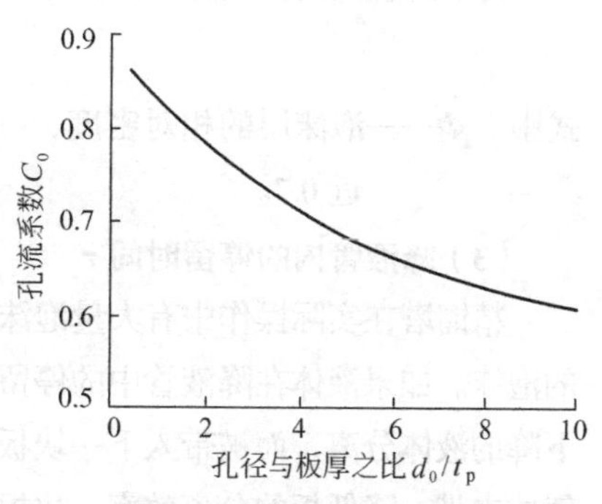

图 3-21 筛板的孔流系数

求取 C_0 的方法很多，这里推荐根据 d_0/t_p（孔径与板厚之比），查图 3-21 的方法获得。普通钢板 t_p=3～4mm，不锈钢板 t_p=2～2.5mm。

② 板上液层的有效阻力（液层压降）h_e 这一压降为气体对抗泡沫层重力的压降，即气体通过筛板上液层的压降，最方便的方法是将它表示成出口堰高和堰上液层高度之和（即板上清液层高度）的某个倍数。对于筛板

$$h_e = \beta h_L \tag{3-69}$$

式中 h_e——板上液层的有效阻力，m 液柱；

β——液层的充气系数，由图 3-22 查取，对于浮阀塔板，取 β=0.5。

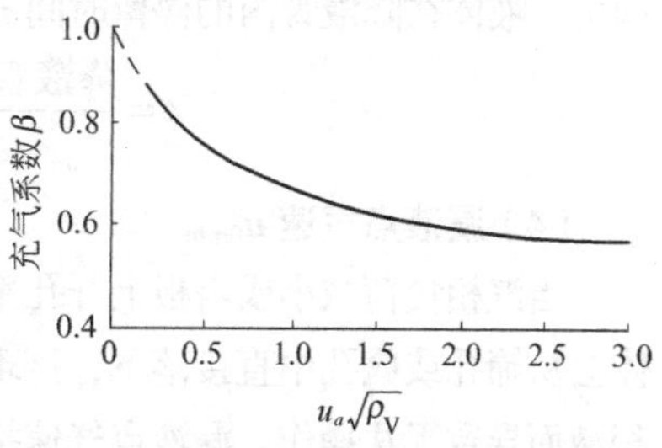

图 3-22 筛板上的液层充气系数

图 3-22 中横坐标 $u_a\sqrt{\rho_V}$ 为汽相动能因子，其中 u_a 是按塔板鼓泡区面积计算的气速，可由式（3-70）计算得到

$$u_a = \frac{V_h / 3600}{A_a} \tag{3-70}$$

于是，可求出单板压降（$\Delta H_t = h_0 + h_e$）。单板压降求出后，乘以全塔实际塔板数即为全塔压降，进而可求出塔釜的操作压力。

（2）降液管内清液层高度 H_d

降液管内清液层高度 H_d 可根据液体流动的能量守恒关系导出。如果忽略出口堰上液体流动的速度头（这一数值非常小），则液体静压头的降低，应等于自降液管液面至出口堰整个过程中各个阻力损失之和（这里不考虑蒸汽密度所产生的静压力差），即

$$H_d = h_L + \Delta + \Delta H_t + h_d \tag{3-71}$$

式中 H_d——降液管内清液层高度，m；

Δ——液面落差，m；

h_d——液体通过降液管的压降，m 液柱。

液面落差 Δ 的定义是在塔板液流途径上，进口处到出口处的液层高度之差，液面落差是液体在塔板上流动的推动力。液面落差 Δ 值较大会造成板上鼓泡不均匀和漏液，一般控制在干板压降的 1/2 以下。对于筛板和浮阀塔板，一般液面落差 Δ 都很小，可以忽略。

式（3-71）中板上清液层高度 h_L 和单板压降 ΔH_t 均已算出。液体通过降液管的压降 h_d 包括流体流过降液管底隙及入口堰的阻力，若不设入口堰，故 h_d 可按经验公式（3-72）计算

$$h_d = 0.1417\left(\frac{L_h}{3600 l_w h_H}\right)^2 \tag{3-72}$$

式中 h_H——降液管底隙高，m。

为了防止降液管液泛现象，降液管内泡沫层高度应低于降液管高，即应满足

$$H_d / \Phi \leqslant H_T + h_w \tag{3-73}$$

式中 Φ——泡沫层的相对密度，一般物系 Φ 的范围为 0.3～0.7，不易起泡物系取较大值，即接近 0.7。

（3）降液管内的停留时间 τ

精馏塔在实际操作中有大量泡沫随液体进入降液管，此外由于液体的冲击、混搅也会产生更多的泡沫。如果液体在降液管中的停留时间过短，这些泡沫将缺乏足够的消沫时间，不能与降液管中下降的液体分离，而被带入下一块板，这等于把增浓过的蒸汽重新返回下一块板，从而产生所谓的气体夹带，降低板的分离效率。故根据经验停留时间不应低于 3～7s，设计中不易起泡液体取 τ>3s 即可。液体在降液管内的停留时间 τ 可由式（3-74）计算得到

$$\tau = \frac{\text{降液管内的液体体积（以清液计）}}{\text{液体体积流量}} = \frac{3600 H_d A_d}{L_h} > 3\text{s} \tag{3-74}$$

（4）漏液点气速 $u_{0\min}$

当汽相负荷减小或塔板上开孔率增大，通过筛板或阀孔的气速不足以克服液层阻力时，部分液体会从筛孔或阀孔中直接落下，该现象称为漏液。漏液导致塔板效率下降，严重时将使塔板上不能积液而导致无法操作。漏液点气速指的是漏液现象明显影响塔板效率时的气速。

对于筛板塔，漏液点气速 $u_{0\min}$

$$u_{0\min} = C_0\sqrt{\frac{2g(0.0056+0.13h_L-h_\sigma)\rho_L}{\rho_V}} \tag{3-75}$$

当 $h_L<30$mm，或 $d_0<3$mm 时

$$u_{0\min} = C_0\sqrt{\frac{2g(0.051+0.05h_L)\rho_L}{\rho_V}} \tag{3-76}$$

式中　$u_{0\min}$——漏液点气速，m/s；

h_σ——克服表面张力的阻力，$h\sigma = 4\times10^{-3}\sigma/(d_0\rho_L g)$，m 液柱。

为保证所设计的筛板具有足够的操作弹性，通常要求设计孔速 u_0 与 $u_{0\min}$ 之比 K（称为筛板的稳定系数）不小于 1.5～2.0。

（5）雾沫夹带量 e_V

雾沫夹带是指下层塔板产生的雾滴被上升的气流带到上层塔板的现象。雾沫夹带将导致塔板效率下降。综合考虑生产能力和塔板效率，应该控制雾沫夹带量 $e_V<0.1$kg 液/kg 汽（或 kmol 液/kmol 汽）。筛板塔的雾沫夹带量可用下述方法求得。

① 亨特（Hunt）关联式

$$e_V = \frac{5.7\times10^{-3}}{\sigma}\left(\frac{u}{H_T-2.5h_L}\right)^{3.2} \tag{3-77}$$

式中　e_V——雾沫夹带量，kg 液/kg 汽；

σ——液体的表面张力，mN/m；

u——液层上部的气速，m/s，对于单流型塔板 $u=V_s/(A-A_d)$。

式（3-77）只适用于 $u/(H_T-2.5h_L)<12$ 的情况。

② 费尔雾沫夹带关联图　如图 3-23，图中纵坐标 Ψ 也是一种雾沫夹带量的表示方法，单位是 kmol 液沫/kmol 液体。图中液泛分率曲线 u/u_F 的值在计算塔径时已经得出。正常操作时的雾沫夹带分率最高为 0.15，一般不宜超过 0.10。

计算出汽液流动参数 $\frac{L_S}{V_S}\sqrt{\frac{\rho_L}{\rho_V}}$，根据计算出的液泛分率 u/u_F 查图 3-23 可以得到雾沫夹带分率 Ψ，代表某层塔板雾沫夹带的量在进入该层塔板的液体总量中所占的比例，其定义为

$$\Psi = \frac{e_V}{L/V+e_V} \tag{3-78}$$

由式（3-78）可导出通过 Ψ 计算雾沫夹带量 e_V

$$e_V = \frac{\Psi(L/V)}{1-\Psi} \tag{3-79}$$

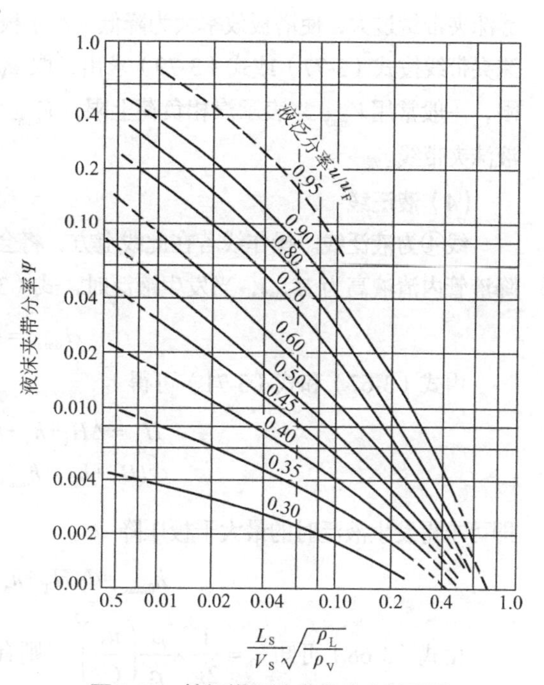

图 3-23　筛板塔雾沫夹带分率关系图

3.3.6　负荷性能图

对于每个塔板结构参数已设计好的塔，处理固定的物系时，要维持其正常操作，必须把汽、液

负荷限制在一定范围内。在既定的塔板几何尺寸结构下，不同的汽、液相负荷具有不同的适宜操作区域。操作点超出适宜的操作区域，则正常生产操作受到破坏。通常在直角坐标系中，标绘各种极限条件下的 V_s-L_s 关系曲线，从而得到塔板适宜的气体、液体流率范围图，该图称为塔板的负荷性能图，如图 3-24 所示。负荷性能图的意义是最高、最低气体流率与最高、最低液体流率围成的区域。负荷性能图一般由下列五条曲线组成，具体图线为①漏液线，②液相流率下限线，③过量雾沫夹带线，④液泛线（淹塔线），⑤液相流率上限线。一般在设计中，为了简化计算，常将这几条线近似视为直线。

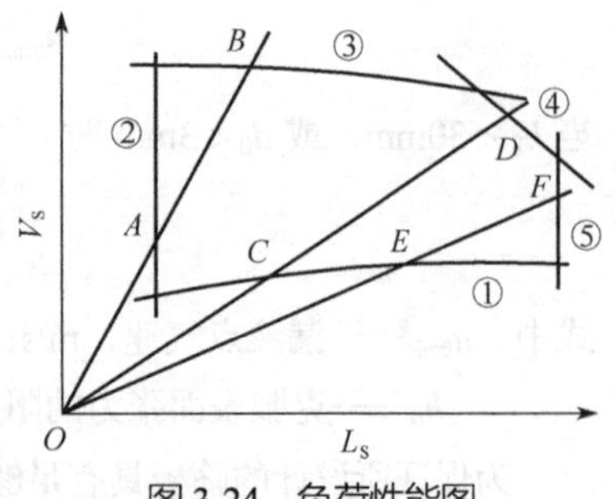

图 3-24　负荷性能图

（1）漏液线

线①为漏液线，又称为汽相负荷下限线。汽相负荷低于此线将发生严重的漏液现象，汽、液不能充分接触，使塔板效率下降。正常操作时允许的漏液量为 10%。由式（3-75）计算出 $u_{0\min}$，再乘以已知的 A_0 可计算出 V_{smin}，根据 V_{smin} 与 L_s 的关系作出漏液线。

（2）液相流率下限线

线②为液相流率下限线。液相负荷低于此线，就不能保证塔板上液流的均匀分布，将导致塔板效率下降。一般取 h_{OW}=6mm 作为下限，根据堰的种类选择式（3-47）～式（3-51）中的相应式子作出液相负荷下限线。

（3）过量雾沫夹带线

线③为过量雾沫夹带线，也称为过量液沫夹带线或汽相负荷上限线。当汽相负荷超过此线时，雾沫夹带量过大，使塔板效率大为降低。对于板式精馏塔，一般控制 $e_V \leqslant 0.1$kg 液/kg 汽。筛板的雾沫夹带线按式（3-77）或式（3-79）求出，取 e_V=0.1kg 液/kg 汽，此时的气速 $u_{0\max}$ 即为汽相负荷上限，一般常用 V_{smax} 来表示汽相负荷上限，$V_{\text{smax}} = u_{0\max}(A - A_d)$，再根据 V_{smax} 与 L_s 的关系作出过量液沫夹带线。

（4）液泛线

线④为液泛线。操作线若在此线上方，将会引起液泛。此时，降液管内泡沫层与降液管等高，降液管内清液高为 H_{dmax}，当发生液泛时，式（3-73）等号成立，即可求得 H_{dmax}。

$$H_{\text{dmax}} = \Phi(H_T + h_w) \tag{3-80}$$

由式（3-67）和式（3-71）可得

$$H_d = \Delta H_t + h_w + h_{ow} + h_d,\ \ \Delta H_t = h_0 + h_e$$

$$\Phi(H_T + h_w) = h_{0\max} + h_e + h_w + h_{ow} + h_d \tag{3-81}$$

即可求得发生液泛时的最大干板压降

$$h_{0\max} = \Phi(H_T + h_w) - h_e - h_w - h_{ow} - h_d \tag{3-82}$$

由式（3-68）可知 $h_0 = \dfrac{1}{2g} \times \dfrac{\rho_V}{\rho_L}\left(\dfrac{u_0}{C_0}\right)^2$，则有

$$h_{0\max} = \frac{1}{2g} \times \frac{\rho_V}{\rho_L}\left(\frac{u_{0\max}}{C_0}\right)^2 \tag{3-83}$$

两式相比得 $\frac{h_{0\max}}{h_0}=\left(\frac{u_{0\max}}{u_0}\right)^2$ ，即液泛时的筛孔气速可由式（3-84）计算

$$u_{0\max}=u_0\sqrt{h_{0\max}/h_0} \tag{3-84}$$

所以液泛时的汽相流率

$$V'_{\mathrm{smax}}=u_{0\max}A_0 \tag{3-85}$$

根据V'_{smax} 与 V_{L} 的关系可作出液泛上限线，由于液泛线近似直线，所以可通过计算得到该线上两点，连线得到液泛线。

（5）液相流率上限线

线⑤为液相流率上限线，该线又称降液管超负荷线。液体流率超过此线，表明液体流率过大，液体在降液管内停留时间过短，进入降液管的气泡来不及与液相分离而被带入下层塔板，造成汽相返混，降低塔板效率。通常液相在降液管内的停留时间应大于 3s，按式（3-74）取$\tau=3\mathrm{s}$作出此线。

由上述各条曲线所包围的区域，就是板式塔的稳定操作区。操作点必须落在稳定操作区内，否则塔就无法正常操作。必须指出，物系一定时，塔板负荷性能图的形状因塔板结构尺寸的不同而异。

（6）操作点、操作弹性和稳定系数

操作时的汽相流率与液相流率在负荷性能图上的坐标点称为操作点。在连续操作精馏塔中，回流比一定，塔板上的汽液比 $V_{\mathrm{s}}/L_{\mathrm{s}}$ 也为定值。在负荷性能图上，操作线可用通过坐标原点，斜率为 $V_{\mathrm{s}}/L_{\mathrm{s}}$ 的直线表示。通常把汽相负荷上、下限的比值称为塔板的操作弹性系数，简称操作弹性，即 $V_{\mathrm{smax}}/V_{\mathrm{smin}}$ 。如图 3-24 所示，不同汽液比的操作情况以 OAB、OCD、OEF 三条操作线表示，其控制上限的条件不一定相同，而且操作弹性也不相同。因此，在设计和生产操作时，要作出具体分析，抓住真正的影响因素，以利于优化设计和操作。在设计塔板时，可根据操作点在负荷性能图中的位置，适当调整塔板结构参数来满足所需的弹性范围。稳定系数 K 为操作气量与最小气量之比，即 $K=V_{\mathrm{s}}/V_{\mathrm{smin}}$ ，稳定系数一般要求在 1.5 以上。

（7）评价

针对设计参数和操作弹性等，结合负荷性能图评价操作点是否合适。如果操作点正好落在操作区，说明一下哪些参数选择得较好，反之，则需要说明改进措施。

3.3.7 板式精馏塔的主要辅助设备

精馏塔正常工作必须在辅助设备正常工作的前提下进行。最主要的辅助设备就是换热设备，包括原料液预热器、塔顶蒸汽冷凝器、产品冷却器、塔底再沸器、直接蒸汽加热盘管，还有物料泵及输送管路等，下面作简要介绍。

（1）塔顶全凝器的选型

① **热负荷** 换热器将塔顶排出的蒸汽全部在其饱和温度下冷凝，所需传递的热量就是换热器的热负荷。

根据塔顶排出蒸汽的组成，查相关文献，找出对应的饱和温度，得到该温度下的冷凝潜热 r，则塔顶蒸汽在饱和温度下冷凝，理论上放出的热量 Q_{T} 可通过式（3-86）计算

$$Q_{\mathrm{T}}=rM_{\mathrm{D}}V/3600 \tag{3-86}$$

式中　Q_T——塔顶蒸汽冷凝放出热量的速率，kW；

r——塔顶蒸汽的平均冷凝潜热，kJ/kg；

M_D——塔顶蒸汽的平均摩尔质量，kg/kmol；

V——塔顶排出蒸汽的摩尔流率，kmol/h。

换热器应考虑热损失，但塔顶冷凝器的热量损失有利于蒸汽冷凝，故作为安全系数考虑。

② **冷却介质消耗量**　首先根据物系确定冷却介质的种类。经济易得的冷却介质是水，水源主要是河水、深井水等，冷却介质经换热器升温后进入凉水塔冷却。根据环境温度，一般冷却水初温 t_1 为 30℃左右，再根据操作情况设定冷却水出口温度 t_2（为防止温度过高时结垢，一般设定为不高于 50℃），然后可知冷却介质的温差 Δt，由平均温度查比热容共线图得冷却水的平均比热容 c_p。蒸汽在饱和温度下冷凝放出的热量等于冷却水温度升高吸收的热量，即

$$Q_T = m_s c_p \Delta t \tag{3-87}$$

式中　m_s——冷却水的质量流量，kg/s；

c_p——冷却水的平均比热容，kJ/(kg·K)；

Δt——冷却水的温升，K。

由式（3-87）可推导出冷却介质（水）消耗量

$$m_s = \frac{Q_T}{c_p \Delta t} \tag{3-88}$$

③ **所需传热面积**　根据总传热速率方程，冷却介质吸收热量的速率等于换热器的总传热速率，即

$$Q_T = K_o A_o \Delta t_m \tag{3-89}$$

式中　K_o——以换热器外表面积为基准的总传热系数，kW/(m²·℃)；

A_o——换热器的传热外表面积，m²；

Δt_m——总传热平均温度差，℃，按下式计算

$$\Delta t_m = \frac{\Delta t_2 - \Delta t_1}{\ln \dfrac{\Delta t_2}{\Delta t_1}} \tag{3-90}$$

式中　Δt_1、Δt_2——换热器两端冷、热流体温差，℃。

总传热系数 K_o 一般根据换热器的种类和换热介质种类选取，具体可参考第 2 章相关介绍。根据选择的 K_o 和计算出的 Δt_m，计算得到全凝器的传热面积

$$A_o = \frac{Q_T}{K_o \Delta t_m} \tag{3-91}$$

④ **选型**　由上述计算数据查本书第 2 章及附录 2 选择合适的列管换热器。

（2）再沸器

精馏塔底的再沸器可分为釜式再沸器、热虹吸式再沸器及强制循环式再沸器。

釜式再沸器，壳方为釜液沸腾，管内为蒸汽加热。塔底液体进入底液池中，再进入再沸器的壳方空间被加热，部分汽化。

热虹吸式再沸器是依靠釜内物料部分汽化所产生的汽、液混合物工作的，其密度小于塔底液体密度，由密度差产生静压差使液体自动从塔底流入再沸器，因此，该种再沸器又称自然循环再沸器。

这种类型再沸器汽化率不能大于 40%，否则传热效果不佳。

对于高黏度液体和热敏性气体，宜用强制循环式再沸器，因流速大、停留时间短，便于控制和调节液体循环量。

（3）离心泵

离心泵的选择，一般可按下列方法与步骤进行。

① **确定输送系统的流量与压头**　液体的输送量一般为生产任务所规定，如果流量在一定范围内波动，选泵时应按最大流量考虑。根据输送系统管路的安排，用伯努利方程计算在最大流量下管路所需的压头。

泵的扬程一般根据式（3-46）计算出的全塔高度 H 再加上 2.5～3m。

② **选择泵的类型与型号**　首先应根据输送液体的性质和操作条件确定泵的类型，然后按已确定的流量 Q_e 和压头 H_e 从泵的样本或产品目录中选出合适的型号。显然，选出的泵所提供的流量和压头不见得与管路要求的流量 Q_e 和压头 H_e 完全相符，且考虑到操作条件的变化和备有一定的余量，所选泵的流量和压头可稍大一点，但在该条件下对应泵的效率应比较高，即点（Q_e，H_e）坐标位置应靠在泵的高效率范围所对应的 H-Q 曲线下方。另外，泵的型号选出后，应列出该泵的各种性能参数。

③ **核算泵的轴功率**　若被输送液体的密度不同于 20℃清水的密度时，应核算泵的轴功率。

（4）接管直径

各接管直径由流体流速及其流量，按连续性方程决定，即

$$d=\sqrt{\frac{4V_s}{\pi u}} \tag{3-92}$$

式中　V_s——流体体积流量，m³/s；

u——流体流速，m/s；

d——管子直径，m，计算出来的直径一般换算成以 mm 为单位，并圆整到常用的无缝钢管规格。

管壁厚度取决于管子承压。承压越高，管壁越厚。无缝钢管的选用可参考 GB/T 8163—2018《输送流体用无缝钢管》和 GB 150.1～150.4—2011《压力容器》。

① **进料管径 d_F**　进料管和回流管分别有直管进料管、弯管进料管和 T 形进料管。料液由高位槽进塔时，料液流速取 0.4～0.8m/s。由泵输送时，流速取 1.5～2.5m/s。

② **塔顶蒸汽出口管径 d_V**　蒸汽出口管中的允许气速 u_V 应不产生过大的压降，其值一般取 10～70m/s。

③ **回流液管径 d_R**　冷凝器安装在塔顶时，冷凝液靠重力回流，一般流速为 0.2～0.5m/s，流速增大，则冷凝器的高度也相应增加。用泵回流时，速度可取 1.5～2.5m/s。

④ **釜液排出管径 d_W**　釜液流出的速度一般取 0.5～1.0m/s。

⑤ **饱和水蒸气管径 d_S**　饱和水蒸气表压在 295kPa 以下时，蒸汽在管中流速为 20～40m/s；表压为 295～785kPa 时，流速为 40～60m/s；表压在 785～2950kPa 时，流速为 60～80m/s；表压在 2950kPa 以上时，流速为 80m/s。

⑥ **加热蒸汽鼓泡管**　精馏塔采用直接蒸汽加热时，在塔釜中要装开孔的蒸汽鼓泡管，而使加热蒸汽能均匀分布于釜液中。加热蒸汽鼓泡管的结构一般为环式，管子上适当开一些小孔，开孔直径

一般为 5～10mm，孔心距为孔径的 5～10 倍。小孔的总面积为鼓泡管横截面积的 1.2～1.5 倍，管内蒸汽速度为 20～25m/s。加热蒸汽鼓泡管距釜中液面的高度至少在 0.6m 以上，且开孔面积应设在鼓泡管中心线下方，以保证蒸汽与溶液有足够的接触时间。

（5）法兰

管法兰的选用标准有：GB/T 9124.1—2019《钢制管法兰　第 1 部分：PN 系列》、GB/T 9124.2—2019《钢制管法兰　第 2 部分：Class 系列》、GB/T 13403—2008《大直径钢制管法兰用垫片》等。根据接管的公称尺寸和设备的操作压力，选用相应的法兰。

3.4　板式精馏塔设计示例

1）设计任务

试设计一分离乙醇-水溶液筛板式精馏塔，原料液含乙醇浓度 35.0%（质量分数，下同），处理量为 20000t/a，年实际生产按 330d 计，要求塔顶产品含乙醇 93.0%，塔釜残液中含乙醇≤0.5%，全塔压降≤30kPa。公用工程条件：饱和蒸汽，表压为 245.0kPa；循环水初温 25.0℃；塔顶操作压力为 101.3kPa（绝压）。

2）塔径初步估算

根据物料衡算（略去）得到表 3-7 中的体积流量、密度等参数。理论塔板数为 27 块（不含塔釜）。

按照精馏塔第一块理论板的条件计算，该塔板初步计算得实际操作空塔气速 $u = 1.313\text{m/s}$，液泛气速 $u_F = 1.641\text{m/s}$（液泛分率取 0.8），塔径 D 为 1.00m。

表 3-7　设计示例操作参数

操作参数	数值
汽相体积流量 $V_s/(\text{m}^3/\text{s})$	0.862
液相体积流量 $L_s/(\text{m}^3/\text{s})$	0.00129
液相密度 $\rho_L/(\text{kg/m}^3)$	751.1
汽相密度 $\rho_V/(\text{kg/m}^3)$	1.438
液相表面张力 σ /(mN/m)	17.26

3）塔板结构参数确定

（1）溢流装置

本设计选用单流型塔板、弓形降液管，平直溢流堰、平形受液盘以及不设进口堰。各项计算如下：

① **堰长 l_w**　取堰长 l_w 为塔径的 0.7 倍，即 $l_w = 0.7D = 0.7 \times 1.00 = 0.70\text{m}$

② **堰上液层高度 h_{ow}**　由图 3-16 查得液流收缩系数 $F_w = 1.02$。堰上液层高度按式（3-47）

$$h_{ow} = 0.0028F_w\left(\frac{L_h}{l_w}\right)^{\frac{2}{3}} = 0.0028 \times 1.02 \times \left(\frac{0.00129 \times 3600}{0.70}\right)^{\frac{2}{3}} = 10.1 \times 10^{-3}\text{m}$$

③ **出口堰高 h_w**　取板上清液层高度 $h_L = 0.050\text{m}$，则 $h_w = h_L - h_{ow} = 0.039\text{m}$，取 $h_w = 0.040\text{m}$。根据 $0.1 - h_{ow} \geqslant h_w \geqslant 0.05 - h_{ow}$ 验算，$0.1 - 0.0101 \geqslant 0.04 \geqslant 0.05 - 0.0101$，结果合适。复算 h_L，即 $h_L = 0.0101 + 0.04 = 0.0501$，取 $h_L = 0.050\text{m}$。

（2）弓形降液管宽度 W_d 及降液管面积 A_d

① **W_d 及 A_d**　根据式（3-53）和式（3-54）

$$A_d = \frac{1}{2}R^2\theta - \frac{l_w}{2}\sqrt{R^2 - \left(\frac{l_w}{2}\right)^2}，\quad W_d = R - \sqrt{R^2 - \left(\frac{l_w}{2}\right)^2}$$

其中 $R=\frac{1}{2}D=0.50\text{m}$，$\theta=2\arcsin\left(\frac{l_w}{2R}\right)=2\sin^{-1}\left(\frac{0.70}{2\times0.50}\right)=1.55\text{rad}$

则 $$W_d=0.50-\sqrt{0.50^2-\left(\frac{0.70}{2}\right)^2}=0.143\text{m}$$

$$A_d=\frac{1}{2}\times0.50^2\times1.55-\frac{0.70}{2}\times\sqrt{0.50^2-\left(\frac{0.70}{2}\right)^2}=0.0688\text{m}^2$$

根据经验取降液管底隙高度 $h_H=30\text{mm}$。

② **安定区与边缘区的安排** 取边缘区的宽度 $W_c=0.050\text{m}$，取安定区的宽度为 $W_s=0.060\text{m}$。

③ **筛板塔筛孔直径及排列** 本设计选取筛孔孔径 $d_0=5\text{mm}$，孔中心距 $t=2.8\times5=14\text{mm}$，合金钢塔板的厚度 $t_p=4\text{mm}$。

根据式（3-56）计算开孔率，得 $\varphi=\frac{A_0}{A_a}=\frac{0.907}{(t/d_0)^2}=\frac{0.907}{(14/5)^2}=0.116$

根据式（3-57），鼓泡区面积为 $A_a=2\left[x\sqrt{r^2-x^2}+\frac{\pi}{180}r^2\sin^{-1}\left(\frac{x}{r}\right)\right]$

其中 $$x=\frac{1}{2}D-W_d-W_s=\frac{1}{2}\times1.00-0.143-0.060=0.297\text{m}$$

$$r=\frac{1}{2}D-W_c=\frac{1}{2}\times1.00-0.050=0.450\text{m}$$

故 $A_a=0.493\text{m}^2$。

由 $\varphi=0.116$ 得开孔区面积 $A_0=0.116\times0.493=0.0572\text{m}^2$

由式（3-61）计算孔数 $n=\frac{1.155A_a}{t^2}=\frac{1.155\times0.493}{0.014^2}=2906$

由式（3-62）计算筛孔气速 $u_0=\frac{V_s}{A_0}=\frac{0.862}{0.0572}=15.07\text{m/s}$

4）**塔板流体力学的计算**

① **气体通过塔板的压降** 气体通过塔板的压降 ΔH_t，可按式（3-67）来计算，其中，筛孔塔板的干板压降 h_0 可用式（3-68）计算。

由 $\frac{d_0}{t_p}=1.25$，查图 3-21 知 $C_0=0.82$，由式（3-68）得

$$h_0=\frac{1}{2g}\left(\frac{u_0}{C_0}\right)^2\frac{\rho_V}{\rho_L}=0.051\times\left(\frac{15.07}{0.82}\right)^2\times\left(\frac{1.438}{751.1}\right)=0.033\text{m}$$

板上液层有效阻力 $h_e=\beta(h_w+h_{ow})$，其中 β 可由图 3-22 查得，先计算

$$u_a\sqrt{\rho_V}=\frac{V_s}{A_a}\sqrt{\rho_V}=\frac{0.862}{0.493}\times\sqrt{1.438}=2.10\text{kg}^{\frac{1}{2}}/\left(\text{s}\cdot\text{m}^{\frac{1}{2}}\right)$$

据此查得 $\beta=0.60$，

则 $$h_e=\beta(h_w+h_{ow})=0.60\times50\times10^{-3}=0.030\text{m}$$

故 $$\Delta H_t=h_0+h_e=0.033+0.030=0.063\text{m}$$

全塔压降为 $$\Delta p=N_p\Delta H_t\rho_L g=27\times0.063\times751.1\times9.81=12.53\text{kPa}$$

② **液体通过降液管的压力降** 因不设进口堰，由式（3-72）计算液体通过降液管的压降

$$h_d = 0.1417\times\left(\frac{L_s}{l_w h_H}\right)^2 = 0.1417\times\left(\frac{1.290\times10^{-3}}{0.70\times0.03}\right)^2 = 5.3\times10^{-4}\,\text{m}$$

由式（3-71） $H_d = h_L + h_d + \Delta H_t = 50\times10^{-3} + 5.3\times10^{-4} + 0.063 = 0.114\text{m}$

③ **降液管泡沫层高度** 选定 $H_T = 0.40\text{m}$，前面已算出 $h_w = 0.040\text{m}$，为防止降液管液泛，降液管泡沫层高度应低于降液管高即

$$H_d / \Phi \leqslant H_T + h_w$$

式中，Φ 为泡沫层的相对密度，本次设计采用 $\Phi = 0.60$，则

$$H_d / \Phi = \frac{0.114}{0.60} = 0.190 \leqslant H_T + h_w = 0.40 + 0.040 = 0.440\text{m}$$

符合设计要求。

④ **液体在降液管内的停留时间**

$$\tau = \frac{H_d A_d}{L_s} = \frac{0.114\times0.0688}{1.29\times10^{-3}} = 6.08\text{s} > 3\text{s}$$

符合设计要求。

⑤ **漏液点气速 $u_{0\min}$** 对于筛板塔，漏液点气速可按用式（3-75）计算，即

$$u_{0\min} = C_0\sqrt{\frac{2g\left(0.0056 + 0.13h_L - h_\sigma\right)\rho_L}{\rho_V}}$$

其中，$C_0 = 0.82$，$h_\sigma = \dfrac{4\times10^{-3}\times\sigma}{d_0\rho_l g} = \dfrac{4\times10^{-3}\times17.26}{0.005\times751.1\times9.81} = 0.0019\text{m}$，$\rho_V = 1.438\,\text{kg/m}^3$，$\rho_L = 751.1\,\text{kg/m}^3$。

故由式（3-70）可得 $u_{0\min} = 8.38\text{m/s}$。

⑥ **雾沫夹带量 e_V** 综合考虑生产能力和塔板效率，应控制雾沫夹带量 $e_V < 0.1\text{kg液/kg汽}$。因本设计采用单流型塔板，液层上部的气体流速

$$u = \frac{V_s}{A - A_d} = \frac{0.862}{\frac{\pi}{4}\times1^2 - 0.0688} = 1.204\text{m/s}$$

由式（3-77）

$$e_V = \frac{0.0057}{\sigma}\left(\frac{u}{H_T - 2.5h_L}\right)^{3.2} = \frac{0.0057}{17.26}\times\left(\frac{1.204}{0.4 - 2.5\times50\times10^{-3}}\right)^{3.2} = 0.0372 < 0.1$$

符合设计要求。

5）负荷性能图

① **漏液线** 由式（3-47）得

$$h_{ow} = 0.0028F_w\left(\frac{L_h}{l_w}\right)^{\frac{2}{3}} = 0.0028\times1.02\times\left(\frac{L_s\times3600}{0.7}\right)^{\frac{2}{3}} = 0.8509L_s^{\frac{2}{3}}$$

由式（3-75）得

$$u_{0\min}=C_0\sqrt{\frac{2g\left(0.0056+0.13h_L-h_\sigma\right)\rho_L}{\rho_V}}$$

其中，$C_0=0.82$，$h_\sigma=\dfrac{4\times10^{-3}\times\sigma}{d_0\rho_L g}=\dfrac{4\times10^{-3}\times17.26}{0.005\times751.1\times9.81}=0.0019\text{m}$，$\rho_V=1.438\ \text{kg/m}^3$，$\rho_L=751.1\ \text{kg/m}^3$，$h_L=h_w+h_{ow}=0.04+0.8509L_s^{\frac{2}{3}}$。

$$V_{s\min}=u_{0\min}A_0=\sqrt{2.4935L_s^{\frac{2}{3}}+0.2007}$$

由上述关系可作出漏液线，如图 3-25 中曲线 1。

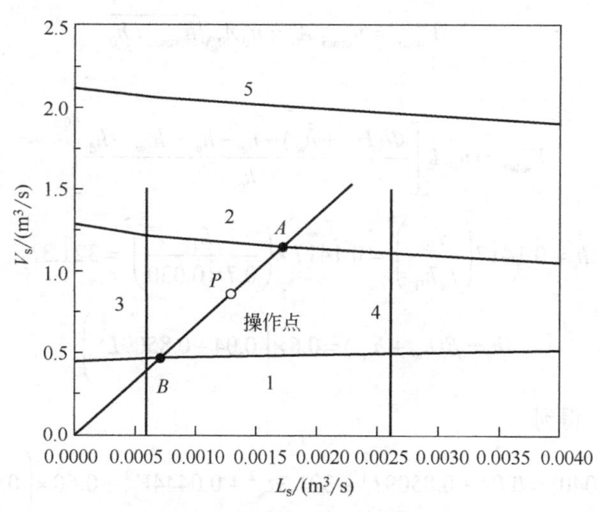

图 3-25　设计示例的负荷性能图

② **过量雾沫夹带线**　允许的雾沫夹带最大量为 0.1kg 液/kg 汽，则

$$e_V=\frac{0.0057}{\sigma}\left[\frac{u_{0\max}}{H_T-2.5\left(h_w+h_{ow}\right)}\right]^{3.2}=0.1$$

式中 $$u_{0\max}=\frac{V_{s\max}}{A-A_d}=\frac{V_{s\max}}{0.785-0.0688}=1.396V_{s\max}$$

代入已知条件得

$$\frac{0.0057}{17.26}\times\left[\frac{1.396V_{s\max}}{0.40-2.5\times\left(0.040+0.8509L_s^{\frac{2}{3}}\right)}\right]^{3.2}=0.1$$

整理得 $$V_{s\max}=-9.08L_s^{\frac{2}{3}}+1.281$$

由上述关系可作出过量雾沫夹带线（汽相负荷上限线），如图 3-25 中曲线 2。

③ **液相负荷下限线**　对于平直堰，通常把堰上液层高度 $h_{ow}=6\text{mm}$ 作为最小液体负荷的下限考虑，故液相负荷下限线方程为

$$h_{ow}=0.0028F_w\left(\frac{L_h}{l_w}\right)^{\frac{2}{3}}=0.006$$

取$F_w=1.02$，则$0.0028\times1.02\times\left(\frac{3600L_s}{0.70}\right)^{\frac{2}{3}}=0.006$，解得$L_s=5.921\times10^{-4}\text{m}^3/\text{s}$。

由上述关系可作出液相负荷下限线，如图3-25中直线3。

④ **液相负荷上限线** 以$\tau=3\text{s}$作为液体在降液管中停留时间的下限，得

$$L_s=\frac{A_dH_d}{3}=\frac{0.0688\times0.114}{3}=0.002614\text{m}^3/\text{s}$$

据此可以作出与气体流量无关的液相负荷上限线，如图3-25中的直线4。

⑤ **液泛线** 由式（3-84）和式（3-85）

$$V'_{smax}=u_{0max}A_0=u_0A_0\sqrt{h_{0max}/h_0}$$

代入式（3-82）

$$V'_{smax}=u_0A_0\left[\frac{\Phi(H_T+h_w)-h_e-h_w-h_{ow}-h_d}{h_0}\right]^{0.5}$$

其中 $$h_d=0.1417\left(\frac{L_s}{l_wh_H}\right)^2=0.1417\times\left(\frac{L_s}{0.7\times0.030}\right)^2=321.3L_s^2$$

$$h_e=\beta(h_w+h_{ow})=0.6\times\left(0.04+0.8509L_s^{\frac{2}{3}}\right)$$

代入其他的已知数据，得到

$$0.60\times(0.40+0.040)=0.04+0.8509L_s^{\frac{2}{3}}+321.3L_s^2+0.0444V_s^2+0.60\times\left(0.040+0.8509L_s^{\frac{2}{3}}\right)$$

整理得 $$V'_{smax}=\sqrt{-7236.5L_s^2-30.66L_s^{\frac{2}{3}}+4.505}$$

由上述关系可作出降液管液泛线，如图3-25中曲线5。

图3-25即为该筛板设计的负荷性能图。由设计条件L_s和V_s可作出操作点P，过原点和P点便可画出该设计条件下的操作线。由图3-25可以看出：设计点位于正常操作区的适中位置，表明该塔板对汽液负荷的波动具有较好的适应能力；操作线交过量雾沫夹带线于点A，交漏液线于点B。从图中读出点A和B的纵坐标分别为1.15和0.47，即$V_{smax}=1.15\text{m}^3/\text{s}$和$V_{smin}=0.47\text{m}^3/\text{s}$，可求得该塔的操作弹性和稳定系数。

$$\text{操作弹性}\frac{V_{smax}}{V_{smin}}=\frac{1.15}{0.47}=2.45,\qquad \text{稳定系数}K=\frac{V_s}{V_{smin}}=\frac{0.862}{0.47}=1.83$$

6）对负荷性能图的评价

以上计算中虽然操作弹性和稳定系数在合理的范围，但是操作点更靠近过量雾沫夹带线，即容易发生过量雾沫夹带，导致传质效果变差，分离效率下降。如果想改变这种操作状态，可以从以下三方面着手调整：

① 减小开孔区面积（减小开孔数或减小孔径），减小气速；

② 增加板间距；

③ 采用斜向开孔、舌形塔板或设置破沫挡板。

3.5 板式精馏塔设计任务两则

设计任务1 年产33000t工业酒精常压连续筛板式精馏塔设计

（1）基本任务

某酒精厂用25℃下含酒精38%（质量分数，下同）的原料生产工业酒精，要求塔顶产品组成不低于94.2%，塔釜产品组成不高于0.35%。精馏塔采用直接蒸汽加热方式，塔顶为常压，加热蒸汽温度可自行选定。每年按330d，24h连续生产计。

（2）设计内容

① 设计方案的确定及工艺流程简要说明；

② 筛板式精馏塔工艺设计包括物料衡算、实际板数的确定、塔高和塔径的计算、塔板结构参数的确定及塔板布置、塔板流体力学校核等；

③ 辅助设备的计算及选型；

④ 列出设计结果概要和设计参数一览表，应有对本设计的评述及有关问题的讨论；

⑤ 作出图解理论板图、工艺流程简图、主体设备装配图（包括塔板布置图）、负荷性能图；

⑥ 完成设计说明书目录、主要符号表、参考文献等。

（3）基础数据

附录3 乙醇-水物系的汽液平衡数据

附录4 10～70℃乙醇-水溶液的密度

附录5 乙醇-水溶液的黏度

附录6 乙醇-水溶液的比热容

附录7 乙醇-水溶液的相关热量值

附录8 乙醇-水溶液的密度和浓度对照表（20℃）

（4）设计辅助资料

ORIGIN图解法画理论板视频教程

AutoCAD图解法画理论板视频教程

筛板式精馏塔设计软件

电子版附录11 筛板式精馏塔设计软件用户手册

扫码获取本书线上资源

设计任务2 日处理120t苯-甲苯混合物连续筛板式精馏塔设计

（1）基本任务

某企业欲采用连续筛板式精馏塔分离苯-甲苯混合物，已知20℃的原料液中含苯40%（质量分数，下同），要求塔顶产品的组成为96%，塔釜残液组成为1%。塔顶操作压力为4kPa（表压），进料热状况和回流比可根据经验和文献自行确定，要求单板压降≤0.7kPa，全塔效率取55%。试完成此连续筛板式精馏塔的设计。

（2）设计内容

同设计任务1。

（3）基础数据

电子版附录 12　苯-甲苯气液平衡数据

设计任务 3　年产 1000t 纯度为 99%（质量分数）氯苯的苯-氯苯连续筛板式精馏塔

（1）基本任务

某企业欲采用连续筛板式精馏塔分离苯-氯苯混合物，已知 20℃的原料液中含氯苯 38%（质量分数，下同），要求塔顶产品含氯苯不得高于 2%。塔顶操作压力为 4kPa（表压），进料热状况和回流比可根据经验和文献自行确定，要求单板压降≤0.7kPa，冷却水进口温度为 35℃，塔底加热蒸汽压力为 0.5MPa（表压）。试完成此连续筛板式精馏塔的设计。

（2）设计内容

同设计任务 1。

（3）基础数据

电子版附录 13　苯-氯苯气液平衡数据

3.6　现代设计方法辅助精馏塔设计

用流程模拟软件 Aspen Plus V11 对乙苯-苯乙烯物系在筛板式精馏塔中进行分离，大致分为 3 个步骤：流程模拟（简捷计算和严格计算）、塔内件设计和水力学校核。

3.6.1　流程模拟（严格计算）

设计条件为：进料量 12500kg/h，进料温度 45℃，乙苯和苯乙烯的组成（以摩尔分数表示，下同）分别为 0.5843 和 0.415（其他组分正十七烷的约为 0.0007），塔顶为全凝器，冷凝器压力 6kPa，再沸器压力 14kPa，回流比设置为最小回流比的 1.2 倍。设计要求：塔顶产品中乙苯含量不低于 99%，塔底产品苯乙烯含量不低于 97%。物性方法建议选择 PENG-ROB。

先应用简捷计算模块 DSTWU 算出实际回流比为 5.23038，理论塔板数 66，进料位置 40，塔顶产品与进料摩尔流量比为 0.578872，再经过 Distl 模块校核（见电子版附录 14　简捷计算 DSTWU 与校核 Distl 模拟过程）。

现在用流程模拟软件 Aspen Plus V11 对乙苯-苯乙烯精馏塔进行严格计算，得到每块塔板上的流股流量和组成。

模拟过程如下。

① 双击 Aspen Plus V11，打开流程模拟软件并新建使用国际单位制的模板文件如 General with Metric Units 模板，并给此文件命名。

② 输入组分，如图 3-26 所示在“组分-规定”页面中打开“选择”项依次输入 EB（乙苯）、STYRENE（苯乙烯）和 C17H36（选择正十七烷，也可点击左下角“查找”按钮进行组分查找和确认）。

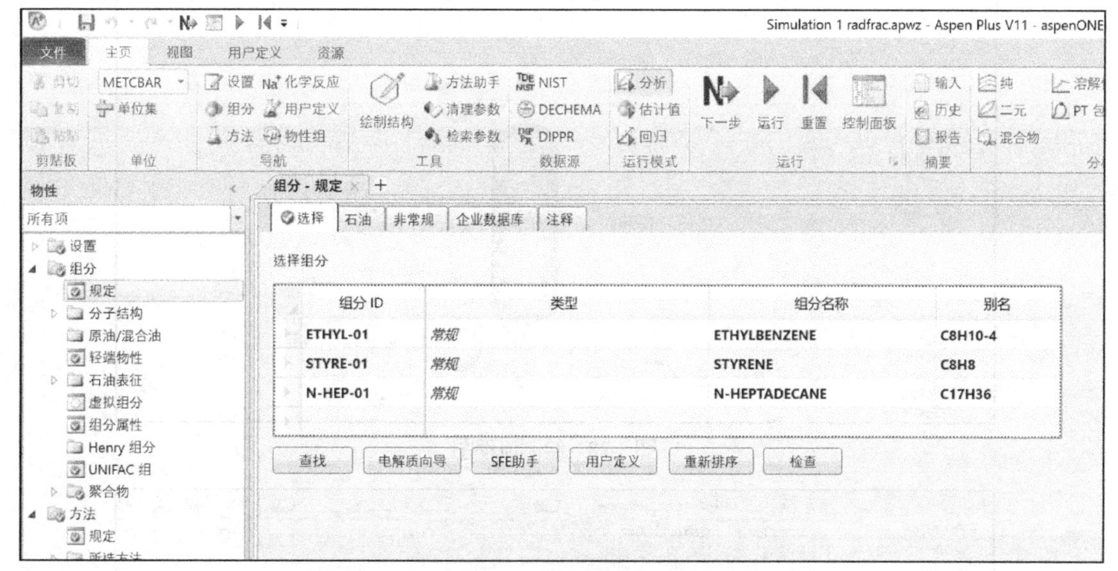

图 3-26 输入组分

③ 物性方法如图 3-27 所示，点击“Next”，选择“方法-规定”，在“全局”项选择适当方法，本例中可选 PENG-ROB 方法（方法选择原则可参考界面中“方法助手”）。

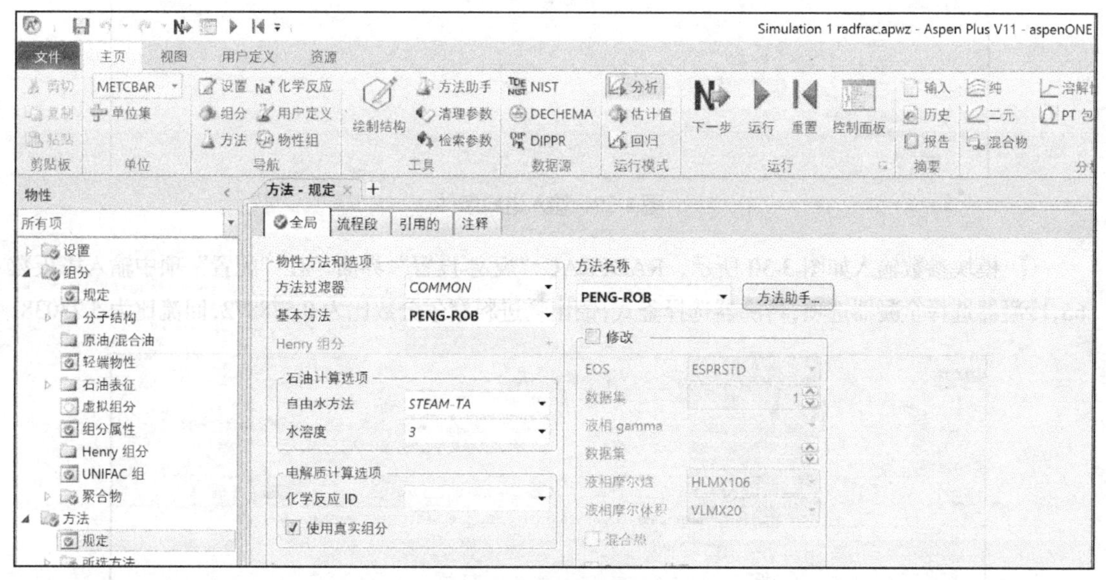

图 3-27 物性方法

④ 点击“Next”，选择转至模拟环境，点击确定。

⑤ 绘制流程图，如图 3-28 所示在模块选项板中选择塔/RadFrac/FRACT1 模块并命名为 RADFRAC。

⑥ 进料条件输入如图 3-29 所示，选择流股-FEED-输入界面，在“混合”项中输入相关题目参数。

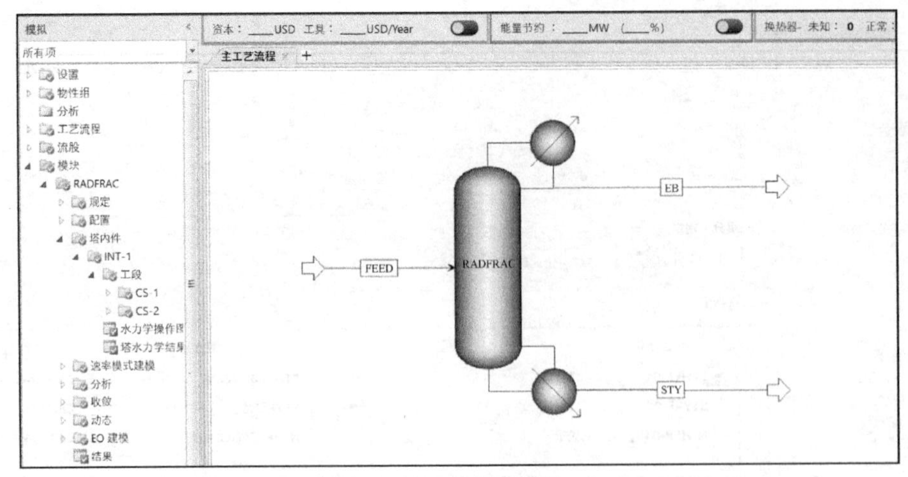

图 3-28　绘制流程图

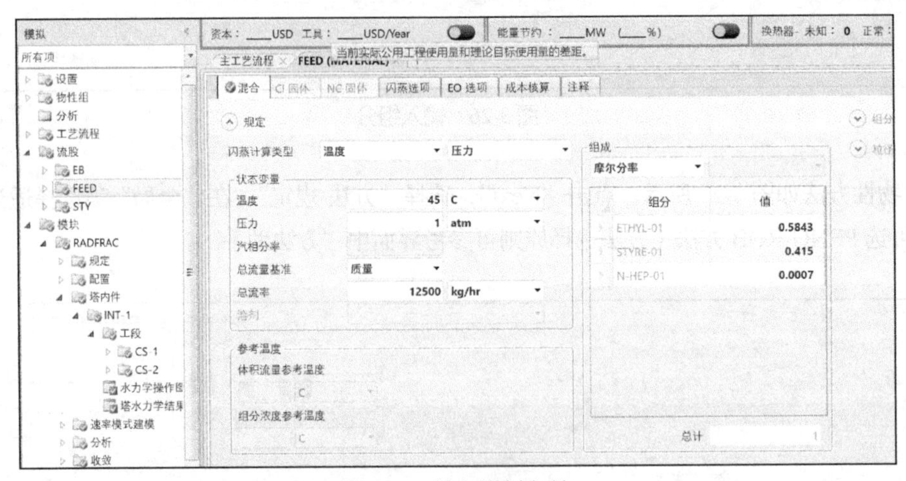

图 3-29　输入进料条件

⑦ 模块参数输入如图 3-30 所示，RADFRAC“规定-设置”界面，在“配置”项中输入塔板数 66，冷凝器选择全凝器选项，再沸器选择釜式，馏出物进料摩尔分数比为 0.578872，回流比为 5.23038。

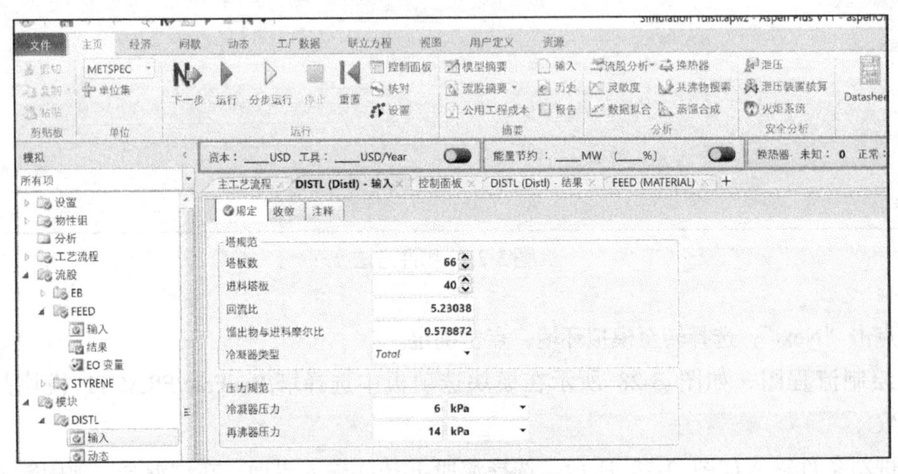

图 3-30　输入模块参数

⑧ 进料参数输入如图 3-31 所示，在“流股”项中进料流股表中输入塔板为 40，方式为塔板上方。

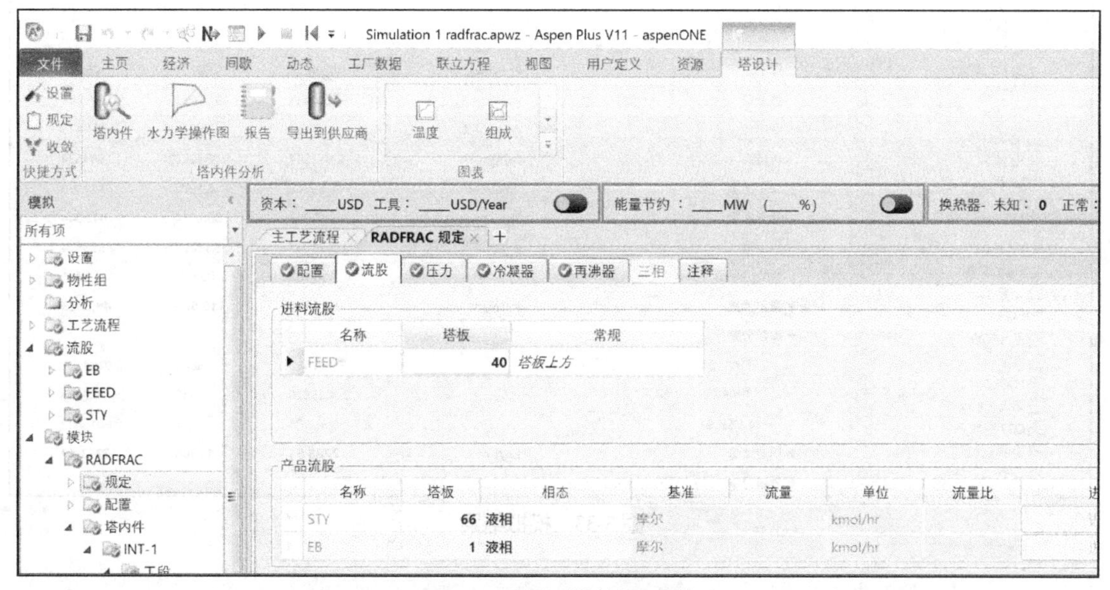

图 3-31 输入进料位置参数

⑨ 如图 3-32 所示输入操作压力，在“压力”项中选择塔顶/塔底方式，塔板 1 压力 6kPa，全塔压降为 7kPa，设定塔板 2 压力 6.2kPa（可选项，也可不选）。

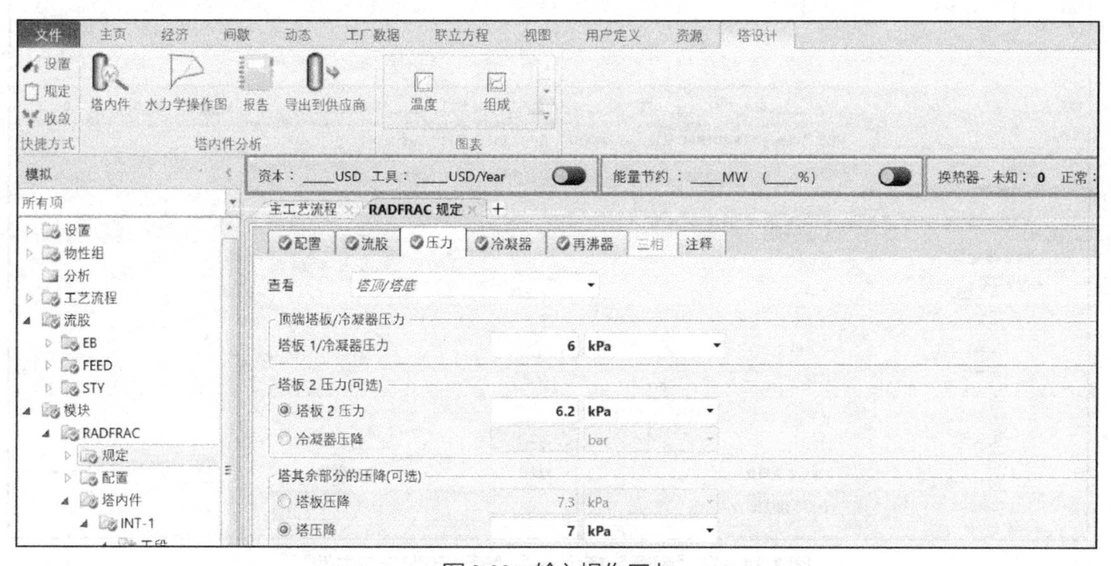

图 3-32 输入操作压力

⑩ 点击 Next，运行模拟，无警告，无错误，得到的每块塔板上的物流结果如图 3-33 所示，塔顶和塔底产品均符合设计任务对产品纯度的要求。

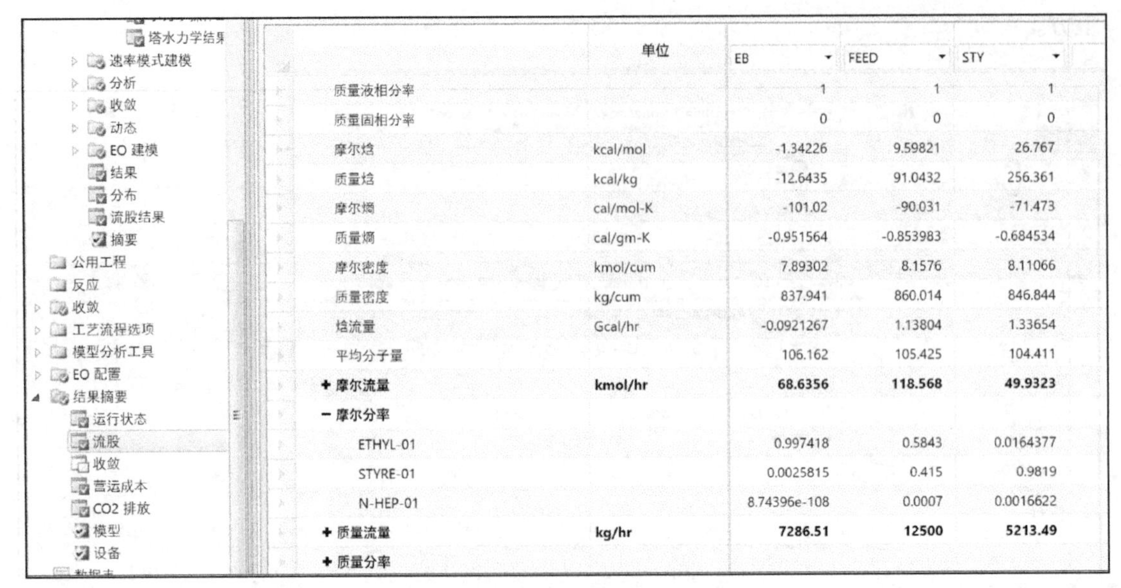

图 3-33　模拟结果

3.6.2　塔内件设计

① 如图 3-34，在“配置”项中点选“设计和指定塔内件”。

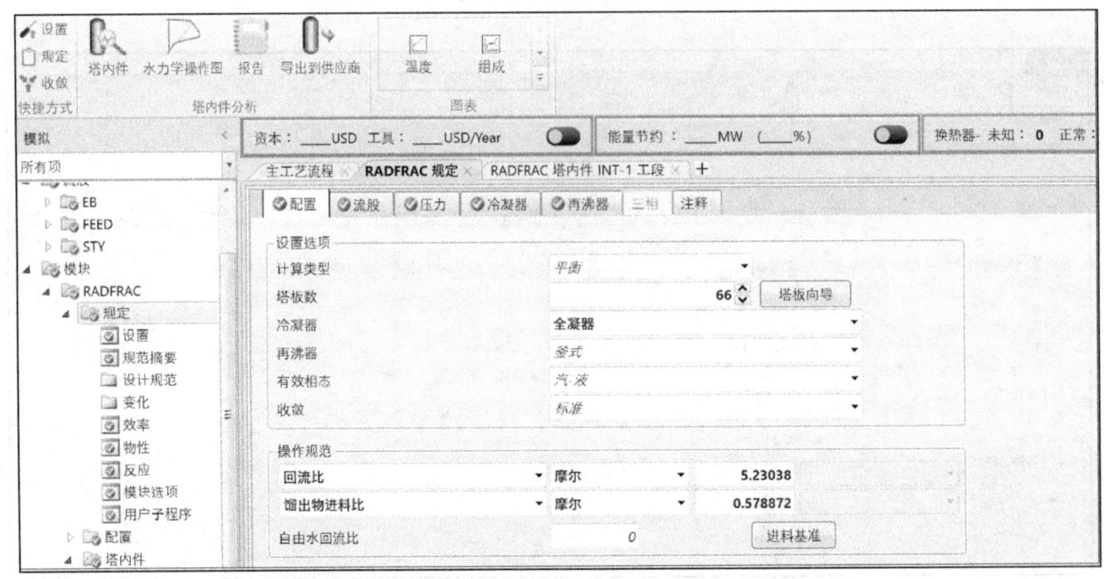

图 3-34　在“配置”项中点选“设计和指定塔内件”

② 指定塔段数，一般至少应包括精馏段、提馏段和塔釜 3 段，指定塔径以及塔釜液位高度，如图 3-35 所示。

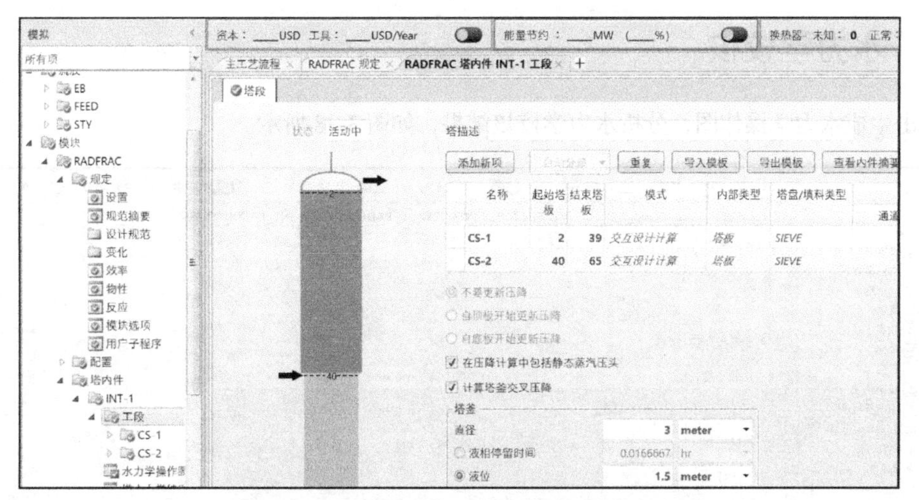

图 3-35　指定塔段数、塔径和塔釜液位高度

③ 运行模拟，结果如图 3-36 和图 3-37 所示，可查看塔板结构参数的计算结果。

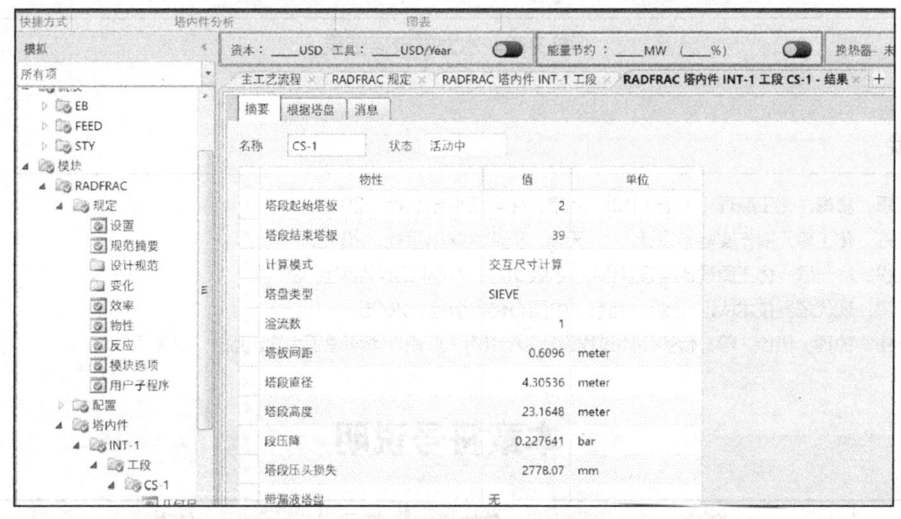

图 3-36　塔板结构参数计算结果 1

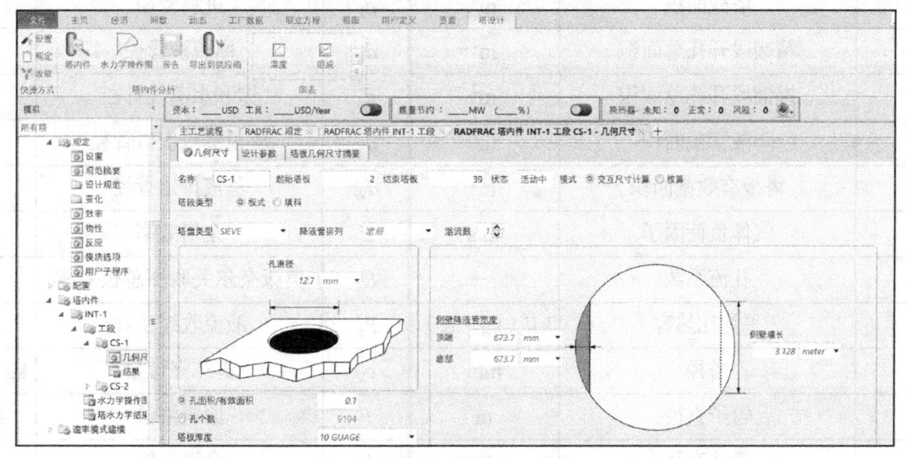

图 3-37　塔板结构参数计算结果 2

3.6.3　水力学校核

点击生成水力学操作图，分析水力学校核结果，如图 3-38 所示。

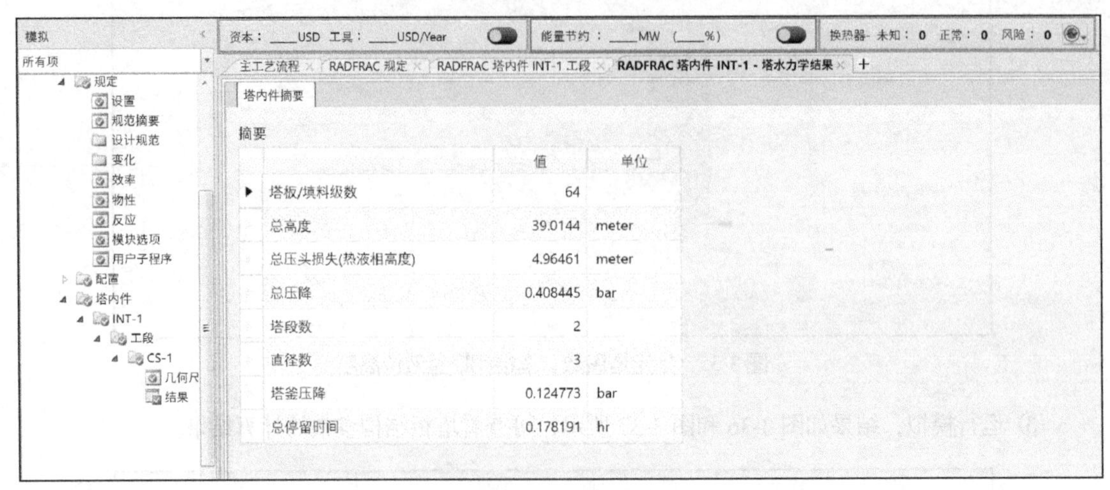

图 3-38　水力学校核结果

参考文献

[1] 谭天恩，窦梅．化工原理（下册）[M]．北京：化学工业出版社，2013.
[2] 张建伟．化工单元操作实验与设计[M]．天津：天津大学出版社，2012.
[3] 马江权，冷一欣．化工原理课程设计[M]．2 版.北京：中国石化出版社，2011.
[4] 刘乃鸿．现代塔器技术[M]．2 版．北京：中国石化出版社，2005.
[5] 邹华生，钟理，伍钦，等．传热传质过程设备设计[M]．广州：华南理工大学出版社，2007.

本章符号说明

符号	名称	单位	符号	名称	单位
A	塔截面积	m^2	d_F	进料管径	mm
A_0	精馏段开孔总面积	m^2	d_R	回流液管径	mm
A_0'	提馏段开孔总面积	m^2	d_S	饱和水蒸气管径	mm
A_d	降液管截面积	m^2	d_V	塔顶蒸汽出口管径	mm
A_n	塔板有效截面积	m^2	d_W	釜液排出管径	mm
C	气体负荷因子	m/s	E	全塔效率	%
C_0	孔流系数	—	E_T	奥康奈尔关联图总板效率	—
c_p	平均比热容	kJ/（kg・K）	F_w	液流收缩系数	—
D	塔径	mm	e_V	雾沫夹带量	kg 液/kg 汽
d	管子直径	m	F	原料液量	kmol/h
d_0	筛孔直径	m	H	全塔高度	m

续表

符号	名称	单位	符号	名称	单位
H_B	塔底空间	m	u	空塔气速	m/ s
H_D	塔顶空间	m	u_F	最大空塔气速	m/ s
H_d	降液管内清液层高度	m	u_0	筛孔气速	m/s
H_E	塔的有效高度	m	u_{0min}	漏液点气速	m/s
H_F	进料板处的板间距	m	V	精馏段上升的蒸汽量	kmol/h
m_s	冷却水的质量流量	kg/s	V'	提馏段上升蒸汽流量	kmol/h
N_p	实际塔板数	—	V_h	精馏段汽相体积流量	m^3/h
$N_{p精}$	精馏段的实际板数	—	ρ'_V	提馏段汽相混合物的平均密度	kg/m^3
N_T	理论塔板数	—	ρ_V	精馏段汽相混合物的平均密度	kg/m^3
$N_{p提}$	提馏段的实际板数	—	ρ'_L	提馏段液相混合物的平均密度	kg/m^3
n	实际板数	—	σ	表面张力	mN/ m
p	塔顶压力	kPa	τ	液体在降液管内的停留时间	s
p'	加料板上的压力	kPa	H_P	单板压降	mm 水柱
P_m	平均分子常数	—	H_S	裙座高度	m
$p_{冷}$	塔顶冷凝器的压力	Pa	H_T	塔板间距	m
$p_{顶}$	塔顶压力	Pa	H'_T	人孔、手孔处的板间距	m
$\Delta p_{顶\rightarrow冷凝器}$	蒸汽从塔顶至冷凝器的流动阻力	Pa	ΔH_t	气体通过塔板的压降（单板压降）	m 液柱
$\Delta p_{板}$	塔板阻力	Pa	h_e	板上液层的有效阻力	m 液柱
$p_{底}$	塔底压力	Pa	h_d	液体通过降液管的压降	m 液柱
Q_T	塔顶蒸汽冷凝放出热量的速率	kJ/s	h_H	降液管底隙高	m
q	进料的泡点液相分率	%	h_L	清液层的高度	mm
R	回流比	—	h_{ow}	堰上液层高度	m
R_{min}	最小回流比	—	h_w	出口堰高	mm
r	蒸汽的冷凝潜热	kJ/kg	h_0	干板压降	m 液柱
S	加热蒸汽量	kmol/h	h_σ	克服表面张力的阻力	m 液柱
T	精馏段汽相混合物温度	K	K_o	以换热器外表面积为基准的总传热系数	W/（m^2·℃）
t	孔中心距	m	L	液相流量	kmol/h
Δt	冷流体的温升	K	L'	提馏段液相流量	kmol/h
Δt_m	总传热平均温度差	℃	L_h	精馏段液相体积流量	m^3/h
Δt_1	换热器两端冷流体温差	℃	L'_h	提馏段液相体积流量	m^3/h
Δt_2	换热器两端热流体温差	℃	L_s	液体体积流量	m^3/s

续表

符号	名称	单位	符号	名称	单位
l_W	出口堰长度	m	w_W	塔釜残液易挥发组分质量分数	—
M_A	易挥发组分的摩尔质量	kg/kmol	x_D	塔顶产品的易挥发组分摩尔分数	—
M_B	难挥发组分的摩尔质量	kg/kmol	x_e	进料线与平衡线的交点横坐标	—
M_D	塔顶产品的平均摩尔质量	kg/kmol	x_F	进料的摩尔分数	—
M_F	原料液的平均摩尔质量	kg/kmol	x_i	第 i 块理论板上的液相组成	—
M_{mL}	精馏段液相混合物平均摩尔质量	kg/kmol	x_S	加热蒸汽中易挥发组分的摩尔分数	—
M_{mV}	精馏段汽相混合物平均摩尔质量	kg/kmol	x_W	塔釜残液易挥发组分摩尔分数	—
M'_{mL}	提馏段液相混合物平均摩尔质量	kg/kmol	x_W^*	直接蒸汽加热时塔底残液中易挥发组分的摩尔分数	—
M'_{mV}	提馏段汽相混合物平均摩尔质量	kg/kmol	y_e	进料线与平衡线的交点纵坐标	—
M_W	塔底产品的平均摩尔质量	kg/kmol	y_F	饱和蒸汽进料中易挥发组分的摩尔分数	—
V'_h	提馏段汽相体积流量	m^3/h	y_i	第 i 块理论板上的汽相组成	—
V_s	气体体积流率	m^3/s	α	平均相对挥发度	—
W	釜残液流量	kmol/h	α_i	第 i 块理论板上的相对挥发度	—
W^*	直接蒸汽加热时塔底残液流量	kmol/h	β	液层的充气系数	—
W_c	边缘区宽度	mm	μ_i	组分 i 在平均温度下的黏度	mPa・s
W_d	降液管宽度	m	μ_L	液体平均摩尔黏度	mPa・s
W_s	出口安定区的宽度	mm	ρ_i	组分 i 的密度	kg/m^3
W'_s	入口安定区的宽度	mm	ρ'_i	加料板条件下组分 i 的密度	kg/m^3
w_A	精馏段易挥发组分的质量分数	—	ρ_L	精馏段液相混合物的平均密度	kg/m^3
w'_A	提馏段易挥发组分的质量分数	—	φ	精馏段开孔率	—
w_B	精馏段难挥发组分的质量分数	—	φ'	提馏段开孔率	—
w'_B	提馏段难挥发组分的质量分数	—	Ψ	液沫夹带分率	—
w_D	塔顶产品易挥发组分的质量分数	—	Δ	液面落差	m
w_F	进料的易挥发组分质量分数	—	Φ	泡沫层的相对密度	—

第 4 章 蒸发器设计

4.1 蒸发器概述

蒸发是化工（如制碱）、轻工（如黑液回收）、制药（如生产抗生素）、食品（如制糖和乳品）等不同工业中的重要单元操作过程。将含有非挥发性溶质的溶液加热至沸腾，挥发性溶剂部分汽化从而将溶液浓缩的过程，称为蒸发。由于蒸发过程中从溶液中分离出部分溶剂，但是溶质仍然保留在溶液中，因此，蒸发操作是溶液中挥发性溶剂与非挥发性溶质的分离过程。

蒸发操作属于传热过程。但是，蒸发操作具有不同于一般传热过程的特殊性，主要体现在以下三方面：

① **溶液沸点升高** 由于溶液含有非挥发性溶质，在相同的温度下，溶液的蒸气压低于纯溶剂的蒸气压。因此，在相同的压力下，溶液的沸点比纯溶剂的沸点高。

② **物料工艺特性** 在蒸发过程中，溶液的某些物理或化学性质随着溶液浓缩过程的进行而改变。有些物料在浓缩过程中可能结垢（如牛奶和番茄汁）、析出晶体或者产生泡沫；有些物料（如乳品和果汁等液体食品物料）具有热敏性，在高温下容易变质或者分解；有些物料具有较强的腐蚀性或者较高的黏度（如造纸黑液）等。

③ **能量利用与回收** 蒸发单元操作通常需要消耗大量的加热蒸汽，而溶液汽化又产生大量的二次蒸汽，如何充分利用二次蒸汽的潜热，提高加热蒸汽的经济程度，是蒸发器设计中必须考虑的问题，常用的方法包括多效蒸发和二次蒸汽再压缩。

蒸发器设计的步骤通常为：根据物料的性质及工艺要求，确定蒸发操作条件，选定蒸发器型式及效数和流程等；进行工艺计算，确定蒸发器的传热面积及结构尺寸；蒸发器主体的强度校核；蒸发附属设备的设计及选型等；编写设计说明书。

蒸发器的种类繁多，随着技术的不断发展，新型蒸发器也在不断涌现。按操作方式，可分为连续式操作与间歇式操作；按效数分类，可分为单效蒸发与多效蒸发，多效中按物料流动方式，又可分为并流、逆流、错流与平流；按加热面形式，可分为管式与板式，有些蒸发器则无加热面；按加热面上物料流动方式，分为膜式蒸发器与非膜式蒸发器。此外，根据溶液在蒸发器中的流动方式，可将蒸发器分为循环型与单程型两类。循环型蒸发器主要有水平列管式、中央循环管式、悬筐式、外加热式、列文式及强制循环式等；单程型蒸发器主要有升膜式、降膜式、升-降膜式及刮板式等。这些蒸发器的结构和特点各异，适用于不同的场合，但大多数蒸发器通常由加热室、流动或者循环通道、汽液分离空间三部分组成。

4.1.1 循环型蒸发器

循环型蒸发器是指溶液在蒸发器内进行多次循环，溶液每经过加热管一次，蒸发出部分水分，经多次循环后才能达到浓缩指定要求。所以，这类蒸发器存液量较大，溶液在蒸发器内停留时间较长，容器内溶液的浓度变化较小。本节对中央循环管式、悬筐式、外加热式、强制循环式四种循环型蒸发器（图 4-1～图 4-4）进行说明。

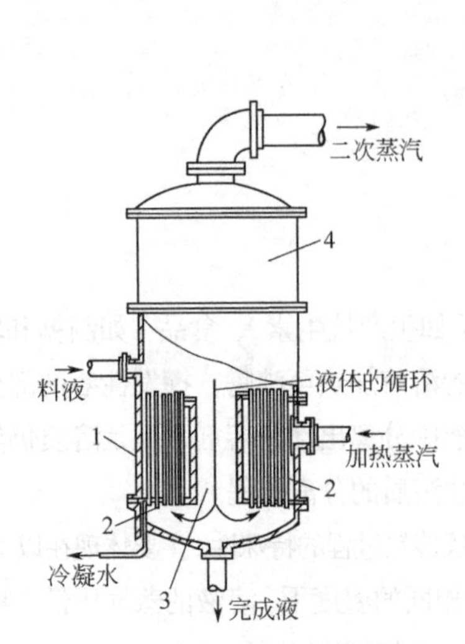

图 4-1 中央循环管式蒸发器

1—外壳；2—加热室；3—中央循环管；4—蒸发室

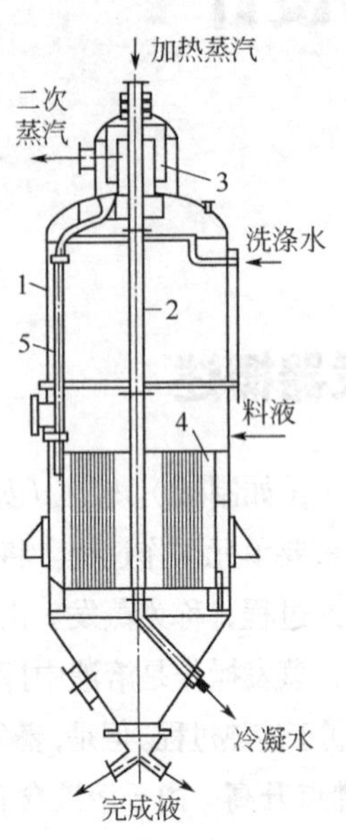

图 4-2 悬筐式蒸发器

1—外壳；2—加热蒸汽管；3—除沫器；4—加热室；5—液沫回流管

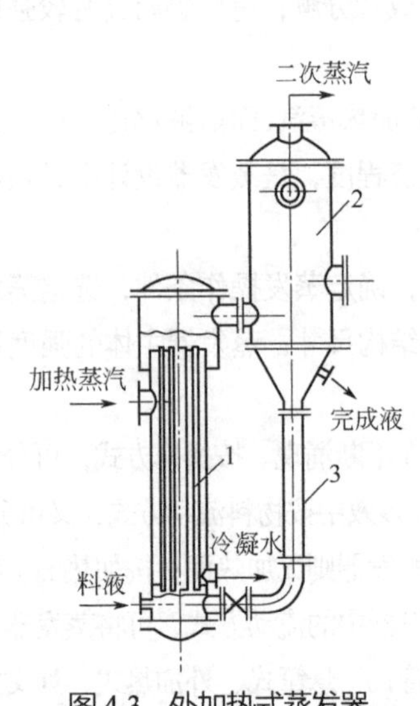

图 4-3 外加热式蒸发器

1—加热室；2—蒸发室；3—循环管

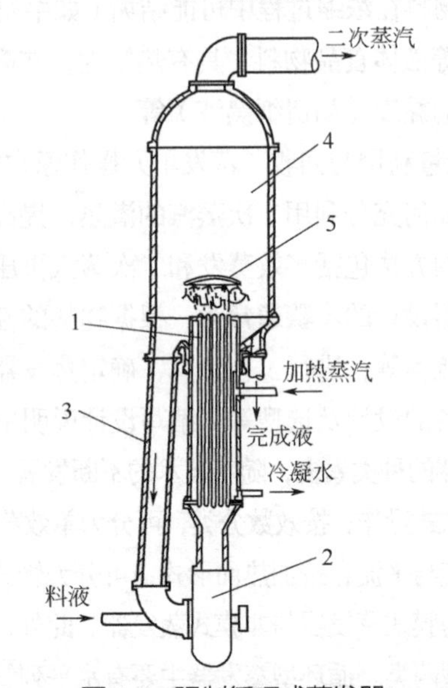

图 4-4 强制循环式蒸发器

1—加热管；2—循环泵；3—循环管；4—蒸发室；5—除沫器

(1) 中央循环管式蒸发器

中央循环管式蒸发器亦称标准式蒸发器，见图 4-1，是目前应用比较广泛的一类蒸发器。其加热室由许多垂直列管组成，管径为 25～40mm，总长 1～2m。在加热室中装有中央循环管，中央循环管截面为加热管总截面的 40%～100%。由于循环管与加热管中的流体密度不同，所以产生液体的循环。在蒸发器内，溶液由加热管上升，受热而达到沸腾，所产生的二次蒸汽经分离器与除沫器后从顶部排出，液体则经过中央循环管下降。降至蒸发器底部的液体又沿着加热管上升，如此不断循环，溶液的循环速度也不断加快，可达 0.1～0.5m/s，因而可以提高蒸发器的传热系数与生产强度。

标准式蒸发器中料液循环与传热受料液液位影响，只有当液位处于加热管长度的一半时，传热系数才有最高值。液位低于此值，会增大管壁结垢趋势，使蒸发能力下降。液位高于此值，料液循环的推动力减小，循环减弱，使传热系数下降。但当蒸发易结垢料液时，要提高液位防止结垢。由于料液的不断循环，其料液浓度始终接近完成液浓度，因浓度引起的沸点升高值较大，加之料液也有相当的液位，液柱静压强有一定数值，由液柱静压引起的沸点升高也有一定数值，这样使有效温差减小，这也是循环式蒸发器的共同缺点。

标准式蒸发器在很多工业中得到广泛使用。如制糖工业中使用直径很大的标准式蒸发器，加热器直径 3m，此时要防止加热室内加热蒸汽分布不均匀的情况。制盐工业中使用的标准式蒸发器，在其中央循环管中还设置推进器（搅拌器），作用是加快料液循环速度促进传热，减轻结垢，对于蒸发结晶器，这种推进搅拌有利于晶体生长。

（2）悬筐式蒸发器

悬筐式蒸发器结构如图 4-2 所示，加热室像一个篮筐，悬挂在蒸发器壳体的下部，悬筐式蒸发器因此得名。加热管束与蒸发器壳内壁面的环状空间中的物料受热情况比加热管内物料受热情况差，加热管中物料受热后，上半部分沸腾汽化生成汽液混合液，由此形成料液在加热管中上升在环形通道中下降的循环回路。所以其环形下降通道犹如标准式蒸发器中的中央循环管。环形截面积为加热管截面积的 100%～150%，循环速度比标准式蒸发器快，约为 1.0～1.5m/s。

这种蒸发器的加热管，可从顶部取出检修或更换，适用于易结晶或结垢溶液的蒸发，其热损失较小。它与中央循环管式蒸发器相同，都属于自然循环型蒸发器，具有循环型蒸发器共有的缺点，结构比较复杂；另外要注意加热蒸汽引入管与冷凝液排出管的热补偿问题，常用的办法是在加热蒸汽引入管上设置波纹补偿器，冷凝液排出管采用有较大弯曲半径的 Ω 型结构。

（3）外加热式蒸发器

如图 4-3 所示，外加热式蒸发器的特征在于加长的加热管（管长与直径之比 L/D=50～100），并把加热室安装在蒸发器的外面，这样就可以降低蒸发器的总高度。同时因为循环管没有受到蒸汽加热，溶液的自然循环速度较快（循环速度可达 1.5m/s）。

为了减轻加热面上的结垢，有一种外加热式管外沸腾自然循环蒸发器。利用液柱静压力使加热区内的溶液受到抑制不沸腾，而加热区上部的沸腾区供溶液汽化，使容易结垢的沸腾过程脱离加热区，即把沸腾区与加热区分开，从而减轻在加热面上的结垢。外加热式自然循环型蒸发器的加热面积不受限制，可以较大。这种蒸发器要在较大的有效温差下操作才能有效地实现料液的自然循环，因而限制了其在多效蒸发中的使用。

（4）强制循环式蒸发器

如图 4-4 所示，与其他自然循环型蒸发器不同，强制循环式蒸发器是在外热式蒸发器的循环管上设置循环泵，使溶液沿着一定的方向以较高的速度循环流动，增加了传热系数，循环速度可达 1.5～3.5m/s，但过高流速使能耗过高且增加磨损。所用的循环泵，一般是混流泵或轴流泵，也有用离心泵的，通常是流量大扬程低，其扬程只是用来克服循环管路中的阻力。但要注意的是料液温度接近沸点，所以必须考虑泵的允许吸上高度，尤其当料液黏度很高时更应注意，在循环管路的设计和循环泵的选型中要注意防止汽蚀的发生。

强制循环式蒸发器的优点是传热系数大、适应性好、易于清洗、适合结晶物料；其缺点是造价高，料液在较高温度下的停留时间长，循环泵的维护与操作费较高，泵轴不易保持密封。料液的平均温度较高，使有效温差降低。强制循环式蒸发器在处理黏性、析晶、结垢、浓缩程度较高的料液时比较适宜，在真空条件下操作的适应性很强。

4.1.2 单程型蒸发器

单程型蒸发器的基本特点是：溶液以膜状形式通过加热管，经过一次蒸发即达到所需要的浓度。因此，溶液在蒸发器内的停留时间短，适用于热敏性物料的蒸发。同时，因为溶液不循环，所以对设计和操作的要求较高。

（1）升膜式蒸发器

如图 4-5 所示，升膜式蒸发器的加热室由垂直长管组成，管长 3～15m，直径 25～30mm，管长和管径之比为 100～150。原料液经过预热后由蒸发器的底部进入，在加热管内溶液受热沸腾迅速汽化，所生成的二次蒸汽在管内高速上升，带动液体沿着管内壁呈膜状向上流动。溶液在上流的过程中不断汽化，进入分离室后，完成液与二次蒸汽分离，由分离室底部排出。常压下加热管出口处的二次蒸汽速度不应小于 10m/s，一般为 20～50m/s，减压操作时气速可以达到 100～160m/s 或者更高。

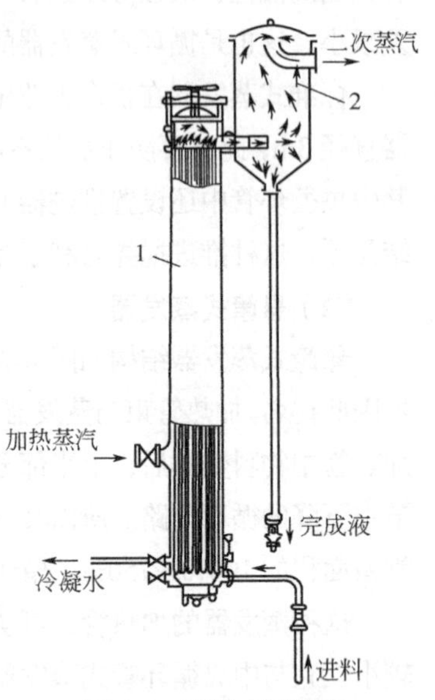

图 4-5 升膜式蒸发器

1—蒸发器；2—分离器

由于升膜式蒸发器所需的传热温差较大，一般在 20～30℃，液膜侧传热系数大，单位传热面积上料液占有量很小，因而容易在管内造成析晶、结垢，在传热温差过大而长径比又很大时，有可能发生焦化现象，因此升膜式蒸发器不宜用于有结晶或易结垢溶液的蒸发。升膜式蒸发器一般为料液一次通过就能完成浓缩目的的单流型蒸发器，对非热敏性溶液，浓缩比要求大时，亦可设计成循环型，使料液循环蒸发达到要求浓度后再排出。

（2）降膜式蒸发器

如图 4-6 所示，降膜式蒸发器与升膜式蒸发器的区别在于原料液由加热管的顶部加入。溶液在自身重力作用下沿着管内壁呈膜状向下流动，物料蒸发浓缩，汽液混合物由加热管底部进入分离室，经汽液分离后，完成液由分离器的底部排出。为使溶液能在壁上均匀成膜，在每根加热管的顶部均需要设置液体分布器。性能良好的液体分布器应使料液均匀地分布到每根管子上，并能迅速地沿管子周边成膜。液膜起始时形成一个不稳定的层流膜，之后才形成均匀稳定的液膜，结构合理的液体分布器应使起始段较短。液体分布器有多种结构型式，如溢流型、插入型、喷淋型等。

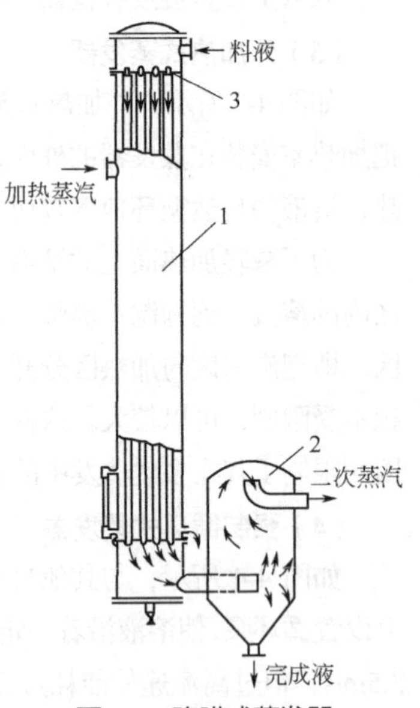

图 4-6 降膜式蒸发器

1—蒸发器；2—分离器；3—液体分布器

降膜式蒸发器加热管的长径比一般为100～200，管径通常在38～50mm之间。物料在蒸发器内停留时间极短，所以降膜式蒸发器非常适用于热敏性食品物料的蒸发。真空降膜蒸发浓缩广泛应用于果蔬汁、牛奶、维生素C、茶浸提液等的增浓。另外，这种蒸发器消除了由静压引起的沸点升高，以及按进出口平均浓度来计算溶质引起的沸点升高，所以传热温差损失小，适用于小温差场合，特别适用于多效蒸发及二次蒸汽再压缩利用，可充分降低整个系统的能源消耗。

上述升膜式和降膜式蒸发器可以组合成为一种新的蒸发器“升-降膜蒸发器”，将升膜式和降膜式蒸发器装在一个外壳中，即构成升-降膜蒸发器。在升-降膜蒸发器中，原料液经预热后先由升膜加热室上升，然后由降膜加热室下降，再在分离室中与二次蒸汽分离后即得完成液。这种蒸发器多用于蒸发过程中溶液的黏度变化很大、水分蒸发量不大和厂房高度有一定限制的场合。

（3）刮板式蒸发器

刮板式蒸发器是专为高黏度溶液的蒸发而设计的，蒸发器的加热管为一根较粗的直立圆管，中、下部设有两个夹套进行加热，圆管中心装有旋转刮板，刮板的型式有两种：一种是固定间隙式，见图4-7，刮板端部与加热管内壁留有约1mm的间隙；另一种是可摆动转子式，如图4-8，刮板借旋转离心力紧压于液膜表面。

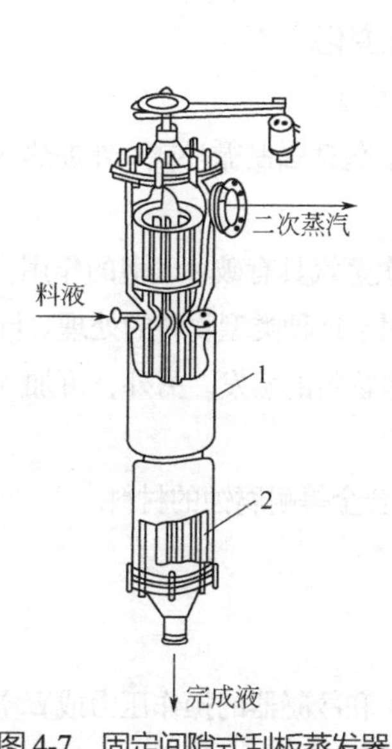

图4-7　固定间隙式刮板蒸发器

1—夹套；2—刮板

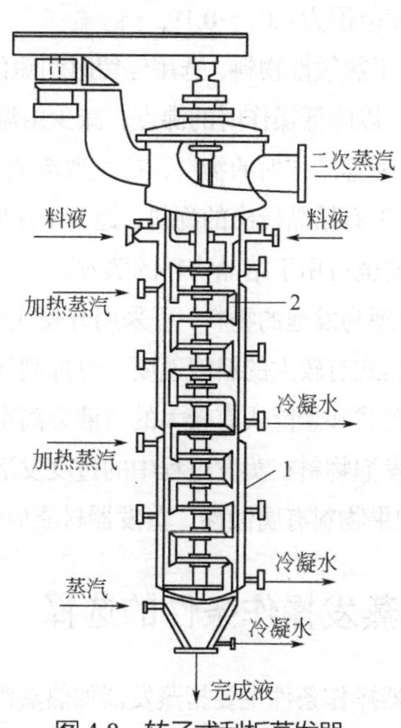

图4-8　转子式刮板蒸发器

1—夹套；2—刮板

料液自顶部进入蒸发器后，在重力和刮板的搅动下分布于加热管壁，并呈膜状旋转向下流动。汽化后的二次蒸汽在加热管上端无套管部分被旋转刮板分去液沫，然后由上部抽出并加以冷凝，完成液由蒸发器底部放出。

旋转刮板式蒸发器的主要特点是借助外力强制料液呈膜状流动，适用于高黏度、易结晶、易结垢的浓溶液的蒸发，此时仍能获得较高的传热系数。某些场合下可将溶液蒸干，而由底部直接获得粉末状的固体产物。这种蒸发器的缺点是结构复杂、制造要求高、加热面不大，而且需消耗一定的动力。

4.1.3 蒸发器的选型

蒸发器种类繁多，从蒸发物料的工艺特性方面应该考虑以下几个方面：①具有较高的传热系数；②适合溶液的特性，如黏度、起泡性、热敏性、溶解度等随温度变化的特性及腐蚀性；③能有效地分离液沫；④尽量减少温差损失和压力损失；⑤尽量降低传热面上污垢的生成速度。

除了从工艺过程要求方面来考虑蒸发器的结构以外，还必须从机械加工的工艺性、设备价格、操作费和设备费经济分析、环境影响等不同的角度考虑，为此还需注意下列几点：①设备的体积和金属材料的消耗量要小；②设备的使用寿命要长；③机械加工和制造、安装应该合理和方便；④有足够的机械强度；⑤操作费用要低，采用蒸汽或机械再压缩技术；⑥检修要容易；⑦从生命周期评价角度，设计出从材料选取、设备制造、蒸发器运输、蒸发器使用到蒸发器回收过程中对环境影响最小的蒸发器。

综上所述，对蒸发器的要求是多方面的，但在选型的时候，首先要看它能否适应所蒸发物料的工艺特性，包括浓缩液的结垢性、黏度、热敏性、结晶性、发泡性及腐蚀性等。

① 黏度大的物料不宜选择自然循环型，选用强制循环式或降膜式蒸发器为宜。通常自然循环型适用的黏度范围为 0.01～0.1Pa・s。

② 对于热敏性物料，选用停留时间短的蒸发器为宜，如不同类型的降膜蒸发器，并且通常采用真空操作，以降低操作时的沸点，减少由温度升高导致的物性变化。

③ 处理容易结垢的物料，应选取流速大的强制循环式蒸发器。

④ 对于有结晶析出的物料，通常采用管外沸腾型蒸发器，包括强制循环式、外加热式等。刮板式、悬筐式也可用于结晶物料的蒸发。

⑤ 处理易发泡的物料，可采用升膜式蒸发器，高速的二次蒸汽具有破坏气泡的作用。强制循环式和外加热式有较大的料液速度，可抑制气泡的生长，也可用于这种类型物料的处理。同时，由于中央循环管式和悬筐式有较大的汽液分离空间，也可用于发泡物料的蒸发。另外，可加入消泡剂，以抑制强发泡物料在蒸发过程中的过度发泡。

⑥ 如果物料有腐蚀性，蒸发器材质应选用不透性石墨或合金等耐腐蚀的材料。

4.1.4 蒸发操作条件的选择

蒸发器操作条件主要指蒸发器加热蒸汽的压力（或温度）和冷凝器的操作压力或真空度。正确确定蒸发的操作条件，对保证产品质量和降低能源消耗都具有重要意义。通常提高加热蒸汽压力和提高冷凝器真空度，有利于增加蒸发操作中的有效传热温差，但受设备允许强度、经济性、物料特性等条件的限制，通常有一定的操作范围。

加热蒸汽最高压力就是被蒸发溶液允许的最高温度，如超过这个温度，物料就可能变质。如果被蒸发溶液的允许温度较低，则可采用常压蒸发和真空蒸发。例如，对于蔗糖溶液，为了避免高温下分解或焦化，其蒸发温度通常不超过 127℃。对于黑液浓缩蒸发，温度升高会导致管壁上结垢程度加重，故加热蒸汽温度不能超过 140℃。在蒸发操作中，通常所用的饱和蒸汽温度一般不超过 180℃，否则，相应的压力就很高，将大幅增加加热设备费用和操作费用。

蒸发是一个消耗大量加热蒸汽而又产生大量二次蒸汽的过程，从节能的观点出发，应该充分利用蒸发所产生的二次蒸汽作为其他加热设备的热源，要求蒸发器能提供温度较高的二次蒸汽，这样既可减少锅炉产生蒸汽的消耗量，又可减少末效进入冷凝器的二次蒸汽量。因此，采用较高温度的饱和蒸汽对提高二次蒸汽的利用率是有利的。

多效蒸发旨在节省加热蒸汽，应该尽量采用多效蒸发。如果工厂提供的是低压蒸汽，为了利用这些低压蒸汽，并实现多效蒸发，末效应在较高的真空度下操作，以保证各效具有必要的传热温差；或者选用高效率的蒸发器，这种蒸发器在低温差下仍有较大的蒸发强度。末效蒸发操作的真空度不能太低，否则会导致溶液温度降低，进而黏度增大，对于流动和传热都有不利影响。过高的真空度对于整个蒸发系统的设备要求、密封性和真空泵都会提出更高的要求。所以，通常末效蒸发操作的真空度控制在 73～87kPa。

4.1.5 多效蒸发效数的选择

实际工业生产中，大多采用多效蒸发，其目的是降低蒸汽的消耗量，从而提高蒸发器的经济性。表 4-1 列出不同效数蒸发器的蒸汽消耗量，其中实际消耗量包括蒸发器的各项热损失。

表 4-1 不同效数蒸发器的蒸汽消耗量

效数	理论蒸汽消耗量		实际蒸汽消耗量		
	蒸发 1kg 水所需蒸汽量/（kg 蒸汽/kg 水）	1kg 蒸汽所能蒸发的水量/（kg 水/kg 蒸汽）	蒸发 1kg 水所需蒸汽量/（kg 蒸汽/kg 水）	1kg 蒸汽所能蒸发的水量/（kg 水/kg 蒸汽）	本装置若再增加一效可节约的蒸汽量①/%
单效	1.0	1	1.1	0.91	—
双效	0.5	2	0.57	1.75	48
三效	0.33	3	0.4	2.5	30
四效	0.25	4	0.3	3.33	25
五效	0.2	5	0.27	3.7	10

① 双效比单效节约的蒸汽为（1.1 0.57）/1.1−48%，三效比双效节约的蒸汽为（0.57−0.4）/0.57=30%，依此类推。

从表 4-1 中的数据可看出，随着效数的增加，蒸汽消耗量减少，但不是效数越多越好，这主要受经济和技术因素的限制。

（1）经济限制

经济限制是指当效数增加到一定程度时经济上并不合理。在多效蒸发中，随效数的增加，总蒸发量相同时所消耗的蒸汽量减少，从而操作费用下降。但效数越多，设备的固定投资越大，设备的折旧费越多，而且随效数的增加，所节约的蒸汽量越来越少，如从单效改为双效时，蒸汽节约 48%；但从四效改为五效时，仅节约蒸汽 10%。最适宜的效数应使设备费和操作费的总和为最小。

（2）技术限制

蒸发器的效数过多，蒸发操作有可能无法顺利进行。在实际生产中，蒸汽的压力和冷凝器的真空度都有一定的限制。因此，在一定的操作条件下，蒸发器的理论总温差为一定值。当效数增加时，由于各效温差损失总和的增加，总有效温差减小，分配到各效中的有效温差将有可能小至无法保证各效料液的正常沸腾，此时，蒸发操作将难以正常进行。

在蒸发操作中，为保证传热的正常进行，根据经验，每一效的温差不能小于5～7℃。通常，对于沸点升高较大的电解质溶液，如NaCl、NaOH、$NaNO_3$、Na_2CO_3、Na_2SO_4等可采用双效或三效；对于沸点升高特大的物质，如$MgCl_2$、$CaCl_2$、KCl、H_3PO_4等，常采用单效蒸发；对于非电解质溶液，如有机溶剂等，其沸点升高较小，可取四效、五效或六效。

4.1.6 多效蒸发流程的确定

根据加热蒸汽与料液流向的不同，多效蒸发的操作流程可分为并流、逆流、平流、错流等加料流程，如图4-9～图4-12所示。

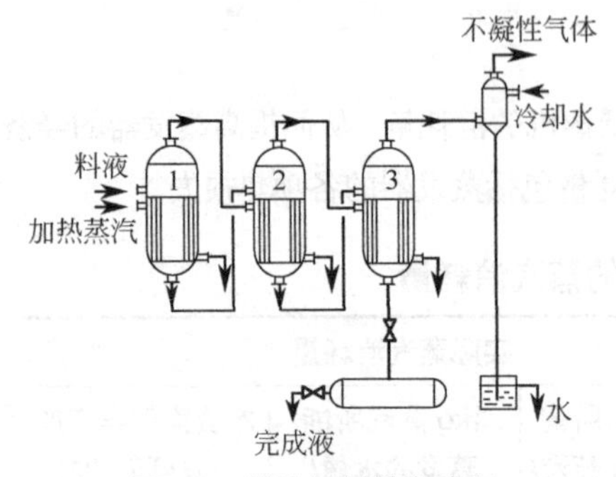

图4-9 并流加料蒸发流程

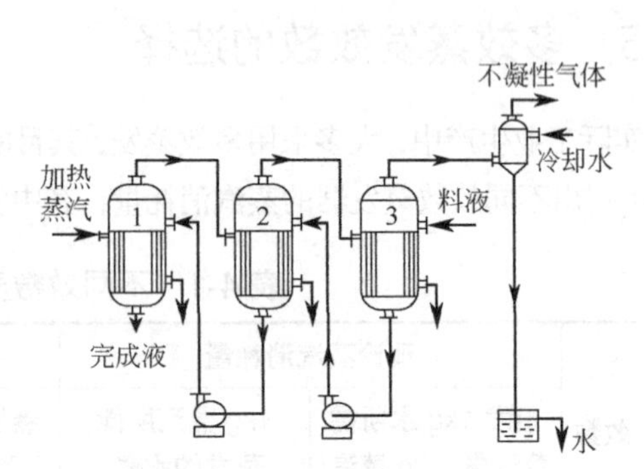

图4-10 逆流加料蒸发流程

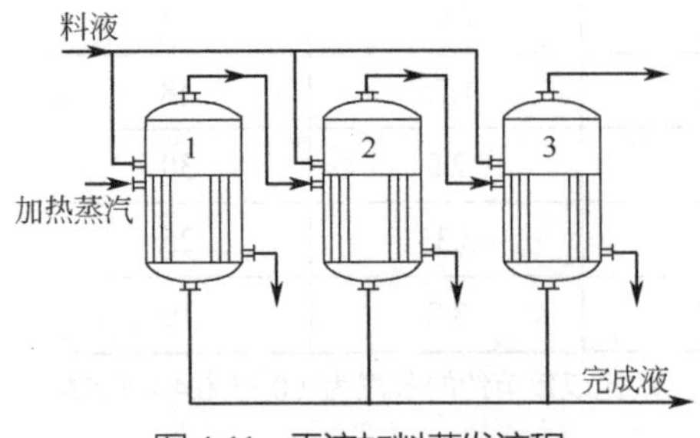

图4-11 平流加料蒸发流程

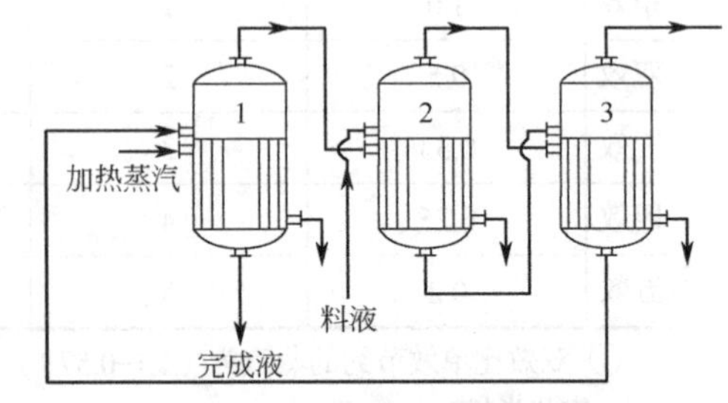

图4-12 错流加料蒸发流程

(1)并流加料流程

并流加料流程也称顺流加料流程，如图4-9所示，为工业中应用最广泛的一种流程。原料液与蒸汽在效间同向流动，因各效间有较大的压差，料液能自动从前效流向后效，不需输料泵。但是当效间压差不足以克服料液位差时，也需使用泵输送料液。前效的温度高于后效，料液从前效进入后效时呈过热状态，进料时有闪蒸。并流流程结构紧凑、操作简便、应用较广。

对于并流流程，后效温度低、组成高，料液黏度随着效数增加而增大，总传热系数下降，并导致有效温差在各效间的分配不均。因此，当物料浓度增加和温度下降时，如果黏度增加很大，则并流流程并不适用，所以并流流程只适用于处理黏度不大的料液。

(2)逆流加料流程

如图4-10所示，逆流加料流程中料液与加热蒸汽在效间呈逆流流动。效间需加料泵，动力消耗大，操作也较复杂。自前效到后效，料液组成渐增，温度同时升高，黏度及传热系数变化不大，温差分配均匀，适合处理黏度较大的料液，不适合处理热敏性料液。

（3）平流加料流程

如图 4-11 所示，平流加料流程中每一效都有进料和出料，适用于有大量结晶析出的蒸发过程。例如食盐水溶液的蒸发，因为有大量的结晶析出，不便于效间输送，所以可选用平流加料。

（4）错流加料流程

错流加料流程也称混流加料流程，如图 4-12 所示，它是并、逆流的结合，其特点是兼有并、逆流的优点，但操作复杂，控制困难。造纸工业中黑液的黏度与其浓度和温度都有关系，如果采用并流加料，最后几效的温度较低且浓度较大，故黑液黏度也大，造成黑液在蒸发器内流动性差，影响其传热性能，也导致黑液输送困难。所以黑液的蒸发采用错流加料流程，以充分利用不同流程的优点，强化传热，减少黏度增大造成的问题。

4.1.7 蒸发系统的热能利用方式

蒸发操作属于能耗较大的操作，因此选择可靠的节能措施成为蒸发系统设计的关键问题之一。蒸发系统的节能，可从蒸发器输入和输出能量的角度考虑。蒸发器中输入的能量为原料液带入的焓（显热）以及加热蒸汽带入的焓（包括潜热与显热），输出的能量为浓缩液的焓（显热）、冷凝水的焓（显热）、二次蒸汽的焓（潜热与显热）以及热损失。所以，蒸发器节能的主要途径，就是把输出能量尽可能用作输入所需的能量，这样才可充分实现节能。根据这个原则，可有如下的节能方式。

（1）原料液的预热

蒸发系统的原料液进入蒸发器时，通常是接近蒸发所需沸点，所以需要预热。为了节能，通常不选用生蒸汽直接加热，而是用蒸发器生成的冷凝水或浓缩液进行加热。另外，可采用分级预热的方式，实现与不同温度的冷凝水和浓缩液的充分热交换。

（2）冷凝水与浓缩液显热利用

除可以用来预热原料液外，浓缩液还可采用减压闪蒸的方式，水分得以减少而实现进一步浓缩，提高排出液的浓度。冷凝水显热除用于预热原料液外，还可把冷凝水减压到本效二次蒸汽压力，使其闪蒸汽补充到本效二次蒸汽系统中，作为下一效的加热蒸汽。这种方式适用于冷凝水量较大的场合。

（3）抽取额外蒸汽

多效蒸发中，二次蒸汽除作为下一效加热蒸汽之外，还常额外抽出一部分蒸汽作为其他加热设备的热源或用于原料液的预热，这也是蒸发器常用的一种节能措施。

（4）热力式蒸汽再压缩蒸发

热力式蒸汽再压缩蒸发是在二次蒸汽出口管处装一个热压泵，用高压工作蒸汽作为动力，对低压的二次蒸汽进行热力压缩，提高混合蒸汽的热力学参数后再作为加热蒸汽用。从能量角度上分析，带热压泵的蒸发器大致相当于增加一效蒸发器。

（5）机械式蒸汽再压缩蒸发

机械式蒸汽再压缩蒸发是将蒸发器的二次蒸汽，在机械式压缩机内压缩成为过热蒸汽，提高二次蒸汽的压力与温度，增加焓值，然后消除过热成为饱和蒸汽，把此饱和蒸汽通入蒸发器加热室作为加热蒸汽。在连续操作中，除开车时需供给生蒸汽外，正常操作时几乎不需要生蒸汽和冷却水。

虽然这种系统节能效果明显，但由于地区差异，电价与蒸汽价格的比值对于这种系统的经济可行性有显著影响。这种系统的另外一个优点是可以节省冷凝器的成本和减少冷却水的消耗，对于水源短缺地区也非常适用。

4.2 多效蒸发系统的计算

多效蒸发系统计算的主要依据是物料衡算、热量衡算及传热速率方程三类关系式。已知参数包括料液的流量、温度和组成，以及最终完成液的组成，这些已知变量由工艺条件决定；而加热蒸汽的压力和冷凝器中的压力等通常也是已知变量，由生产操作条件决定。需要计算的主要未知量有：加热蒸汽消耗量、各效溶剂蒸发量以及各效传热面积。多效蒸发系统的完整设计过程包括：

① 根据所处理物料的物性特点和工艺要求，确定蒸发器的型式、操作条件、流程和效数等；

② 计算总蒸发量，初估各效蒸发量和各效料液浓度；

③ 分配各效压差，计算沸点升高，确定各效的加热蒸汽和二次蒸汽的压力和温度等；

④ 根据料液浓度和液位等数据，计算各效沸点升高和有效传热温差；

⑤ 根据各效的物料衡算和热量衡算，确定加热蒸汽用量和各效蒸发量；

⑥ 根据工程经验或传热关联式，得到各效总传热系数；

⑦ 根据传热速率方程，计算得到各效传热面积，比较它们的差值，如果各效传热面积差别较大，则根据新计算得到的各效浓度和重新分配的传热温差，返回第二步重新计算；

⑧ 对蒸发器进行结构设计，包括加热管、管程和壳程的结构尺寸确定（这一部分本书不作重点介绍，请参考过程设备设计相关标准和手册）；

⑨ 对蒸发器的管程和壳程进行强度校核（这一部分本书不作介绍，请参考化工容器设计相关标准和手册）；

⑩ 蒸发器附属设备的计算及选型；

⑪ 撰写设计说明书。

本节以多效并流加料流程为例说明多效蒸发器的工艺计算方法，主要用于计算各效蒸发器所需的传热面积。

4.2.1 各效蒸发量和完成液组成的估算

总蒸发量可依据下式计算

$$W = F\left(1-\frac{x_0}{x_n}\right) \tag{4-1}$$

式中，F 为原料液量，kg/h；W 为总蒸发量，kg/h； x_0 为原料液溶质的质量分数；x_n 为末效完成液的质量分数。

在蒸发过程中，总蒸发量为各效蒸发量之和，即

$$W = W_1 + W_2 + \cdots + W_n = \sum W_i \tag{4-2}$$

式中，$W_1,W_2,\ldots,W_n$ 为各效的蒸发量，kg/h；任一效 i 中完成液的组成 x_i 为

$$x_i = \frac{Fx_0}{F-(W_1+W_2+\cdots+W_i)} = \frac{Fx_0}{F-\sum W_i} \tag{4-3}$$

一般地，各效蒸发量可按总蒸发量的平均值估算，即

$$W_i = \frac{W}{n} = \frac{\sum W_i}{n} \tag{4-4}$$

对于并流操作的多效蒸发，因存在闪蒸现象，可按经验值进行估算。例如，对于四效蒸发，从第一效开始各效的蒸发量比值可设为1:1.1:1.2:1.3。对于三效计算，可取前三个数值进行初步估算；对于双效蒸发，同理可只取前两个数值（1:1.1）用于估算蒸发量。

4.2.2 初步确定各效溶液的沸点

为求各效料液的沸点，首先应假定各效的压力。一般加热蒸汽的压力和冷凝器的压力（或末效压力）是给定的，其他各效的压力可按各效间蒸汽压降相等的假设来确定，即

$$\Delta p = \frac{p_1 - p_k}{n} \tag{4-5}$$

式中，Δp 为各效加热蒸汽压力与二次蒸汽压力之差，Pa；p_1 为第一效加热蒸汽的压力，Pa；p_k 为末效冷凝器中的压力，Pa。不同类型物料蒸发时，也可根据经验值进行估算。在糖液蒸发时，跑糖的危险性从第一效到末效逐渐增大，所以压差的分配为逐效减少。

多效蒸发中的有效传热温差可用下式计算

$$\sum \Delta t = \left(T_1 - T_k'\right) - \sum \varDelta \tag{4-6}$$

式中，$\sum \Delta t$ 为有效总温差，为各效有效温差之和，℃；T_1 为第一效加热蒸汽的温度，℃；T_k' 为冷凝器操作压力 p_k 下二次蒸汽的饱和温度，℃；$\sum \varDelta$ 为总的温差损失，为各效温差损失之和，℃。

$$\sum \varDelta = \varDelta' + \varDelta'' + \varDelta''' \tag{4-7}$$

式中，$\varDelta'$ 为由溶质的存在而引起的沸点升高（温差损失），℃；$\varDelta''$ 为由液柱静压力引起的沸点升高（温差损失），℃；$\varDelta'''$ 为由管路流动阻力存在而引起的沸点升高（温差损失），℃。

下面分别介绍各种温差损失的计算。

（1）由溶液中溶质存在引起的沸点升高 $\varDelta'$

由于溶液中含有非挥发性溶质，因而溶液的沸点远高于纯水（溶剂）在同压力下的沸点。由溶液中溶质存在引起的沸点升高可定义为

$$\varDelta' = t_B - T' \tag{4-8}$$

式中，t_B 为溶液的沸点，℃；T' 为与溶液液面压力相等时水（溶剂）的沸点，即二次蒸汽的饱和温度，℃。

常压下某些常见溶液的沸点可从有关手册中查阅，非常压下溶液的沸点查阅比较困难，当缺乏实验数据时，可用下式估算

$$\varDelta' = f\Delta_a' \tag{4-9}$$

$$f = \frac{0.0162(T'+273)^2}{r'} \tag{4-10}$$

式中，$\varDelta'$ 为常压下（101.3kPa）由溶质存在而引起的沸点升高，℃：Δ_a' 为操作压力下由溶质存在引起的沸点升高，℃；f 为校正系数；T' 为操作压力下二次蒸汽的温度，℃；r' 为操作压力下二次蒸汽

的汽化潜热，kJ/kg。

溶液的沸点亦可用杜林规则（Duhring's Rule）估算。杜林规则表明：一定组成的某种溶液的沸点与相同压力下标准液体（纯水）的沸点呈线性关系。由于不同压力下水的沸点可以从水蒸气表中查得，故一般以纯水作为标准液体。根据杜林规则，以某种溶液的沸点为纵坐标，以相同压力下水的沸点为横坐标作图，可得一直线，即

$$\frac{t_B'-t_B}{t_w'-t_w}=k \tag{4-11}$$

或

$$t_B=kt_w+m \tag{4-12}$$

式中，t_B'、t_B分别为压力p'和p下溶液的沸点，℃；t_w'、t_w分别为压力p'和p下纯水的沸点，℃；k为杜林直线的斜率；m为直线的截距，为常数。

（2）由液柱静压力引起的沸点升高$\varDelta''$

由于液层内部的压力大于液面上的压力，故相应的溶液内部的沸点高于液面上的沸点t_B，二者之差即为液柱静压力引起的沸点升高。为简便计算，以液层中点处的压力和沸点代表整个液层的平均压力和平均温度，根据流体静力学方程，液层的平均压力为

$$p_m=p'+\frac{\rho_m gL}{2} \tag{4-13}$$

式中，p_m为液层的平均压力，Pa；p'为液面处的压力，即二次蒸汽的压力，Pa；ρ_m为溶液的平均密度，kg/m^3；L为液层高度，m；g为重力加速度，m/s^2。

溶液的沸点升高为

$$\varDelta''=t_m-t_B \tag{4-14}$$

式中，t_m为平均压力p_m下溶液的沸点，℃；t_B为液面处压力（即二次蒸汽压力）p'下溶液的沸点，℃。

作为近似计算，式（4-14）中的t_m和t_B可分别用相应压力下水的沸点代替。应当指出的是，由于溶液沸腾时形成汽液混合物，其密度大为减小，因此按上述公式求得的$\varDelta''$值比实际值略大。

（3）由流动阻力引起的温差损失$\varDelta'''$

在多效蒸发中，末效之前各效的二次蒸汽，在流到下一效加热室的过程中，管路流动阻力使其压力下降，蒸汽的饱和温度也相应下降，由此造成的温差损失以$\varDelta'''$表示。$\varDelta'''$与二次蒸汽在管道中的流速、物性以及管道尺寸有关，但很难定量确定，一般取经验值，对于多效蒸发，效间的温差损失一般取1℃，末效与冷凝器间的温差损失约为1～1.5℃。

根据已估算的各效二次蒸汽压力p_i'下水（溶剂）的温度T_i'及温差损失$\varDelta_i$，可由下式估算各效溶液的温度（沸点）t_i。

$$t_i=T_i'+\varDelta_i \tag{4-15}$$

式中，T_i'为各效二次蒸汽压力下水（溶剂）的温度（沸点），也就是对应蒸汽压力下的饱和蒸汽温度。

4.2.3 各效蒸发水量及加热蒸汽量的估算

第i效的热量衡算式为

$$Q_i=D_ir_i=(Fc_{p0}-W_1c_{pw}-W_2c_{pw}-\cdots-W_{i-1}c_{pw})(t_i-t_{i-1})+W_ir_i' \tag{4-16}$$

第 i 效的蒸发量 W_i 的计算式为

$$W_i = \eta_i \left[\frac{D_i r_i}{r_i'} - (Fc_{p0} - W_1 c_{pw} - W_2 c_{pw} - \cdots - W_{i-1} c_{pw}) \left(\frac{t_i - t_{i-1}}{r_i'} \right) \right] \tag{4-17}$$

式中，D_i 为第 i 效加热蒸汽量，kg/h，当无额外蒸汽抽出时，$D_i = W_{i-1}$；r_i 为第 i 效加热蒸汽的汽化潜热，kJ/kg；r_i' 为第 i 效二次蒸汽的汽化潜热，kJ/kg；c_{p0} 为原料液的比热容，kJ/（kg・℃）；c_{pw} 为水的比热容，kJ/（kg・℃）；t_i、t_{i-1} 分别为第 i 效和第 i-1 效溶液的温度（沸点），℃；η_i 为第 i 效的热利用系数，无量纲。

由上式可求得第 i 效的蒸发量 W_i。在热量衡算式中计入溶液的浓缩热及蒸发器的热损失时，还需考虑热利用系数 η。对于一般溶液的蒸发，热利用系数可取为（0.96~0.97）Δx（Δx 为以质量分数表示的溶液组成变化）。

对于生蒸汽的消耗量，可列出各效热量衡算式，然后与式（4-2）联立而求得。

4.2.4 总传热系数的确定

蒸发器总传热系数的表达式原则上与普通换热器相同，即

$$K = \frac{1}{\dfrac{1}{\alpha_o} + R_{so} + \dfrac{bd_o}{\lambda d_m} + R_{si}\dfrac{d_o}{d_m} + \dfrac{d_o}{\alpha_i d_i}} \tag{4-18}$$

式中，K 为总传热系数，W/(m^2・℃)；α 为对流传热系数，W/(m^2・℃)；d 为管径，m；R_s 为垢层热阻，(m^2・℃)/W；b 为管壁厚度，m；λ 为管材的热导率，W/(m・℃)；下标 i 表示管内侧，o 表示外侧，m 表示对数平均。

式（4-18）中，管外蒸汽冷凝的对流传热系数 α_o 可按膜状冷凝的传热系数公式计算，垢层热阻值 R_s 可按经验值估计。但管内溶液沸腾传热系数则受较多因素的影响，例如溶液的性质、蒸发器的型式、沸腾传热的形式以及蒸发操作的条件等。由于管内溶液沸腾传热的复杂性，现有关联式的准确性较差。

在强制循环式蒸发器中，加热管内的液体无沸腾区，因此可采用无相变时管内强制湍流的计算式，即

$$\alpha_i = 0.023\frac{\lambda_L}{d_i} Re_L^{0.8} Pr_L^{0.4} \tag{4-19}$$

式中，λ_L 为液体的热导率，W/(m・℃)；d_i 为加热管的内径，m；Pr_L 为液体的普朗特数，无量纲；Re_L 为液体的雷诺数，无量纲。实验表明，式（4-19）的 α_i 计算值比实验值约低 25%。

对于管式升膜式蒸发器，料液侧的传热系数可采用下式计算

$$\alpha_i = \frac{1.3 + 128d_i}{d_i} \lambda_L Re_L^{0.23} Pr_L^{0.9} Re_V^{0.34} \left(\frac{\rho_L}{\rho_V} \right)^{0.25} \left(\frac{\mu_V}{\mu_L} \right) \tag{4-20}$$

式中，μ 为黏度，Pa・s；下标 L 为液相参数，下标 V 为汽相参数。因为物性与实际操作条件的变化，液膜侧传热系数有很大的不确定性。由于 α_i 的关联式精度有限及计算时具有较高的不确定性，所以在蒸发器设计中，总传热系数多根据实测或经验值选定。表 4-2 列出了几种常用蒸发器 K 值的大致范围，可供设计时参考。图 4-13 给出了不同蒸发器在不同沸腾温度时的总传热系数供参考。

表 4-2　不同类型蒸发器的总传热系数估算

蒸发器型式	总传热系数 K/[W/(m²·℃)]	蒸发器型式	总传热系数 K/[W/(m²·℃)]
夹套式	350～2330	强制循环式	1200～7000
盘管式	580～3000	倾斜管式	930～3500
水平管式（蒸汽管内冷凝）	580～2330	水平管式（蒸汽管外冷凝）	580～4700
升膜式	580～5800	降膜式	1200～3500
中央循环管式	580～3000	外加热式	1200～5800
带搅拌中央循环管式	1200～5800	刮膜式	700～7000
悬筐式	580～3500	旋液式	930～1750

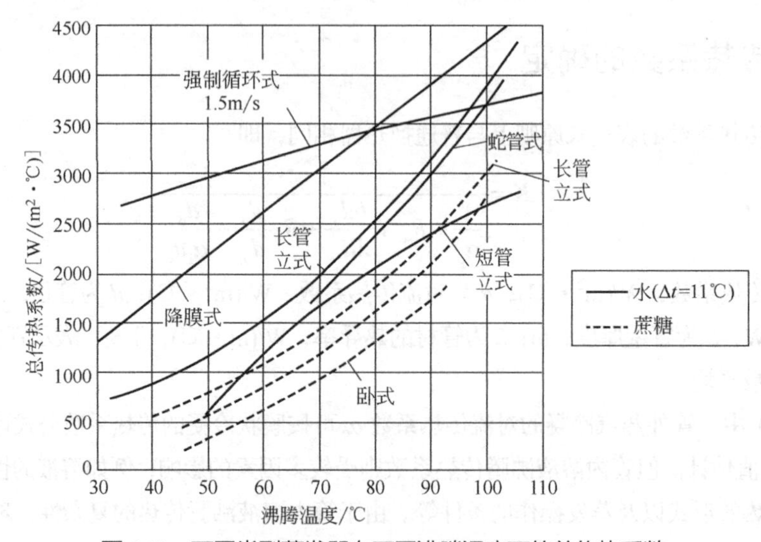

图 4-13　不同类型蒸发器在不同沸腾温度下的总传热系数

对于不同物料，也可根据经验公式进行计算。如糖液采用并流中央循环管式蒸发器时，任一效 i 的总传热系数可按下式计算

$$K_i = 502.4 \times \frac{t_i}{TD_i} \tag{4-21}$$

式中，t_i 为任一效的沸点，℃；TD_i 为任一效的糖度，°Bx。

对于黑液蒸发，采用自然循环蒸发器时总传热系数可在 233～1163W/(m²·℃)范围内选取，采用液膜蒸发器时总传热系数可在 872～1745W/(m²·℃)范围选取。

4.2.5　蒸发器传热面积和有效温差在各效中的分配

任一效的传热速率方程为

$$Q_i = K_i A_i \Delta t_i \tag{4-22}$$

式中，Q_i 为第 i 效的传热速率，W；K_i 为第 i 效的传热系数，W/(m²·℃)；A_i 为第 i 效的传热面积，m²；Δt_i 为第 i 效的传热温差，℃。

确定总有效温差在各效间分配的目的是求取蒸发器的传热面积 A_i，现以三效蒸发为例加以说明。

$$A_1=\frac{Q_1}{K_1\Delta t_1},\quad A_2=\frac{Q_2}{K_2\Delta t_2},\quad A_3=\frac{Q_3}{K_3\Delta t_3} \tag{4-23}$$

式（4-22）中的传热量 Q 按下式计算

$$Q_1=D_1r_1,\quad Q_2=D_1r_1',\quad Q_3=D_2r_2' \tag{4-24}$$

传热温差按下式计算

$$\Delta t_1=T_1-t_1,\quad \Delta t_2=T_2-t_2=T_1'-t_2,\quad \Delta t_3=T_3-t_3=T_2'-t_3 \tag{4-25}$$

在多效蒸发中，为了便于制造和安装，通常采用各效传热面积相等的蒸发器。若由式（4-23）求得的传热面积不等，应根据各效传热面积相等的原则重新分配各效的有效温差，具体方法如下。

设以 $\Delta t_i'$ 表示各效传热面积相等时的有效温差，则

$$\Delta t_1'=\frac{Q_1}{K_1A},\ \Delta t_2'=\frac{Q_2}{K_2A}\ \Delta t_3'=\frac{Q_3}{K_3A} \tag{4-26}$$

与式（4-23）比较可得

$$\Delta t_1'=\frac{A_1}{A}\Delta t_1,\ \Delta t_2'=\frac{A_2}{A}\Delta t_2,\ \Delta t_3'=\frac{A_3}{A}\Delta t_3 \tag{4-27}$$

将式（4-27）相加，得

$$\sum\Delta t=\Delta t_1'+\Delta t_2'+\Delta t_3'=\frac{A_1}{A}\Delta t_1+\frac{A_2}{A}\Delta t_2+\frac{A_3}{A}\Delta t_3$$

即

$$A=\frac{A_1\Delta t_1+A_2\Delta t_2+A_3\Delta t_3}{\sum\Delta t} \tag{4-28}$$

式中，$\sum\Delta t$ 为各效的有效温差之和，称为有效总温差，℃。

由式（4-28）求得传热面积 A 后，即可由式（4-27）重新分配各效的有效温差，重复上述计算步骤，直到求得的各效传热面积相等（或达到所要求的精度）为止，该面积即为所求的各效传热面积。

由以上分析可知，多效蒸发的计算非常繁杂。在实际设计中可采用编程计算。通用计算机编程语言 MATLAB、Python、C++等均可用于多效蒸发的编程，另外 Excel 通过其内置矩阵函数功能，也可用于多效蒸发的计算求解。在工程设计时，可利用化工流程设计计算软件，如 Aspen HTFS+和 HTRI Xchanger Suite 等。这些软件不仅可用于工艺计算，也可用于蒸发器的结构设计及强度校核等。

需要指出的是，本节计算中采用的等面积法不是唯一的计算方法，等面积的原则是多效蒸发计算中常用的附加方程。除此之外，还包括各效传热面积之和最小、各效传热温差相等、指定各效沸点等不同的方法。如在制糖工业中常用等面积的方法，但在食品物料的蒸发计算中，由于热敏性原因，对于沸点要求严格，故常用指定第一效蒸发温度的方法作为附加方程。如牛奶浓缩，最高蒸发温度为 68～72℃；番茄汁浓缩，最高蒸发温度为 60～65℃等。

4.3 蒸发器结构尺寸的设计

本节以中央循环管式蒸发器为例说明蒸发器主要结构尺寸的设计计算方法。中央循环管式蒸发

器的结构尺寸包括：加热室和分离室的直径和高度，加热管与中央循环管的规格、长度及在管板上的排列方式。对于其他类型的蒸发器，也作简要说明。

4.3.1 选择加热管和初步估计管数

蒸发器的加热管通常选用ϕ25mm×2.5mm、ϕ38mm×2.5mm、ϕ57mm×3.5mm 等几种规格的无缝钢管。管长通常为 0.6～2.0m，有时也选用 2m 以上的加热管。管子长度的选择应根据溶液结垢的难易程度、溶液的起泡性和厂房的高度等因素来考虑。易结垢和易起泡溶液的蒸发宜选用短管。对于降膜式蒸发器而言，为了保证末效的周边润湿量和充分换热，管长可达到 12m。

当加热管的规格与长度确定后，可由下式初步估计所需的管子数 n'

$$n' = \frac{A}{\pi d_o (L - 0.1)} \tag{4-29}$$

式中，A 为蒸发器的传热面积，m^2，由前面的工艺计算决定；d_o为加热管外径，m；L 为加热管长度，m。

因加热管固定在管板上，考虑管板厚度所占据的传热面积，则计算管子数 n'时的管长应取（$L-0.1$）m。为完成传热任务所需的最小实际管数 n，只有在管板上排列加热管后才能确定。

4.3.2 选择循环管

循环管的截面积是根据使循环阻力尽量减小的原则来考虑的。中央循环管式蒸发器的循环管截面积可取加热管总截面积的 40%～100%。加热管的总截面积可按 n'计算，循环管内径以 D_1表示，则

$$\frac{\pi}{4}D_1^2 = (40\% \sim 100\%)n'\frac{\pi}{4}d_i^2 \tag{4-30}$$

对于加热面积较小的蒸发器，应取较大的系数。

按上式计算出 D_1后，应从管子规格中选取管径相近的标准管。循环管的管长与加热管相等，循环管的表面积不计入传热面积中。

4.3.3 确定加热室直径及加热管数目

加热室的内径取决于加热管和循环管的规格、数目及在管板上的排列方式。

加热管在管板上的排列方式有三角形、正方形、同心圆排列等，目前以三角形排列居多。管心距的数值已经标准化，见第 2 章表 2-8，设计时可选用。

加热室内径和加热管数采用作图法或估算法来确定。作图法是利用 AutoCAD 软件，确定单根加热管的直径和排列方式后，通过绘图的方式准确计算加热室内径。估算法则利用公式进行计算，如下所述。

首先通过单程管子的排列方式计算管束中心线上管数 n_c

如采用正三角形排列

$$n_c = 1.1\sqrt{n} \tag{4-31}$$

如采用正方形排列

$$n_c = 1.19\sqrt{n} \tag{4-32}$$

式中，n 为总加热管数。

然后按下式初步计算加热室内径，即

$$D_i = t(n_c - 1) + 2e \tag{4-33}$$

式中，$e = (1 \sim 1.5)d_o$。

根据初估加热室内径值和容器公称直径系列，试选一个内径作为加热室内径，并以此内径和循环管外径画同心圆，在同心圆的环隙中，按加热管的排列方式和相应的管心距作图。作图所得管数不能小于初估值，如不满足，应重选设备内径，重新计算。根据国家标准 GB/T 151—2014，壳体内径的标准尺寸列于表 4-3 中，供设计时参考。

表 4-3　壳体的相关标准尺寸　　单位：mm

壳体直径		400～700	800～1000	1100～1500	1600～2000
公称直径系列		400、500、600、700	800、900、1000	1200、1400、1600	1800、2000
最小壁厚	碳素钢、低合金钢	8	10	12	14
	高合金钢	5	7	5	10

4.3.4　确定分离室直径和高度

分离室的直径和高度取决于分离室的体积，而分离室的体积又与二次蒸汽的体积流量及蒸发体积强度有关。分离室内通常需要较低的气速，以保证上升气流不携带过量的雾滴。对于降膜式蒸发器的分离室来说，料液进入分离器的方式有切线式和蜗壳切线式两种，以保证良好的分离效果。

分离室体积的计算式为

$$V = \frac{W}{3600\rho U} \tag{4-34}$$

式中，V 为分离室的体积，m^3；W 为某效蒸发器的二次蒸汽流量，kg/s；ρ 为某效蒸发器的二次蒸汽密度，kg/m^3；U 为蒸发体积强度，$m^3/(m^3 \cdot s)$，即每立方米分离室每秒产生的二次蒸汽量，一般允许值为 1.1～1.5$m^3/(m^3 \cdot s)$。

根据蒸发器工艺计算得到各效二次蒸汽量，再从蒸发体积强度的数值范围内选取蒸发体积强度值，即可由上式计算出分离室的体积。

通常，各效的二次蒸汽量并不相同，且由于压力不同，密度也不相同，按上式算出的分离室体积也不相同，通常末效体积最大。为方便加工和安装，设计时各效分离室的尺寸可相同，取不同效中分离室体积较大的尺寸。

分离室体积确定后，其高度 H 与直径 D 符合下列关系

$$V = \frac{\pi}{4}D^2 H \tag{4-35}$$

在利用此关系式确定高度和直径时，应考虑如下原则。

① 分离室的高度与直径之比 H/D=1～2。对于中央循环管式蒸发器，其分离室的高度一般不能小于 1.8m，以保证足够的雾沫分离程度。分离室的直径也不能太小，否则二次蒸汽流速过大，将导

致严重雾沫夹带。

② 为使加工制造更为方便，分离室直径应尽量与加热室直径相同。

③ 高度和直径均应满足施工现场的安装要求。

4.3.5 确定接管尺寸

流体进出口接管的内径 d 按下式计算

$$d=\sqrt{\frac{4V_s}{\pi u}} \tag{4-36}$$

式中，V_s 为流体的体积流量，m^3/s；u 为流体的适宜流速，m/s。流体的适宜流速列于表 4-4 中，设计时可作为参考。估算出接管内径后，应从管子的标准系列中选用相近的标准管。

表 4-4 流体的适宜流速 单位：m/s

强制流动的液体	自然流动的液体	饱和蒸汽	空气及其他气体
0.8～1.5	0.08～0.15	20～30	15～20

蒸发器主要有如下接管：

① **溶液的进出口接管** 对于并流加料的三效蒸发，第一效溶液的流量最大，若各效设备采用统一尺寸，应根据第一效溶液流量来确定接管。溶液的适宜流速按强制流动考虑。为方便起见，进出口可取相同管径。

② **加热蒸汽进口与二次蒸汽出口接管** 若各效结构尺寸一致，则二次蒸汽体积流量应取各效中最大者。一般情况下，末效的体积流量最大。

③ **冷凝水出口接管** 冷凝水的排出一般属于自然流动（有泵抽出的情况除外），接管直径应由各效加热蒸汽消耗量最大者确定。

④ **不凝性气体的排出管** 较难估算，所以通常直接选取公称直径 25～50mm 的标准管。

4.4 蒸发器的附属设备

蒸发器的附属设备主要包括汽液分离器、蒸汽冷凝器、真空泵等。

4.4.1 汽液分离器

蒸发操作时，二次蒸汽中夹带大量的液体，虽在分离室中得到初步分离，但为了防止损失有用的产品或防止污染冷凝液体，还需设置汽液分离器，以使雾沫中的液体聚集并与二次蒸汽分离，故汽液分离器又称为捕沫器或除沫器。

汽液分离器类型很多，设置在蒸发器分离室顶部的有简易式、惯性式及丝网式除沫器等，设置在蒸发器外部的有折流式、旋流式及离心式除沫器等。

惯性式除沫器是利用带有液滴的二次蒸汽在突然改变运动方向时，液滴因惯性作用而与蒸汽分离。其结构简单，中小型工厂中应用较多，其主要尺寸可按下列关系确定

$$D_0 \approx D_1 \tag{4-37}$$

$$D_1 : D_2 : D_3 = 1 : 1.5 : 2 \tag{4-38}$$

$$H = D_3 \tag{4-39}$$

$$h = (0.4 \sim 0.5) D_1 \tag{4-40}$$

式中，D_0为二次蒸汽的管径，m；D_1为除沫器内管的直径，m；D_2为除沫器外罩管的直径，m；D_3为除沫器外壳直径，m；H为除沫器的总高度，m；h为除沫器内管顶部与蒸发器顶的距离，m。

丝网式除沫器是让蒸汽通过大比表面积的丝网，使液滴附在丝网表面而除去。其除沫效果好，丝网空隙率大，蒸汽通过时压降小，因而丝网式除沫器应用广泛。在雾沫量不是很大或雾滴不是很小的情况下，这种除沫器的效率可达到99%以上。

各种汽液分离器的性能列于表4-5中，设计时可作为参考。

表4-5　各种汽液分离器的性能

型式	捕集雾滴的直径/μm	压降/Pa	分离效率/%	流速范围/（m/s）
简易式	>50	98～147	80～88	3～5
惯性式	>50	196～588	85～90	12～25（常压、进口），>25（减压、进口）
丝网式	>5	245～735	98～100	1～4
波纹折板式	>15	186～785	90～99	3～10
旋流式	>50	392～735	85～94	12～25（常压、进口），>25（减压、进口）
离心式	>50	约196	>90	3～4.5

4.4.2　蒸汽冷凝器

蒸汽冷凝器的作用是用冷却水将二次蒸汽冷凝。当二次蒸汽为有价值的需要回收的产品或严重污染冷却水时，应采用间壁式冷却器，如列管式、板式、螺旋管式及淋水管式等。当二次蒸汽为水蒸气且不需要回收时，可采用直接接触式冷凝器，如多孔板式、水帘式、填充塔式及水喷射式等。二次蒸汽与冷却水直接接触进行热交换的方式，其冷凝效果好、结构简单、操作方便、价格低廉，因此被广泛采用。

列管式冷凝器广泛用于间接式冷凝系统中，特别是在乳品工业中，其特点是二次蒸汽与冷却水不接触。所以，这种系统没有冷却水污染的问题。通常二次蒸汽在壳程流动，冷却水在管程流动，可分为立式和卧式两种。进入冷凝器的汽体包括末效的二次蒸汽和各效通过不凝气管道进入的蒸汽，后一部分蒸汽可按每效加热蒸汽量的0.2%～1%选取。

图4-14所示是常用直接接触式蒸汽冷凝器的结构简图，包括多层多孔板式、水帘式、填充塔式、水喷射式四种型式。

多层多孔板式是目前广泛使用的型式之一，其结构如图4-14（a）所示。冷凝器内部装有4～9块不等距的多孔板，冷却水通过板上小孔分散成液滴而与二次蒸汽接触，接触面积大，冷凝效果好。但多孔板易堵塞，且二次蒸汽在折流过程中压力增大，所以也采用压力较小的单层多孔板式冷凝器，但冷凝效果较差。被冷凝的蒸汽从下部进入冷凝器，在多孔板的圆缺部分及板间迂回并曲折而上，与多孔板上流下的液滴及圆缺边缘堰上流下的水帘充分接触混合，达到冷凝效果。未被冷凝的不凝气体，则从顶部排出，分离所携带的液滴后与真空系统相连。蒸汽冷凝液与冷却水混合后，从下部进入大气腿排出。多孔板式冷凝器安装时，为了保持冷凝器内的真空度，同时又能保证冷凝器内的混合水自动排出，要把冷凝器置于高位，而且它的大气腿排水口必须浸没在水封槽中。

水帘式冷凝器的结构如图 4-14（b）所示。器内装有 3～4 对固定的圆形和环形隔板，使冷却水在各板间形成水帘，二次蒸汽通过水帘时被冷凝。其结构简单，但压降较大。

填充塔式冷凝器的结构如图 4-14（c）所示。塔内上部装有多孔板式液体分布板，塔内装填拉西瓷环填料。冷水与二次蒸汽在填料表面接触，提高了冷凝效果。适用于二次蒸汽量较大及冷凝具有腐蚀性气体的情况。

水喷射式冷凝器的结构如图 4-14（d）所示。由水室、喷嘴、喷嘴座板、蒸发室、喉管及尾管等组成。其工作原理是具有一定工作压力的冷却水从水室经喷嘴喷出，形成高速射流。射流的卷吸作用和湍动扩散作用使冷却水与二次蒸汽充分接触，将二次蒸汽冷凝，同时将不凝气带走，使喷射冷凝器同时实现冷凝和排气两个作用，无需再用真空泵排气。

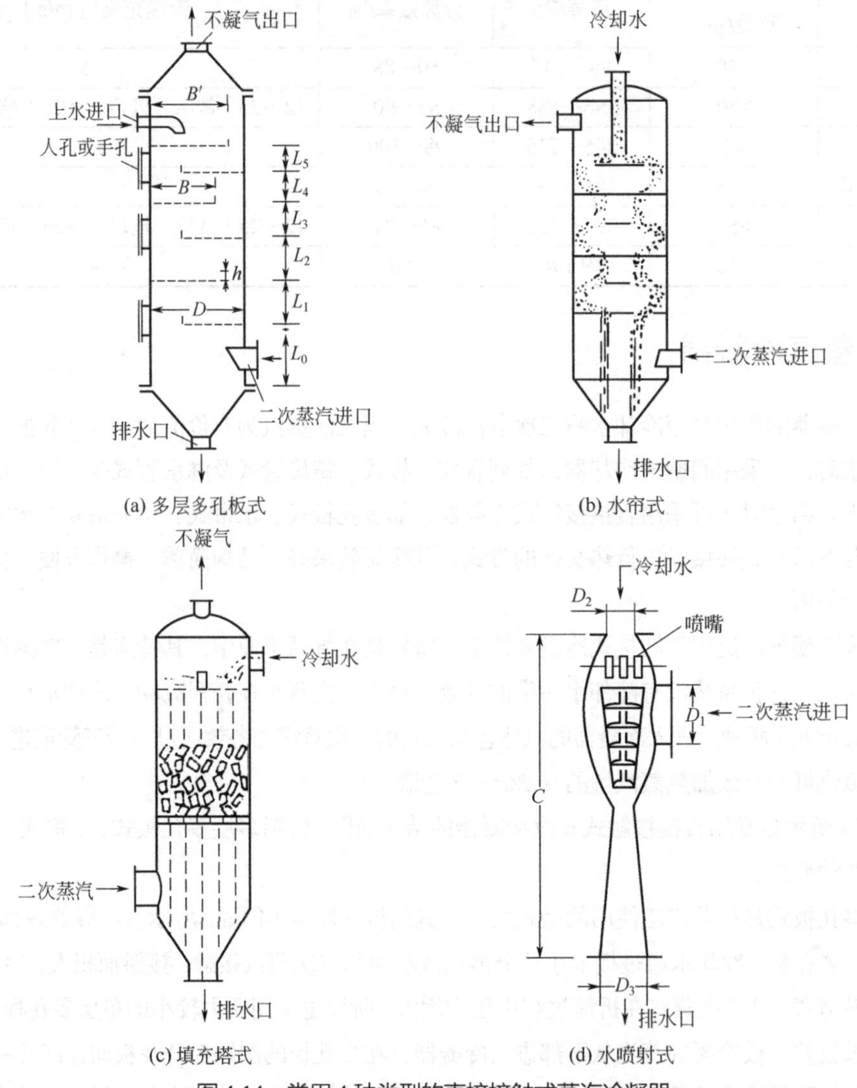

图 4-14　常用 4 种类型的直接接触式蒸汽冷凝器

各种型式蒸汽冷凝器的性能列于表 4-6 中，设计时可作为参考。

表 4-6　蒸汽冷凝器的性能

冷凝器型式	多层多孔板式	单层多孔板式	水帘式	填充塔式	水喷射式
水汽接触面积	大	较小	较大	大	最大
压降	1067～2000Pa	小，可不计	1333～3333Pa	较小	大
塔径范围	大小均可	不宜过大	≤350mm	≤100mm	二次蒸汽量<2t/h
结构与要求	较简单	简单	较简单，安装有一定要求	简单	不简易，加工有一定的要求
水量	较大	较大	较大	较大	最大
其他	孔易堵塞			适用于腐蚀性蒸汽的冷凝	

4.4.3　真空泵

当蒸发器采用真空蒸发时，为了维护蒸发系统内的负压，必须设置真空泵，以排除漏入系统内的空气和其他不凝性气体。一般来说，蒸发过程的真空度不高，约为 680～710mmHg（1mmHg≈133.322Pa），属于粗真空范围。蒸发器中所用的真空泵主要是机械式和喷射式真空泵两类。

（1）机械式真空泵

机械式真空泵包括往复式与水环式。往复式真空泵能达到较高的真空度，效率也较高，但不宜用于有腐蚀性气体的场合。水环式真空泵的效率与能达到的真空度都较低，但它运动部件少，加工精度要求不高，而且对气体中夹带的液体也没有严格的限制，其中水环对气体中的蒸汽还有补充冷凝作用，所以在液体食品蒸发器中应用较多。

（2）喷射式真空泵

常用的喷射式真空泵有水喷射泵、水-汽串联喷射泵、蒸汽喷射泵。水喷射真空泵即为前述的水喷射冷凝器，它可分为高位与低位两种，一般认为高位的真空度高，也稳定，在蒸发器中起冷凝与抽真空的作用。水-汽串联喷射泵的真空度比水喷射泵高 20～35mmHg。蒸汽喷射泵与前述的热压泵作用原理相同，其吸入压力较低，蒸汽消耗量较大，但结构简单，在要求 750～755mmHg 真空度时可以采用，并且还可按真空度的不同要求，设计成多级系统。

在蒸发器中，用真空泵使系统变成负压，所以需要确定真空泵的排气量。通常依据经验数据得到真空泵排气量，主要考虑蒸发系统漏入的空气量、蒸发过程中料液释放的不凝性气体量、冷却水中释放出的空气量、未被冷凝的蒸汽量等。

4.5　蒸发器设计示例一：三效 NaOH 蒸发器

本节以设计三效 NaOH 蒸发器为例，说明如何采用 Excel 程序进行多效蒸发设计。

4.5.1　设计任务

本例采用三效蒸发器将13000kg/h的NaOH水溶液从12%（质量分数，下同）浓缩到30%。原料液预热到沸点后再进料，加热生蒸汽的压力为500kPa（绝压），冷凝器的压力为20kPa（绝压）。根据经验，取三效的总传热系数分别为：K_1=1700W/(m^2 · ℃)，K_2=1200W/(m^2 · ℃)，K_3=500 W/(m^2 · ℃)。原料液的定压比热容为3.8kJ/(kg · ℃)，蒸发器的液面高度为1.5 m。三效溶液平均密度分别为1100kg/m^3、1250kg/m^3、1400kg/m^3。

假设采用中央循环管式蒸发器，蒸发流程为三效并流，并且各效传热面积相等，试计算蒸发器的传热面积。

4.5.2　设计计算

为了充分利用计算机及相关软件发展带来的计算优势，作者团队开发出基于Excel软件的三效并流计算程序，有利于进行参数化分析，如比较设计条件的改变对于设计结果的影响。同时，由于计算过程在Excel的工作表中有详细记录，也方便发现计算过程中可能出现的问题。因为程序化的实现依赖于公式，所以通常课程设计中查图表的过程，需要由公式计算进行替代，如NaOH溶液的沸点升高需要采用相应的简化公式计算，水蒸气的物性（如饱和蒸气压力和饱和温度的相互换算、汽化潜热及密度的计算等）也需通过公式计算。

1）估算各效蒸发量及完成液浓度

总蒸发量
$$W = F\left(1-\frac{x_0}{x_n}\right) = 13000\times\left(1-\frac{0.12}{0.30}\right) = 7800\text{kg/h}$$

因并流加料，并无额外蒸汽引出，故

$$W_1 : W_2 : W_3 = 1:1.1:1.2$$

所以总蒸发量 $W=W_1+W_2+W_3=3.3W_1$

$$W_1 = 7800/3.3 = 2363.6\text{kg/h}$$

$$W_2 = 1.1\times2363.6=2600.0\text{kg/h}$$

$$W_3= 1.2\times2363.6=2836.3\text{kg/h}$$

第一效完成液的浓度
$$x_1 = \frac{Fx_0}{F-W_1} = \frac{13000\times0.12}{13000-2363.6} = 0.147$$

第二效完成液的浓度
$$x_2 = \frac{Fx_0}{F-W_1-W_2} = \frac{13000\times0.12}{13000-2363.6-2600.0} = 0.194$$

第三效完成液的浓度
$$x_3 = 0.300$$

2）估算各效溶液的沸点和有效温差

假定各效间压降相同，故各效间的平均压降为

$$\Delta p = \frac{p_1-p_k'}{n} = \frac{500-20}{3} = 160\text{kPa}$$

则可确定各效蒸发室的压力，即

$$p_1' = p_1 - \Delta p = 500-160 = 340\text{kPa}$$

$$p_2' = p_1 - 2\Delta p = 500 - 320 = 180\text{kPa}$$

$$p_3' = 20\text{kPa}$$

已知各效的二次蒸汽压力，利用国际水和水蒸气性质协会提供的 1997 年工业用计算模型（简称 IAPWS-R7-97，见电子版附录 15 饱和水蒸气温度和压力的计算），计算得到相应的饱和温度，并利用简化公式计算汽化潜热（见电子版附录 16 水物性的计算公式），计算结果列于表 4-7。

表 4-7　二次蒸汽的温度、压力和汽化潜热

效数	二次蒸汽压力/kPa	二次蒸汽温度/℃	汽化潜热/（kJ/kg）
1	340	137.8	2151.0
2	180	116.9	2211.1
3	20	60.1	2357.6

图 4-15 为在 Excel VBA 程序中利用饱和蒸气压计算饱和温度的程序，计算方法依据 IAPWS-R7-97，所适用的蒸汽压力范围为 611Pa 至 22MPa。计算时，压力的单位为 MPa，温度的单位为 K。图 4-16 为根据饱和温度计算饱和蒸气压的程序，温度的适用范围为 273～647K，计算所用单位与图 4-15 中相同。

```
Public Function P_to_T(pressure)

n1 = 1167.0521452767
n2 = -724213.16703206
n3 = -17.073846940092
n4 = 12020.82470247
n5 = -3232555.0322333
n6 = 14.91510861353
n7 = -4823.2657361591
n8 = 405113.40542057
n9 = -0.2385555756785
n10 = 650.17534844798

beta = (pressure / 1) ^ 0.25
E = beta * beta + n3 * beta + n6
F = n1 * beta * beta + n4 * beta + n7
G = n2 * beta * beta + n5 * beta + n8
D = 2 * G / (-F - (F * F - 4 * E * G) ^ 0.5)

PtoT = (n10 + D - ((n10 + D) ^ 2 - 4 * (n9 + n10 * D)) ^ 0.5) / 2

End Function
```

图 4-15　在 Excel VBA 中利用饱和蒸气压计算饱和温度的程序

```
Public Function T_to_P(temperature)

n1 = 1167.0521452767
n2 = -724213.16703206
n3 = -17.073846940092
n4 = 12020.82470247
n5 = -3232555.0322333
n6 = 14.91510861353
n7 = -4823.2657361591
n8 = 405113.40542057
n9 = -0.2385555756785
n10 = 650.17534844798

sv = (temperature / 1) + n9 / ((temperature / 1)- n10)

A = sv * sv + n1 * sv + n2
B = n3 * sv * sv + n4 * sv + n5
C = n6 * sv * sv + n7 * sv + n8

TtoP = (2 * C / (-B + (B * B - 4 * A * C) ^ 0.5)) ^ 4

End Function
```

图 4-16　在 Excel VBA 中利用饱和蒸汽温度计算饱和蒸气压的程序

以下计算由溶质、液柱静压、流动阻力导致的沸点升高。

（1）由溶质存在引起的沸点升高

根据杜林规则

$$t_B = kt_w + m$$

对于 NaOH 溶液，沸点升高的经验公式为

$$k = 1 + 0.142x$$
$$m = 150.75x^2 - 2.71x$$

式中，x 为质量分数。

第一效溶液的沸点为

$$t_{B1} = k_1 t_w + m_1 = (1 + 0.142 \times 0.147) \times 137.8 + (150.75 \times 0.147^2 - 2.71 \times 0.147) = 143.5℃$$

第二效溶液的沸点为

$$t_{B2} = k_2 t_w + m_2 = (1 + 0.142 \times 0.194) \times 116.9 + (150.75 \times 0.194^2 - 2.71 \times 0.194) = 125.3℃$$

第三效溶液的沸点为

$$t_{B3} = k_3 t_w + m_3 = (1 + 0.142 \times 0.30) \times 60.1 + (150.75 \times 0.3^2 - 2.71 \times 0.30) = 75.4℃$$

则各效由溶质引起的温度差损失为

$$\Delta 1' = t_{B1} - T_1' = 143.5 - 137.8 = 5.7℃$$
$$\Delta 2' = t_{B2} - T_2' = 125.3 - 116.9 = 8.4℃$$
$$\Delta 3' = t_{B3} - T_3' = 75.4 - 60.1 = 15.3℃$$

（2）由液柱静压力引起的沸点升高

$$p_{m1} = p_1' + \frac{\rho_{m1} gL}{2} = 340 + \frac{1100 \times 9.81 \times 1.5}{2 \times 1000} = 348.1\text{kPa}$$
$$p_{m2} = p_2' + \frac{\rho_{m2} gL}{2} = 180 + \frac{1250 \times 9.81 \times 1.5}{2 \times 1000} = 189.2\text{kPa}$$
$$p_{m3} = p_3' + \frac{\rho_{m3} gL}{2} = 20 + \frac{1400 \times 9.81 \times 1.5}{2 \times 1000} = 30.3\text{kPa}$$

根据 IAPWS-R7-97 公式，利用图 4-15 的程序，计算得到各效相应的饱和温度分别为 138.7℃、118.5℃、69.3℃，则由液柱静压力引起的温差损失为

$$\Delta 1'' = t_{m1} - t_{B1} = 138.7 - 137.8 = 0.9℃$$
$$\Delta 2'' = t_{m2} - t_{B2} = 118.5 - 116.9 = 1.6℃$$
$$\Delta 3''' = t_{m3} - t_{B3} = 69.3 - 60.1 = 9.2℃$$

（3）由流动阻力引起的温差损失

取经验值 1℃，则 $\Delta 1''' = \Delta 2''' = \Delta 3''' = 1℃$。因此，各效的总温差损失为

$$\Delta 1 = \Delta 1' + \Delta 1'' + \Delta 1''' = 5.7 + 0.9 + 1 = 7.6℃$$
$$\Delta 2 = \Delta 2' + \Delta 2'' + \Delta 2''' = 8.4 + 1.6 + 1 = 11.0℃$$
$$\Delta 3 = \Delta 3' + \Delta 3'' + \Delta 3''' = 15.3 + 9.2 + 1 = 25.5℃$$

各效的溶液沸点为

$$t_1 = T_1' + \Delta 1 = 137.8 + 7.6 = 145.4℃$$
$$t_2 = T_2' + \Delta 2 = 116.9 + 11.0 = 127.9℃$$
$$t_3 = T_3' + \Delta 3 = 60.1 + 25.5 = 85.6℃$$

有效总温差为

$$\sum \Delta t=(T_1-T_k')-\sum \varDelta=(151.8-60.1)-(7.6+11.0+25.5)=47.6℃$$

500kPa 加热蒸汽对应的饱和温度为 151.8℃，对应的汽化潜热为 2108.4 kJ/kg。

3）加热蒸汽和各效蒸发量的初步计算

根据式（4-16）和式（4-17）可得出四个方程式，联立求解可得到加热蒸汽量 D_1 和三效的蒸发量（W_1、W_2、W_3）。在 Excel 程序中，利用矩阵求逆函数 MINVERSE，再利用矩阵相乘函数 MMULT，即得这四个未知量的解。

NaOH 蒸发中各效的热利用系数，计算如下

$$\eta_1=0.98-0.7\Delta x_1=0.98-0.7\times(0.147-0.12)=0.961$$

$$\eta_2=0.98-0.7\Delta x_2=0.98-0.7\times(0.194-0.147)=0.947$$

$$\eta_3=0.98-0.7\Delta x_3=0.98-0.7\times(0.300-0.194)=0.906$$

根据各效热量衡算和物料衡算，得到以下四式

$$W_1-0.9418\,D_1=0$$

$$-0.8882W_1+W_2=390.98$$

$$0.07512W_1-0.7746W_2+W_3=886.33$$

$$W_1+W_2+W_3=7800$$

求解得到

$$D_1=2640\text{kg/h},\quad W_1=2487\text{kg/h},\quad W_2=2600\text{kg/h},\quad W_3=2713\text{kg/h}$$

4）估算蒸发器的传热面积

$$A_1=\frac{Q_1}{K_1\Delta t_1}=\frac{2640\times2108.4\times1000}{3600\times1700\times(151.8-145.4)}=14.2.1\text{m}^2$$

$$A_2=\frac{Q_2}{K_2t_2}=\frac{2487\times2151\times1000}{3600\times1200\times(137.8-127.9)}=125.1\text{m}^2$$

$$A_3=\frac{Q_3}{K_3\Delta t_3}=\frac{2600\times2211\times1000}{3600\times500\times(116.9-85.6)}=102.0\text{m}^2$$

相对误差为

$$1-\frac{A_{\min}}{A_{\max}}=1-\frac{102.0}{142.1}=0.28>0.04$$

误差较大，所以需要调整各效有效温差，确保各效计算面积相对误差小于 4%。

5）有效温差的再分配

$$A=\frac{A_1\Delta t_1+A_2\Delta t_2+A_3\Delta t_3}{\sum\Delta t}=\frac{142.1\times6.4+125.1\times9.9+102.0\times31.3}{47.6}=112.2\text{m}^2$$

则各效的有效温差为

$$\Delta t_1'=\frac{A_1}{A}\Delta t_1=\frac{142.1}{112.2}\times6.4=8.1℃$$

$$\Delta t_2'=\frac{A_2}{A}\Delta t_2=\frac{125.1}{112.2}\times9.9=11.0℃$$

$$\Delta t_3'=\frac{A_3}{A}\Delta t_3=\frac{102.0}{112.2}\times31.3=28.5℃$$

6）重复上述计算步骤

（1）计算各效溶液浓度

根据上述第三步所得各效蒸发量，重新确定各效溶液的浓度。第一效完成液的浓度

$$x_1=\frac{Fx_0}{F-W_1}=\frac{13000\times0.12}{13000-2487}=0.148$$

第二效完成液的浓度 $$x_2=\frac{Fx_0}{F-W_1-W_2}=\frac{13000\times0.12}{13000-2487-2600}=0.197$$

（2）计算各效溶液温度

因末效（即第三效）完成液的浓度和二次蒸汽压力均不变，各种温差损失视为恒定，则第三效溶液的温度仍为85.6℃，所以第三效加热蒸汽的温度为

$$T_3=t_3+\Delta t_3'=85.6+28.5=114.1℃$$

由第二效二次蒸汽温度为 115.1℃（考虑管路流动阻力损失后的值），及第二效溶液的浓度为0.197，可计算得到溶液沸点升高到122.6℃。由液柱静压力及流动阻力而引起的温差损失视为不变，故第二效溶液的温度为

$$t_2=t_2'+\Delta 2''+\Delta 2'''=122.6+1.6+1=125.2℃$$

第二效加热蒸汽的温度为

$$T_2=t_2+\Delta t_2'=125.2+11.0=136.2℃$$

由第一效二次蒸汽温度为 137.2℃（考虑管路流动阻力损失后的值），及第一效溶液的浓度为0.148，可计算得到溶液沸点升高到142.0℃。由液柱静压力及流动阻力而引起的温差损失视为不变，故第一效溶液的温度为

$$t_1=t_1'+\Delta 1''+\Delta 1'''=142.0+0.9+1=143.9℃$$

第一效加热蒸汽的温度为

$$T_1=t_1+\Delta t_1'=143.9+8.1=152.0℃$$

由已知条件，加热蒸汽压力为500kPa，对应的饱和温度为151.8℃，两个数值相差很小，故计算结果可靠。

温差重新分配后各效温度情况如表4-8所示。

表4-8　温差重新分配后三效NaOH蒸发器的温度条件

参数	效数		
	1	2	3
加热蒸汽温度/℃	T_1=152.0	T_2=136.2	T_3=114.1
温差/℃	$\Delta t_1'=8.1$	$\Delta t_2'=11.0$	$\Delta t_3'=28.5$
溶液沸点/℃	t_1=143.9	t_2=125.2	t_3=85.6

（3）各效热量衡算

重新计算各效的热利用系数，如下

$$\eta_1=0.98-0.7\Delta x_1=0.98-0.7\times(0.148-0.12)=0.960$$

$$\eta_2=0.98-0.7\Delta x_2=0.98-0.7\times(0.197-0.148)=0.946$$

$$\eta_3=0.98-0.7\Delta x_3=0.98-0.7\times(0.3-0.197)=0.908$$

根据式（4-16）和式（4-17）可得出4个新的方程式

$$W_1-0.9388D_1=0$$

$$-0.8839W_1+W_2=416.3$$

$$0.0703W_1-0.7842W_2+W_3=829.7$$

$$W_1+W_2+W_3=7800$$

联立并求解得到

$$D_1=2646\text{kg/h},\quad W_1=2484\text{kg/h},\quad W_2=2612\text{kg/h},\quad W_3=2703\text{kg/h}$$

与第三步计算结果比较，各效蒸发量的相对误差如下

$$\text{第一效}\left|1-\frac{2487}{2484}\right|=0.001\text{；第二效}\left|1-\frac{2600}{2612}\right|=0.005\text{；第三效}\left|1-\frac{2712}{2703}\right|=0.003$$

计算蒸发量的相对误差均小于4%，故结果可靠。

（4）蒸发器传热面积计算

$$A_1=\frac{Q_1}{K_1\Delta t_1}=\frac{2646\times2108.4\times1000}{3600\times1700\times(152.0-143.9)}=112.5\text{m}^2$$

$$A_2=\frac{Q_2}{K_2\Delta t_2}=\frac{2484\times2155.9\times1000}{3600\times1200\times(136.2-125.2)}=112.7\text{m}^2$$

$$A_3=\frac{Q_3}{K_3\Delta t_3}=\frac{2612\times2218.8\times1000}{3600\times500\times(114.1-85.6)}=113.0\text{m}^2$$

相对误差为

$$1-\frac{A_{\min}}{A_{\max}}=1-\frac{112.5}{113.0}=0.004<0.04$$

误差较小，符合要求，故取平均传热面积112.7m^{2}作为计算结果。

考虑到安全系数，设计时取计算面积的1.15～1.25倍作为蒸发器的传热面积，本例中取1.2，则选定的传热面积为135.2m^2。

4.5.3 设计结果汇总

设计结果如表4-9所示。

表4-9 三效NaOH溶液蒸发器的计算结果

参数	单位	第一效	第二效	第三效
加热蒸汽压力	kPa	500.0	324.3	164.3
加热蒸汽温度	℃	151.8	136.2	114.1
二次蒸汽压力	kPa	335.8	169.7	21.0
二次蒸汽温度	℃	137.2	115.1	61.1
溶液沸点	℃	143.9	125.2	85.6
完成液浓度	%	14.8	19.7	30.0
蒸发量	kg/h	2484	2612	2703
生蒸汽耗量	kg/h	2646	—	—
计算传热面积	m^2	112.7	112.7	112.7
安全系数	—	1.2	1.2	1.2
选定传热面积	m^2	135.2	135.2	135.2

4.6 蒸发器设计示例二：三效黑液蒸发器

4.6.1 设计任务

本例设计采取麦草浆黑液蒸发中常用的三管两板式系统。黑液浓度高时管式蒸发器传热系数低，而板式蒸发器在黑液高浓度时可保持高传热系数，同时也可减少结垢。板式为第一效和第二效蒸发器，管式为第三效、第四效和第五效蒸发器，采用混流流程：3→4→5→2→1。本节只关注三个管式蒸发器的设计，将 4.0×10^4kg/h 的黑液由 11.18%（质量分数，下同，对应的波美度为 8）浓缩到 25%（对应的波美度为 17.2），之后采用板式降膜蒸发器浓缩。原料液在沸点时进料，加热蒸汽的压力为 140kPa（绝压）。原料液的定压比热容为 3.906kJ/(kg・℃)，蒸发器的液面高度为 1.2m，溶液平均密度为 1120kg/m³。三效管式蒸发器的总传热系数分别为 1500W/(m²・℃)、1000W/(m²・℃)、900W/(m²・℃)。

采用长管升膜蒸发器，并假设三效的传热面积相等，试计算蒸发器传热面积。

4.6.2 设计计算

本节的计算与 4.5.2 节的计算类似。根据设计任务，为叙述方便，以下设计计算中的第一效、第二效和第三效蒸发器分别对应总工艺流程的第三效、第四效和第五效蒸发器。

1）估算各效蒸发量及完成液浓度

总蒸发量
$$W=F\left(1-\frac{x_0}{x_n}\right)=40000\times\left(1-\frac{0.1118}{0.25}\right)=22112\text{kg/h}$$

因并流加料，并无额外蒸汽引出，故
$$W_1:W_2:W_3=1:1.1:1.2$$

所以总蒸发量
$$W=W_1+W_2+W_3=3.3W_1$$

$$W_1=22112/3.3=6700.6\text{kg/h}$$
$$W_2=1.1\times6700.6=7370.7\text{kg/h}$$
$$W_3=1.2\times6700.6=8040.7\text{kg/h}$$

第一效完成液的浓度
$$x_1=\frac{Fx_0}{F-W_1}=\frac{40000\times0.1118}{40000-6700.6}=0.134$$

第二效完成液的浓度
$$x_2=\frac{Fx_0}{F-W_1-W_2}=\frac{40000\times0.1118}{40000-6700.6-7370.7}=0.172$$

第三效完成液的浓度
$$x_3=0.25$$

2）估算各效溶液的沸点和有效温差

假定各效间压降相同，冷凝器压力设为 19kPa，故各效间的平均压降为
$$\Delta p=\frac{p_1-p_k'}{n}=\frac{140-19}{3}=40.3\text{kPa}$$

则可确定各效蒸发室的压力，即
$$p_1'=p_1-\Delta p=140-40.3=99.7\text{kPa}$$

$$p_2' = p_1 - 2\Delta p = 140 - 80.6 = 59.4\text{kPa}$$

$$p_3' = 19\text{kPa}$$

已知各效的二次蒸汽压力，利用国际水和水蒸气性质协会提供的 1997 年工业用计算模型（简称 IAPWS-R7-97，见电子版附录 15 饱和水蒸气温度和压力的计算），计算得到相应的饱和温度，并利用简化公式计算汽化潜热（见电子版附录 16 水物性的计算公式），列于表 4-10。详细的计算方法已在 4.5.2 节中论述。

表 4-10　二次蒸汽的温度、压力和汽化潜热

效数	二次蒸汽压力/kPa	二次蒸汽温度/℃	汽化潜热/（kJ/kg）
1	99.7	99.5	2258.1
2	59.4	85.7	2293.8
3	19.0	59.0	2360.3

以下计算由溶质、液柱静压力和流动阻力导致的沸点升高。

（1）由溶质存在引起的沸点升高

根据文献中的数据，如表 4-11 所示。

表 4-11　麦草浆黑液浓度变化与沸点升高关系

浓度（波美度 *B*）	11.2	23	29.5	33
沸点/℃	101.1	103.6	104.3	106.2

根据表 4-11 的数据，得到如下回归关系式（决定系数 R^2 为 0.959），用于黑液沸点升高的计算

$$t_B = 0.0036B^2 + 0.0559B + 100.07$$

式中，B 为波美度。

黑液波美度与浓度的关系式为

$$x = 1.51B - 0.9$$

式中，x 为黑液的质量分数。

由以上两个公式所得为常压下的沸点升高，在不同操作压力下的沸点升高利用式（4-9）进行计算。

第一效溶液的沸点为　　$t_{B1} = 100.4℃$

第二效溶液的沸点为　　$t_{B2} = 86.8℃$

第三效溶液的沸点为　　$t_{B3} = 60.6℃$

则各效由于溶质引起的温差损失为

$$\Delta 1' = t_{B1} - T_1' = 100.4 - 99.5 = 0.9℃$$

$$\Delta 2' = t_{B2} - T_2' = 86.8 - 85.7 = 1.1℃$$

$$\Delta 3' = t_{B3} - T_3' = 60.6 - 59.0 = 1.6℃$$

（2）由液柱静压力引起的沸点升高

$$p_{m1} = p_1' + \frac{\rho_{m1} gL}{2} = 106.1\text{kPa}$$

$$p_{m2} = p_2' + \frac{\rho_{m2} gL}{2} = 66.0\text{kPa}$$

$$p_{m3} = p_3' + \frac{\rho_{m3} gL}{2} = 25.8\text{kPa}$$

根据 IAPWS-R7-97 公式，利用图 4-15 的程序，计算得到各效相应的饱和温度分别为 101.3℃、88.3℃、65.6℃，则由液柱静压力引起的温差损失为

$$\varDelta 1'' = t_{m1} - t_{B1} = 101.3 - 99.5 = 1.8℃$$

$$\varDelta 2'' = t_{m2} - t_{B2} = 88.4 - 85.7 = 2.7℃$$

$$\varDelta 3'' = t_{m3} - t_{B3} = 65.7 - 59.0 = 6.7℃$$

（3）由流动阻力引起的温差损失

取经验值 1℃，则 $\varDelta 1''' = \varDelta 2'' = \varDelta 3'' = 1℃$。因此，各效的总温差损失为

$$\varDelta 1 = \varDelta 1' + \varDelta 1'' + \varDelta 1''' = 0.9 + 1.8 + 1 = 3.7℃$$

$$\varDelta 2 = \varDelta 2' + \varDelta 2'' + \varDelta 2''' = 1.1 + 2.7 + 1 = 4.8℃$$

$$\varDelta 3 = \varDelta 3' + \varDelta 3'' + \varDelta 3''' = 1.6 + 6.7 + 1 = 9.3℃$$

各效的溶液沸点为

$$t_1 = T_1' + \varDelta 1 = 99.5 + 3.7 = 103.2℃$$

$$t_2 = T_2' + \varDelta 2 = 85.7 + 4.8 = 90.5℃$$

$$t_3 = T_3' + \varDelta 3 = 59.0 + 9.3 = 68.3℃$$

有效总温差为

$$\sum \Delta \mathrm{t} = \left(T_1 - T_k'\right) - \sum \varDelta = (109.3 - 59.0) - (3.7 + 4.8 + 9.3) = 32.5℃$$

T_1 为加热蒸汽 140kPa 对应的饱和温度 109.3℃，对应的汽化潜热为 2231.9kJ/kg。

3）加热蒸汽和各效蒸发量的初步计算

根据式（4-16）和式（4-17）可得出四个方程式，联立求解可得到加热蒸汽 D_1 和三效的蒸发量（W_1、W_2、W_3）。在 Excel 程序中，利用矩阵求逆函数 MINVERSE，再利用矩阵相乘函数 MMULT，即得这四个未知量的解。

黑液蒸发中各效的热利用系数，计算如下

$$\eta_1 = 0.98 - 0.7\Delta x_1 = 0.964$$

$$\eta_2 = 0.98 - 0.7\Delta x_2 = 0.953$$

$$\eta_3 = 0.98 - 0.7\Delta x_3 = 0.926$$

根据各效热量衡算和物料衡算，得到以下四式

$$W_1 - 0.9528D_1 = 0$$

$$-0.9150W_1 + W_2 = 865.0$$

$$0.0394W_1 - 0.859W_2 + W_3 = 1469.5$$

$$W_1 + W_2 + W_3 = 22112$$

求解得到

D_1=7504kg/h，　W_1=7150kg/h，　W_2=7407kg/h，　W_3=7555kg/h

4）估算蒸发器的传热面积

$$A_1 = \frac{Q_1}{K_1 \Delta t_1} = 508.4\mathrm{m}^2, \quad A_2 = \frac{Q_2}{K_2 \Delta t_2} = 498.3\mathrm{m}^2, \quad A_3 = \frac{Q_3}{K_3 \Delta t_3} = 301.4\mathrm{m}^2$$

相对误差为

$$1 - \frac{A_{\min}}{A_{\max}} = 1 - \frac{301.4}{508.4} = 0.41 > 0.04$$

误差较大，所以需要调整各效有效温差，确保各效计算面积相对误差小于4%。

5）有效温差的再分配

$$A=\frac{A_1\Delta t_1+A_2\Delta t_2+A_3\Delta t_3}{\sum\Delta t}=394.8\text{m}^2$$

则各效的有效温差为

$$\Delta t_1'=\frac{A_1}{A}\Delta t_1=7.9℃ ,\qquad \Delta t_2'=\frac{A_2}{A}\Delta t_2=11.4℃ ,\qquad \Delta t_3'=\frac{A_3}{A}\Delta t_3=13.3℃$$

6）重复上述计算步骤

（1）计算各效溶液浓度

根据上述第三步所得各效蒸发量，重新确定各效溶液的浓度。第一效完成液的浓度

$$x_1=\frac{Fx_0}{F-W_1}=0.136$$

第二效完成液的浓度

$$x_2=\frac{Fx_0}{F-W_1-W_2}=0.176$$

（2）计算各效溶液温度

因末效（即第三效）完成液的浓度和二次蒸汽压力均不变，各种温差损失视为恒定，则第三效溶液的温度仍为68.3℃。所以第三效加热蒸汽的温度为

$$T_3=t_3+\Delta t_3'=68.3+13.3=81.6℃$$

由第二效二次蒸汽温度为 82.6℃（考虑管路流动阻力损失后的值），及第二效溶液的浓度为0.176，可计算得到溶液沸点升高 1.1℃。由液柱静压力及流动阻力引起的温差损失视为不变，故第二效溶液的温度为

$$t_2=t_2'+\varDelta 2''+\varDelta 2'''=82.6+1.1+2.7=86.4℃$$

第二效加热蒸汽的温度为

$$T_2=t_2+\Delta t_2'=86.4+11.4=97.8℃$$

采用同样的方法，第一效溶液的温度为

$$t_1=t_1'+\varDelta 1''+\varDelta 1''=98.7+1.7+1=101.4℃$$

第一效加热蒸汽的温度为

$$T_1=t_1+\Delta t_1'=101.4+7.9=109.3℃$$

由已知条件140kPa加热蒸汽温度对应的饱和温度为109.3℃，此两个数值相同，故计算结果可靠。

温差重新分配后各效温度情况如表4-12所示。

（3）各效热量衡算

各效的热利用系数重新计算，如下

$$\eta_1=0.98-0.7\Delta x_1=0.963$$

$$\eta_2=0.98-0.7\Delta x_2=0.952$$

$$\eta_3=0.98-0.7\Delta x_3=0.928$$

表 4-12　温差重新分配后三效黑液蒸发器的温度条件

参数	效数		
	1	2	3
加热蒸汽温度/℃	T_1=109.3	T_2=97.8	T_3=81.6
温差/℃	$\Delta t_1' = 7.9$	$\Delta t_2' = 11.4$	$\Delta t_3' = 13.3$
溶液沸点/℃	t_1=101.4	t_2=86.4	t_3=68.3

根据式（4-16）和式（4-17）可得出四个新的方程式：

$$W_1-0.9499D_1=0$$

$$-0.9073W_1+W_2=1023.8$$

$$0.0321W_1-0.8739W_2+W_3=1198.1$$

$$W_1+W_2+W_3=22112$$

联立，求解得到

$$D_1=7494\text{kg/h},\quad W_1=7119\text{kg/h},\quad W_2=7483\text{kg/h},\quad W_3=7509\text{kg/h}$$

与第三步计算结果比较，各效蒸发量的相对误差如下

$$\text{第一效}\left|1-\frac{7150}{7119}\right|=0.004\text{；}\quad \text{第二效}\left|1-\frac{7407}{7483}\right|=0.010\text{；}\quad \text{第三效}\left|1-\frac{7555}{7509}\right|=0.006$$

计算蒸发量的相对误差均小于4%，故结果可靠。

（4）蒸发器传热面积计算

$$A_1=\frac{Q_1}{K_1\Delta t_1}=392.1\text{m}^2\text{，}\quad A_2=\frac{Q_2}{K_2\Delta t_2}=392.5\text{m}^2\text{，}\quad A_3=\frac{Q_3}{K_3\Delta t_3}=400.2\text{m}^2$$

相对误差为

$$1-\frac{A_{\min}}{A_{\max}}=1-\frac{392.1}{400.2}=0.02<4\%$$

符合要求，取平均传热面积 395.0m² 作为计算结果。

考虑到安全系数，设计时取计算面积的 1.15～1.25 倍作为蒸发器的传热面积，本例中取 1.2，则选定的传热面积为 474.0m²。

4.6.3　设计结果汇总

设计结果如表 4-13 所示。

表 4-13　三效黑液蒸发器的计算结果

参数	单位	第一效	第二效	第三效
加热蒸汽压力	kPa	140.0	93.7	50.6
加热蒸汽温度	℃	109.3	97.8	81.6
二次蒸汽压力	kPa	97.2	52.6	19.9
二次蒸汽温度	℃	98.8	82.6	60.0
溶液沸点	℃	101.5	86.4	68.3
完成液浓度	—	0.136	0.176	0.250
蒸发量	kg/h	7119	7483	7509
生蒸汽耗量	kg/h	7494	—	—
计算传热面积	m²	395.0	395.0	395.0
安全系数	—	1.2	1.2	1.2
选定传热面积	m²	474.0	474.0	474.0

4.7 蒸发器设计任务两则

设计任务 1　NaOH 溶液蒸发器设计

（1）设计题目

NaOH 溶液三效蒸发器设计

（2）设计任务及操作条件

物料条件：处理量 1.5×10^5t/a NaOH 水溶液，原料液浓度 10%，完成液浓度 35%，每年按 300 天计，每天 24h 连续运行

压力条件：加热蒸汽压力 500kPa（绝压），冷凝器压力 14kPa（绝压）

总传热系数：三效的数值分别为 1400W/(m^2 • ℃)、1100W/(m^2 • ℃)、600W/(m^2 • ℃)

其他条件：假设三效蒸发器面积相同，其他参数根据化工工艺和设备手册确定

（3）设计内容

设计方案：包括确定工艺流程及蒸发器型式等

工艺计算：主要确定蒸发器所需的面积

结构设计：对蒸发器进行主要结构设计

图纸绘制：绘制蒸发系统的工艺流程图

总结：对蒸发系统的设计进行评述

设计任务 2　黑液蒸发器设计

（1）设计题目

麦草浆黑液蒸发器设计

（2）设计任务及操作条件

物料条件：采用三管两板系统，只设计其中三管（即三效）升膜蒸发器，处理量 48t/h 麦草浆黑液，原料液浓度 10%，完成液浓度 22%

压力条件：加热蒸汽压力 145kPa（绝压），冷凝器压力 20kPa（绝压）

总传热系数：三效的数值分别为 1700W/(m^2 • ℃)、1150W/(m^2 • ℃)、1000W/(m^2 • ℃)

其他条件：假设三效蒸发器面积相同，其他参数根据造纸工艺和化工设备手册确定

（3）设计内容

设计方案：包括确定工艺流程及蒸发器型式等

工艺计算：主要确定蒸发器所需的面积

结构设计：对蒸发器进行主要结构设计

图纸绘制：绘制蒸发系统的工艺流程图

总结：对蒸发系统的设计进行评述

参考文献

[1] The International Association for the Properties of Water and Steam（IAPWS）. Revised Release on the

IAPWS Industrial Formulation 1997 for the Thermodynamic Properties of Water and Steam (2012) [EB/OL]. [2021-01-03]，http://www.iapws.org.

[2] POPIEL C O，WOJTKOWIAK J. Simple Formulas for Thermophysical Properties of Liquid Water for Heat Transfer Calculations (from 0℃ to 150℃) [J]. Heat Transfer Engineering，1998，19 (3)：87-101.

[3] 夏清，贾绍义. 化工原理（上）[M]. 2版. 天津：天津大学出版社，2012.

[4] 张珂，俞正千. 麦草浆碱回收技术指南[M]. 北京：中国轻工业出版社，1999.

本章符号说明

符号	名称	单位	符号	名称	单位
A	换热面积	m^2	r_i	第 i 效加热蒸汽的汽化潜热	kJ/kg
b	壁厚	m	R_s	垢层热阻	$(m^2 \cdot ℃)/W$
B	波美度	°	Re	雷诺数	无量纲
c_p	流体的平均定压比热容	J/(kg·℃)	T	温度	℃
D	加热蒸汽量	kg/h	TD	糖度	Bx
	换热器的外壳内径	m	t_B	溶液的沸点	℃
d	管径	m	t	管子中心距	m
F	原料液量	kg/h	U	蒸发体积强度	$m^3/(m^3 \cdot s)$
f	沸点升高校正系数	无量纲	u	流体流速	m/s
g	重力加速度	m/s^2	V	分离室容积	m^3
G	冷却水流量	kg/h		体积流量	m^3/s
H	容器的高度	m	V	下标，表汽相	
h	焓	J/kg	W	总蒸发量	kg/h
	距离	m	x	溶液质量分数	
i	下标，表第 i 效		x_0	原料液溶质的质量分数	
k	杜林直线斜率		x_n	最后一效完成液的质量分数	
K	总传热系数	$W/(m^2 \cdot ℃)$	α	对流传热系数	$W/(m^2 \cdot ℃)$
L	管长	m	α_o	管外蒸汽的对流传热系数	$W/(m^2 \cdot ℃)$
L	下标，表液相		λ	热导率	W/(m·℃)
n_c	管束中心线上的管数		Δ	温差损失	℃
Δp	各效加热蒸汽压力与二次蒸汽压力之差	Pa	Δ'	由溶质的存在引起的温差损失	℃
p_1	第 1 效加热蒸汽的压力	Pa	Δ''	由液柱静压力引起的温差损失	℃
p_k	末效冷凝器中的压力	Pa	Δ'''	由于管路流动阻力存在引起的温差损失	℃
r	蒸汽的汽化潜热	kJ/kg	η	热利用系数	无量纲
			ρ	密度	kg/m^3
m	直线的截距	常数	ρ_m	平均密度	kg/m^3
n	管子数目	无量纲	μ	黏度	Pa·s
p	压力	Pa	Pr	普兰特数	无量纲
Q	热负荷，传热速率	W			

第 5 章

喷雾干燥装置设计

5.1 概述

干燥是指借助热能，从溶液、悬浮液、乳浊液、熔融液、膏状物、糊状物、片状物、粉粒体等湿物料中脱去湿分（水分或有机溶剂等）得到固体产品，从而便于运输、储存、加工和使用的过程。干燥操作广泛应用于化工、食品、造纸、医药和农林产品加工等领域。机械去湿（如压榨、过滤、离心分离）能耗小，但是去湿程度不高。在工业生产中，通常将机械去湿和干燥联合操作，先用机械去湿法最大限度地除去物料中的湿分，然后再将湿物料干燥，以获得预期含湿量的产品。

5.1.1 干燥装置的分类

由于被干燥物料的形状（如块状、粒状、溶液、浆状及膏糊状等）和性质（如耐热性、含水量、分散性、黏度、耐酸碱性、防爆性及湿度等）不同，生产规模和生产能力也相差很大，对干燥后的产品要求（如含水量、形状、强度及粒度等）也不尽相同，因此干燥设备必然具有多样性。干燥装置组成单元的差异、供热方式的差异、干燥器内干燥介质与物料运动状态的差异等，又决定了干燥设备结构的复杂性。

常见的分类方法有：①按操作压力分为常压型和真空型干燥器；②按操作方式分为连续式和间歇式干燥器；③按物料进入干燥器的状态分为液体、泥浆（悬浮物）、糊状物（膏状物）、预成型物、块状、颗粒状、纤维状和片状物料干燥器；④按被干燥产品的附加物性可分为危险性物料、敏感性物料和特殊形状产品干燥器；⑤按热能提供方式可分为热传导、热对流、热辐射（红外线）和介电加热干燥器（详见图 5-1）。

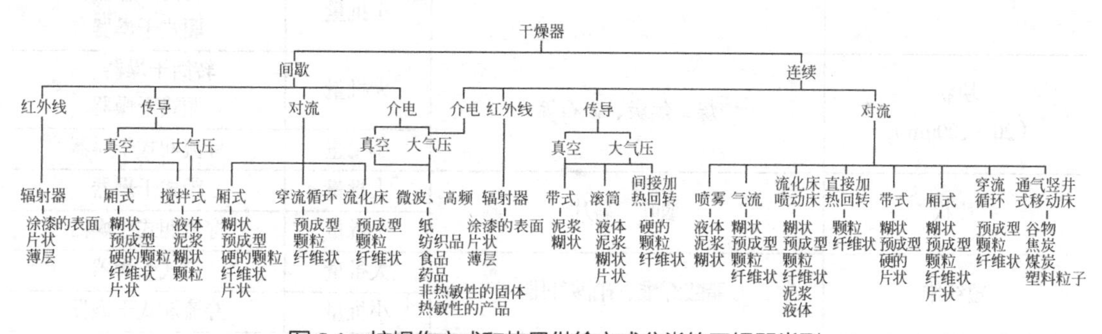

图 5-1 按操作方式和热量供给方式分类的干燥器类型

5.1.2 干燥装置的选型原则

选择干燥器时需全面考虑被干燥物料的特性、供热方式和物料-干燥介质系统的流体动力学。被干燥物料种类繁多，要求各异，决定了不可能存在一个万能的干燥器，只能选用最佳的干燥方法和干燥器型式。

在选择干燥器型式时，要考虑下列因素：

① 保证干燥产品的质量。需考虑被干燥物料的性质，如耐温性、热敏性、黏附性、吸湿性、初始和最终湿含量、毒性、可燃性、磨损性、粒度分布、颜色、光泽、气味等。如干燥食品时，产品的几何形状和粉碎程度会对产品的质量及价格有直接的影响。干燥脆性物料时应特别注意产品的粉碎与粉化。

② 要求设备的生产能力尽可能高，或者说物料达到指定干燥程度所需时间尽可能短。这需了解被干燥物料所含湿分的结构，尽可能使物料分散以降低物料的临界含水率，设法提高降速阶段的干燥速率。

③ 要求干燥器具有较高的热效率，节省热能和电能。干燥是能耗较大的单元操作，热能的利用是技术经济的重要指标。

④ 劳动强度、操作难易程度、安全环保性（粉尘或溶剂回收）、占地面积及高度等其他方面的考虑。对于易燃、易爆、有毒物料的干燥，要采取特殊的技术措施。

表 5-1 列出主要的干燥装置，供选型时参考。

表 5-1 主要干燥器的选择

湿物料的状态	物料实例	处理量	适用的干燥器
液体或泥浆状	洗涤剂、树脂溶液、盐溶液、牛奶等	大批量	喷雾干燥器
		小批量	滚筒干燥器
泥糊状	染料、颜料、硅胶、淀粉、黏土、碳酸钙等的滤饼或沉淀物	大批量	气流干燥器、带式干燥器
		小批量	真空转筒干燥器
粉粒状（0.01～20μm）	聚氯乙烯等合成树脂、合成肥料、磷肥、活性炭、石膏、钛铁矿、谷物	大批量	气流干燥器、转筒干燥器、流化床干燥器
		小批量	转筒干燥器 厢式干燥器
块状（20～100μm）	煤、焦炭、矿石等	大批量	转筒干燥器、厢式干燥器
		小批量	穿流厢式干燥器
片状	烟叶、薯片	大批量	带式干燥器
		小批量	穿流厢式干燥器
短纤维	醋酸纤维、硝酸纤维	大批量	带式干燥器
		小批量	穿流厢式干燥器
体积较大的物料或制品	陶瓷器、胶合板、皮革等	大批量	隧道干燥器
		小批量	高频干燥器

化工生产中应用最广泛的是热风对流干燥，湿空气为湿分汽化提供热量，同时把蒸发的湿分带走。本章主要介绍喷雾干燥器的工艺设计。

5.1.3 干燥装置的工艺设计步骤

干燥装置的工艺设计一般可按以下步骤进行：

① 确定设计方案；

② 工艺设计，包括物料衡算、热量衡算及干燥器主要工艺尺寸的确定；

③ 附属设备的选择及设计。

5.2 设计方案

5.2.1 干燥装置的一般工艺流程

设计方案的确定主要包括干燥装置的工艺流程、干燥方法及干燥器型式的选择、操作条件的确定等。一般要遵循以下原则：

① **满足工艺要求** 所确定的工艺流程和设备，必须保证产品的质量能达到规定要求，而且质量稳定。同时设计方案要有一定的适应性，例如能适应季节的变化、原料湿含量和粒度的变化等。因此需考虑在适当的位置安装测量仪表和控制调节装置等。

② **经济上合理** 节省热能和电能，尽量降低生产过程中各种物料的损耗，减少设备费和操作费，使总费用降低。

③ **保证安全生产，改善劳动条件** 当处理易燃易爆或有毒物料时，要采取有效的安全和防污染措施。

对流加热型干燥装置的一般工艺流程如图 5-2 所示。主要设备包括：干燥介质加热器、干燥器、细粉回收设备、干燥介质输送设备、加料器和卸料器等。

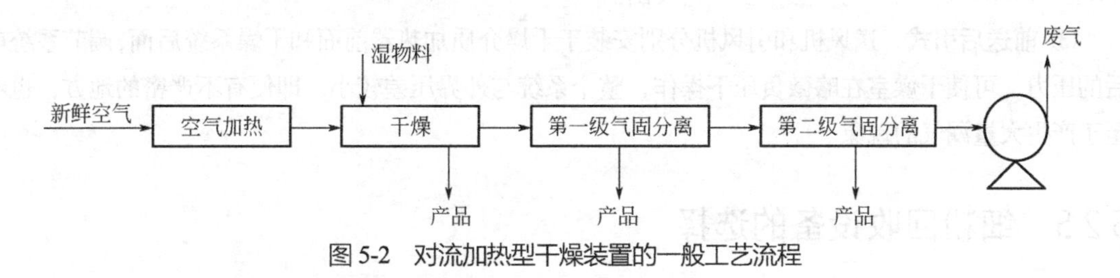

图 5-2 对流加热型干燥装置的一般工艺流程

5.2.2 干燥介质加热器的选择

干燥介质通常有空气、烟道气、过热蒸汽、惰性气体等。干燥介质的选择，取决于干燥过程的工艺以及可利用的资源，还需考虑介质的经济性。热空气是最廉价易得的热源，应用也最普遍。但对某些易氧化的物料，或从物料中蒸发出的气体易燃、易爆时，需用氮气或二氧化碳等惰性气体作为干燥介质，也可用过热蒸汽或者与蒸发的湿分相同的过热有机溶剂蒸气作为干燥介质。采用烟道气作为干燥介质，除了可以满足高温干燥的要求外，对于低温干燥也有优点，如消耗的燃料比用热空气为干燥介质时少，同时因为不需要锅炉、蒸汽管道和预热器等，所以节省很多投资费用。但是烟道气作为干燥介质不可避免地会带入一些细小炉灰及硫化物等污染物料，所以要求被干燥的物料不怕污染，而且不与烟道气中的SO_2和CO_2等气体发生反应。

加热干燥介质的热源有水蒸气、煤气、天然气、电、煤、燃油等，视干燥工艺要求和工厂的实际条件而定。根据热源的不同，干燥介质的加热器可以选择锅炉、翅片式换热器、热风炉等。

5.2.3 干燥器的选择

干燥是热质逆向传递的过程，如前所述，被干燥物料的形态和性质不同，生产能力不同，对干燥产品的要求均不相同，使得干燥器的型式多种多样。因此，干燥器的选择是干燥技术领域最复杂的一个问题，要从理论上精确计算出干燥器的主要工艺尺寸是比较困难的，还必须借助于许多实际经验。干燥器类型选择可参考表5-1。

大多数干燥器在接近大气压下操作，微正压可避免环境空气漏入干燥器内。若不允许向外界泄漏，则采用微负压操作，例如在喷雾干燥器中干燥奶粉。真空操作是昂贵的，仅仅当物料必须在低温、无氧条件下干燥，或者在中温或高温操作产生异味时才推荐使用。相比之下，高温操作是更为有利的，对于给定的蒸发量，干燥介质流量较小，干燥设备的尺寸也较小，且干燥效率较高。

5.2.4 风机的选择和配置

风机的选择主要取决于系统的流体阻力、干燥介质的流量、干燥介质的温度等。风机的配置方式主要有以下三种。

① **送风式** 风机安装在干燥介质加热器的前面，整个系统处于正压操作。这时，要求系统的密闭性好，以免干燥介质外漏，粉尘飞入环境。

② **引风式** 风机安装在整个干燥系统后面，系统处于负压操作。也要求系统的密闭性好，否则环境空气会漏入干燥器内，但粉尘不会飞出。

③ **前送后引式** 送风机和引风机分别安装于干燥介质加热器前面和干燥系统后面，调节系统前后的压力，可使干燥室在略微负压下操作，整个系统与外界压差较小，即便有不严密的地方，也不至于产生大量漏气的现象。

5.2.5 细粉回收设备的选择

在干燥器后应设置气固分离设备，分离废气中夹带的细粉。最常用的气固分离设备是旋风分离器，对大于5μm的微粒具有较高的分离效率。袋滤器除尘效率高，可以分离旋风分离器不易除去的小于等于5μm的微粒。故在旋风分离器后安装袋滤器或湿式除尘器等二级分离设备，可进一步净化含尘气体。

5.2.6 加料器及卸料器的选择

设计时需根据物料的特性和流量等综合考虑，选择恰当的加料和卸料设备。

总之，在确定工艺设计方案的过程中，经常需要对多种方案进行不同角度的对比，从中选择最佳方案。

5.3 喷雾干燥装置的工艺设计

5.3.1 喷雾干燥的原理和特点

（1）喷雾干燥的原理

喷雾干燥是借助雾化器将原料液雾化为雾状液滴，并在热风中干燥而获得固体产品的过程。原料液可以是溶液、悬浮液或乳浊液，也可以是熔融液或膏糊液。根据干燥产品的要求，可以制成粉状、颗粒状、空心球状或团粒状。

图 5-3 为喷雾干燥原理的示意图。原料液经过滤器由高压泵送至雾化器，干燥过程所需的新鲜空气经过滤后由鼓风机送至空气加热器中加热至所要求的温度再进入热风分布器，经雾化器雾化的液滴表面积很大，与高温热风接触后其中的水分蒸发，在极短的时间内便成为干燥产品，从干燥塔底部排出。热风与液滴接触后温度显著降低，湿度增大，它作为废气由引风机抽出。废气中夹带的微粉由旋风分离器回收。

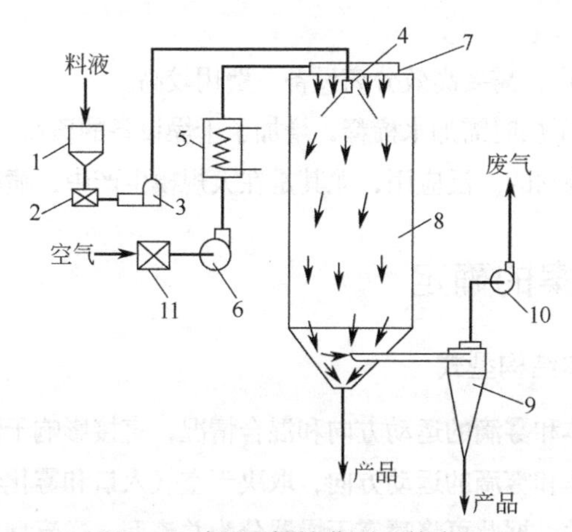

图 5-3　喷雾干燥的典型工艺流程

1—料液贮槽；2—料液过滤器；3—高压泵；4—雾化器；5—空气加热器；6—鼓风机；7—热风分布器；8—干燥室；9—旋风分离器；10—引风机；11—空气过滤器

物料干燥与在常规干燥设备中所经历的历程完全相同，分恒速阶段和降速阶段。在恒速阶段，液滴内部的水分扩散速度足以保持表面的湿润状态。蒸发速度由蒸汽通过周围热风的扩散速度控制。此时液滴表面的温度相当于空气的湿球温度，传质推动力是热风和液滴的温差，温差越大蒸发速度越快。当液滴内部的扩散速度开始减慢时，液滴内部水分向表面的扩散不足以保持表面的湿润状态，干燥便进入减速阶段。此时液滴表面逐渐形成干壳，干壳随时间的增加而增厚。液滴表面温度开始上升，干燥结束时物料的温度接近于周围空气的温度。

（2）喷雾干燥的特点

喷雾干燥具有许多优点，主要体现在以下几个方面。

① **干燥速度快**　由于料液经雾化器后被雾化为几十微米大小的液滴，所以单位体积液滴具有的

表面积可达 300m^{2}左右，因此传质、传热迅速，水分蒸发极快，干燥时间一般仅为 5～40s，有时仅为几秒。

② **产品质量高** 喷雾干燥可以采用较高温度的干燥介质，但是干燥塔内的温度一般不会很高。在干燥过程的大部分时间内，物料温度不超过周围热空气的湿球温度，因此喷雾干燥特别适合热敏性物料（例如食品、药品、生物制品和染料等）的干燥。

③ **生产过程简化、操作控制方便** 可将蒸发、结晶、过滤、粉碎等单元操作通过喷雾干燥一步完成。即使是含水量高达 90%的料液，不经浓缩，同样能一次性获得均匀的产品。对于产品的粒径大小、松密度、含水量等质量指标，可通过改变操作条件进行调整，控制管理都很方便。

④ **产品纯度高，生产环境好** 由于干燥是在密闭的容器内进行的，杂质不会混入产品，保证了产品纯度。对于含有毒气和臭气的物料，可采用闭路循环的喷雾干燥流程，防止污染，保护环境。

⑤ **适宜连续化大规模生产** 干燥后的产品经连续排料，在后处理上结合冷却器和风力输送，组成连续生产作业线，实现自动化大规模生产。

基于上述优点，喷雾干燥自 20 世纪 40 年代用于工业生产以来，已在化学、食品、医药、农药、陶瓷、水泥及冶金行业中获得了广泛的应用。

喷雾干燥也具有以下缺点：

① 当热风温度低于 150℃时，传质速率较低，需要的设备体积大，且低温操作时空气消耗量大，因此动力消耗随之增大。

② 对于细粉产品的生产，需要高效分离设备，费用较高。

③ 对一些糊状物料，干燥时需加水稀释，增加了干燥设备的负荷。

但是这些缺点并不影响它的广泛应用，尤其是在大规模生产中，喷雾干燥的经济性极为突出。

5.3.2 喷雾干燥方案的确定

1）喷雾干燥器的基本结构型式

在喷雾干燥塔内，气体和雾滴的运动方向和混合情况，直接影响干燥室内的温度分布、干燥产品的质量和干燥时间。气体和雾滴的运动方向，取决于空气入口和雾化器的相对位置，显然这又和喷雾干燥器的结构型式相关。据此可将喷雾干燥器分为并流型、逆流型和混流型三大类。

（1）并流型喷雾干燥器

在干燥室内，雾滴与热风都从干燥室顶部进入。这类干燥器的特点是被干燥物料容许在低温情况下进行干燥。由于最热的热风与湿含量最大的雾滴接触，湿分迅速蒸发，雾滴表面的温度接近入口热空气的湿球温度，同时热空气的温度也显著降低，因此从雾滴到干燥为成品的整个过程中，物料的温度不高，因此适用于热敏性物料的干燥，排出产品的温度取决于排风温度。由于湿分的迅速蒸发，雾滴膨胀甚至破裂，因此并流型喷雾干燥器所得到的产品常为非球形的多孔颗粒，具有较低的松密度。

并流型喷雾干燥器是工业上常用的基本型式，如图 5-4 所示。图 5-4（a）为转盘雾化器，图 5-4（b）为喷嘴雾化器，均为垂直下降并流型，这种型式塔壁黏粉较少，但由于喷嘴安装在塔顶部，检修和更换不方便。

（2）逆流型喷雾干燥器

在干燥室内，雾滴与热风呈反向流动，如图 5-4（c）所示。这类干燥器的特点是高温热风进入干燥室内首先与将要完成干燥的粒子接触，能最大限度地除掉产品中的水分，干燥过程的传质、传热推动力大，热利用率高。物料在干燥室内停留时间长，适用于含水量较高物料的干燥。因产品与高温气体相接触，故适用于能承受高温、要求水分含量较低和松密度较高的非热敏性物料。设计时应该注意塔内气流速度应小于成品粉粒的沉降速度，以避免发生产品的夹带。

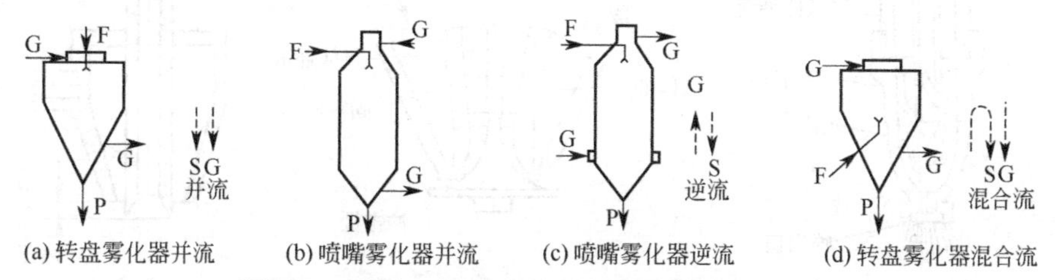

图 5-4　喷雾干燥器中物料与热风的流动方向

F—料液；G—气体；P—产品；S—雾滴

（3）混流型喷雾干燥器

如图 5-4（d）所示，在喷雾干燥室内，雾滴与热风混合交错地流动。混流型喷雾干燥器的干燥性能介于并流和逆流之间，特点是雾滴运动轨迹较长，适用于不易干燥的物料。但若设计不当，则会造成气流分布不均匀、内壁局部黏粉严重等弊病。

2）操作条件

在设计喷雾干燥器时，首先必须确定设计参数，它包括以下内容：①要求获得产品的性质，像粗粒或是细粒，空心或是实心结构，松密度的高低等；②选用的雾化方式；③进料的浓度；④干燥温度，包括进气温度和排气温度；⑤产品的排出方式及粉尘的回收方式；⑥热源；⑦对设备材料的要求。

3）雾化器型式

雾化器是喷雾干燥装置中的关键部件，它的设计直接影响到产品质量的技术经济指标。根据利用的能量不同，通常将雾化器分为气流式、旋转式及压力式三种。

（1）气流式雾化器

气流式雾化器，也称气流式喷嘴，利用蒸汽或压缩空气的高速运动，使料液在离喷嘴出口的不远处迅速产生滴状分裂、丝状分裂或膜状分裂，并因料液速度不大（一般低于 2m/s），而气流速度很高（一般为 200～340m/s），在两流体之间存在着很大的相对速度，从而产生相当大的摩擦力，继而使料液迅速雾化。喷雾用压缩气体的压力一般为 0.3～0.7MPa。典型气流式雾化器的结构见图 5-5。

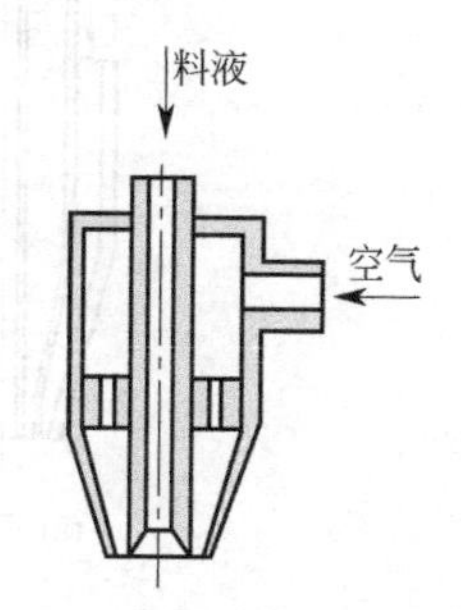

图 5-5　典型的气流式雾化器

根据流体通道的多少可将气流式喷嘴分为二流式、三流式、四流式、旋转-气流杯几种。

① **二流式喷嘴**　亦称二流体喷嘴，系指具有一个气体通道和一个液体通道的喷嘴，根据其混合形式又可分为内混合型、外混合型及外混合冲击型等，其结构型式见图 5-6。内混合型即气液两相在喷嘴出口内部接触、雾化，如图 5-6（a）所示。外混合型即气液两相在喷嘴出口外部接触、雾化。一种为气体和液体喷嘴出口端面在同一平面上，如图 5-6（b）所示；另一种为液体喷嘴高出气体喷嘴 1～2mm，如图 5-6（c）所示，即外混合冲击型。在二流式喷嘴中，内混合型比外混合型节省能量，冲击型可获得微小且均匀的雾滴。

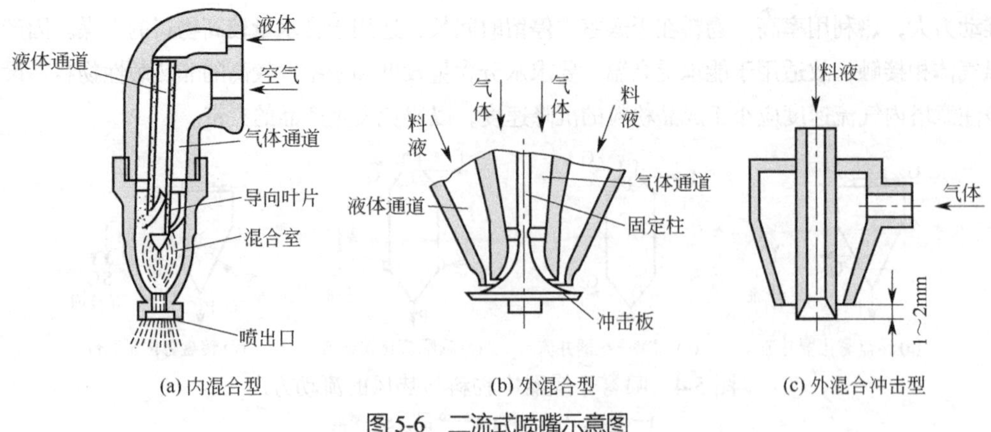

图 5-6　二流式喷嘴示意图

② **三流式喷嘴**　系指具有三个流体通道的喷嘴，结构如图 5-7（a）所示。其中一个为液体通道，两个为气体通道，液体被夹在两股气体之间，被两股气体雾化。三流式喷嘴的雾化效果优于二流式喷嘴，主要用于难以雾化的料液或滤饼（不加水直接雾化）的喷雾干燥。三流式喷嘴的结构型式也很多，主要有内混型、先内混后外混型等。

③ **四流式喷嘴**　系指具有四个流体通道的喷嘴，如图 5-7（b）所示。这种结构的喷嘴既有利于雾化，又有利于干燥，适用于高黏度物料的直接雾化。

④ **旋转-气流杯喷嘴**　料液先进入电机带动的旋转杯内预膜化，然后再被喷出的气流雾化，如图 5-7（c）所示。它实际上是旋转式雾化和气流式雾化两者的结合，可以得到较细的雾滴，适用于料液黏度高、处理量大的场合。

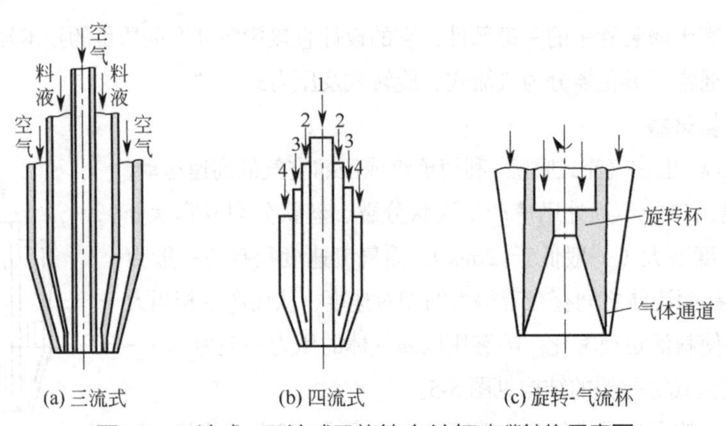

图 5-7　三流式、四流式及旋转-气流杯喷嘴结构示意图

1—干燥用热风；2—空气；3—料液；4—空气

气流式喷嘴的特点是适用范围广、操作弹性大、结构简单、维修方便，但动力消耗大（主要是雾化用的压缩空气动力消耗大），大约是压力式喷嘴或旋转式雾化器的 5～8 倍。

（2）旋转式雾化器

旋转式雾化器又称为转盘式雾化器，是将溶液供给到高速旋转的离心盘上，由于受到离心力及气液间的相对速度而产生的摩擦力的作用，液体被拉成薄膜，并以不断增长的速度从盘的边缘甩出而形成雾滴。料液的雾化程度主要取决于进料量、旋转速度、料液性质以及雾化器的结构型式等。料液雾化的均匀性是衡量雾化器性能的重要指标。根据离心圆盘结构的不同，旋转式雾化器又可分为光滑盘式和非光滑盘式两种形式。

① **光滑盘式雾化器** 系指流体通道表面是光滑的平面或锥面，有平板型、盘型、碗型和杯型等，如图 5-8 所示。

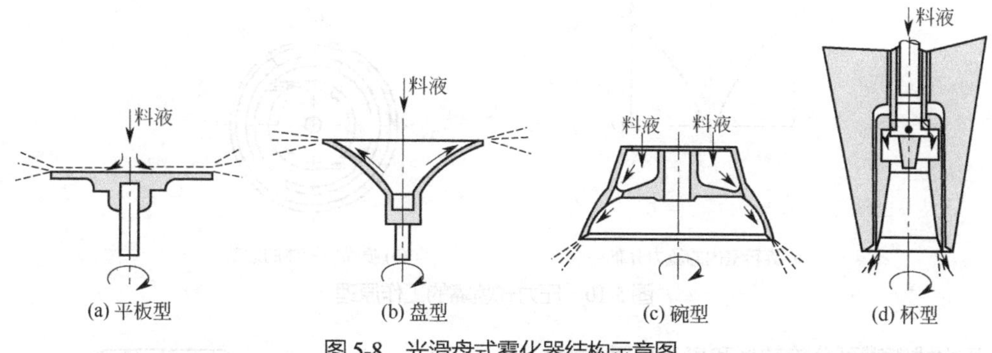

图 5-8 光滑盘式雾化器结构示意图

光滑盘式雾化器结构简单，适用于得到较粗雾滴的悬浮液、高黏度或膏状料液的雾化，但生产能力低。由于光滑盘式雾化器存在严重的液体滑动，影响雾滴离开盘时的速度，继而影响雾化效果，为此，出现了限制流体滑动的非光滑盘。

② **非光滑盘式雾化器** 也称雾化轮，其结构型式很多，如叶片型、喷嘴型、多排喷嘴型和沟槽型等，如图 5-9 所示。在这些盘上，可以完全防止液体沿其表面滑动，有利于提高液膜离开盘的速度。可以认为液膜的圆周速度就等于盘的圆周速度。

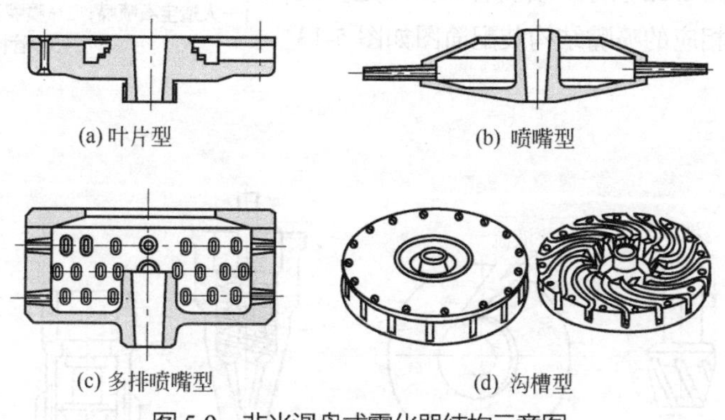

图 5-9 非光滑盘式雾化器结构示意图

（3）压力式雾化器

压力式雾化器又称机械式雾化器或压力式喷嘴。它利用高压泵使液体获得很高的压力（2～20MPa），并以一定的速度沿切线方向进入喷嘴的旋转室，获得旋转运动，或者通过具有旋转槽的喷嘴芯进入喷嘴的旋转室，使液体形成旋转运动。根据旋转动量矩守恒定律，越靠近轴心，旋转速度越大，其静压力越小，空气在喷嘴中央形成一股空气旋流，而液体则形成绕空气芯旋转的环形薄膜从喷嘴喷出，然后液膜伸长变薄并拉成丝，最后分裂成小雾滴，其工作原理见图 5-10。

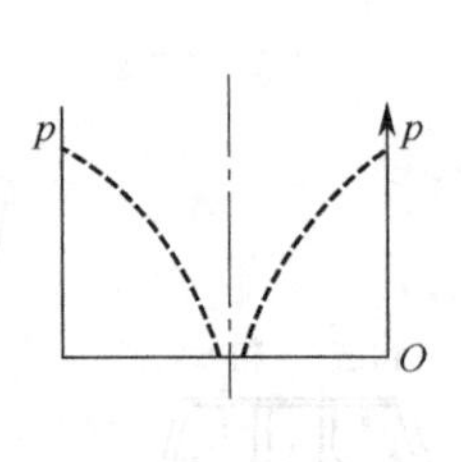

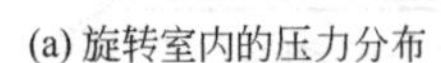

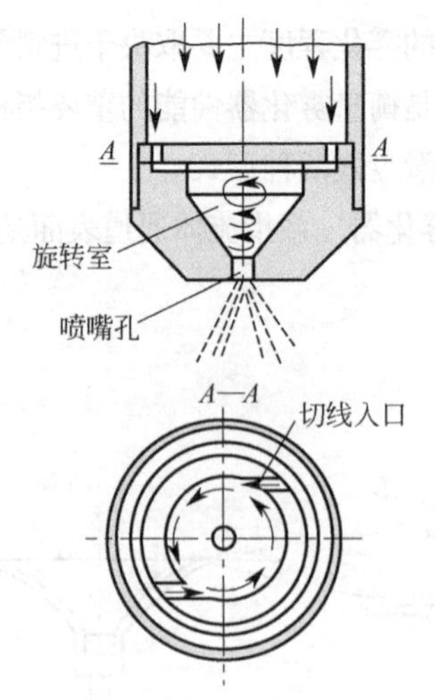

(a) 旋转室内的压力分布　　(b) 喷嘴内液体的运动

图 5-10　压力式喷嘴的工作原理

压力式喷嘴可分旋转型和离心型两类。

① **旋转型压力式喷嘴**　这种压力式喷嘴在结构上有两个特点：一是有一个液体旋转室；二是有一个（或多个）液体进入旋转室的切线入口。考虑到材料的磨蚀问题，喷嘴可采用人造宝石、碳化钨等耐磨材料。工业用的旋转型压力式喷嘴如图 5-11 所示。

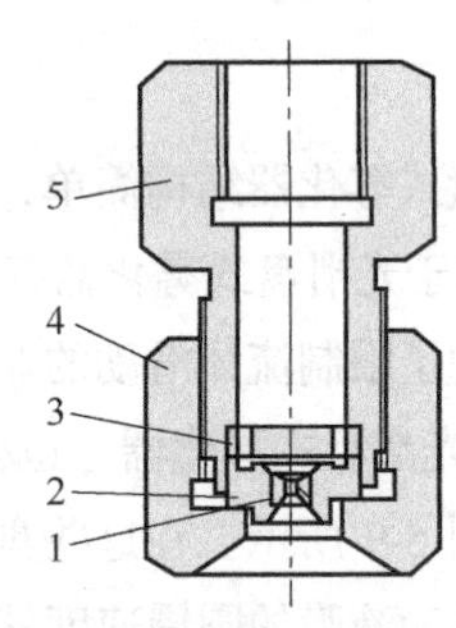

图 5-11　工业用旋转型压力式喷嘴的结构示意

1—人造宝石喷嘴；2—喷嘴套；3—孔板；4—螺帽；5—管接头

② **离心型压力式喷嘴**　其结构特点是喷嘴内安装一个喷嘴芯，如图 5-12 所示，喷嘴芯的作用是使液体获得旋转运动，相应的喷嘴结构装配简图如图 5-13 所示。

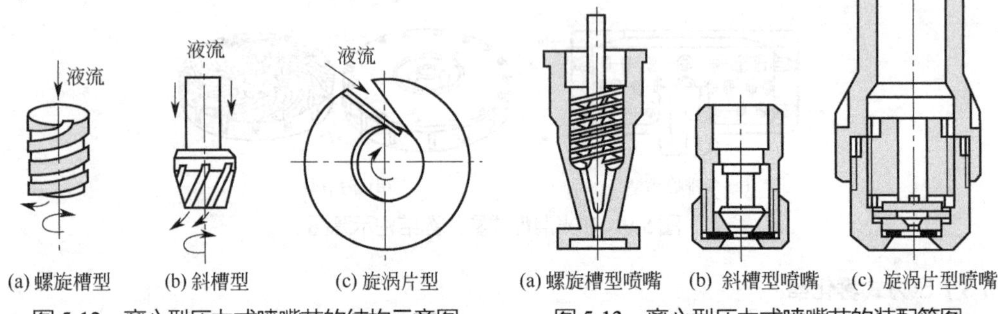

图 5-12　离心型压力式喷嘴芯的结构示意图　　图 5-13　离心型压力式喷嘴芯的装配简图

压力式喷嘴的优点为：a. 与气流式喷嘴相比，大大节省动力；b. 结构简单，成本低；c. 操作简便，更换和检修方便。

压力式喷嘴的缺点为：a. 由于喷嘴孔很小，极易堵塞，因此，进入喷嘴的料液必须严格过滤，过滤器至喷嘴的料液管宜用不锈钢管，以防铁锈堵塞喷嘴；b. 喷嘴磨损大，因此，喷嘴一般采用耐磨材料制造；c. 高黏度物料不易雾化；d. 要采用高压泵。

4）雾化器的比较和选择

（1）雾化器的比较

压力式、旋转式和气流式三种雾化器各有特点，如表5-2所示，其优缺点见表5-3。

（2）雾化器的选择

对雾化器的基本要求都是尽可能获得均匀的雾滴，如果有几种不同的雾化器可供选择时，应考虑哪一种能经济地生产出性能最佳的雾滴。

表5-2　三种雾化器特征的比较

比较的条件		气流式	压力式	旋转式
料液条件	一般溶液	可以	可以	可以
	悬浮液	可以	可以	可以
	膏糊状料液	可以	不可以	不可以
	黏度	改变压缩空气压力调节	适用于低黏度	改变转速，但有限制
	处理量	调节范围较大	调节范围较窄	调节范围广，处理量大
加料方式	压力	低压～0.3MPa	高压1.0～20.0MPa	低压～0.3MPa
	泵	离心泵	多用柱塞泵	离心泵或其他
	泵的维修	容易	困难	容易
	泵的价格	低	高	低
雾化器	价格	低	低	最高
	相对维修成本	低	较高	高
	动力消耗	最大	较小	最小
产品	颗粒粒度	较细	粗大	微细
	颗粒的均匀度	不均匀	均匀	均匀
	最终含水量	最低	较高	较低
塔	塔径	小	小	最大
	塔高	较低	最高	最低

表5-3　三种雾化器的优缺点

型式	优点	缺点
旋转式	操作简单，对物料适应性强，操作弹性大；可以同时雾化两种以上的料液；操作压力低；不易堵塞，腐蚀性小；产品粒度分布均匀	不适于逆流操作；雾化器及动力机械的造价高；不适于卧式干燥器，制备粗大颗粒时，设计有上限
压力式	大型干燥塔可以用几个雾化器；雾化器造价便宜；产品颗粒粗大	料液物性及处理量改变时，操作弹性变化小；喷嘴易磨损，磨损后引起雾化性能变化；要有高压泵，对于腐蚀性物料要用特殊材料；生产微细颗粒时，设计有下限
气流式	适用于小型生产或实验设备；可以得到20μm以下的雾滴；能处理黏度较高的物料	动力消耗大

① **根据基本要求选择** 一个理想的雾化器应具有下列特征：a. 结构简单、维修方便；b. 大小型干燥器都可采用；c. 可以通过调整雾化器的操作条件控制雾滴直径分布；d. 可用泵输送设备、重力供料或虹吸进料操作；e. 处理物料时无内部磨损。

有些雾化器虽然具有上述部分或者全部特点，但如果出现以下情况也不应选用。如：雾化器操作方法与所需的供料系统不匹配；雾化器产生的液滴特征与干燥室的结构不匹配；雾化器的安装空间不够。

② **根据雾滴要求进行选择** 在适当的操作条件下，三种雾化器均可以产生粒度分布类似的料雾。在工业进料速率情况下，如果要求产生粗液滴，一般都采用压力式雾化器；如果要求产生细液滴，则采用旋转式雾化器。

③ **选择的依据** 若已确定某种物料适合用喷雾干燥法进行干燥，那么，接着要解决的问题就是选择雾化器。在选择时，应考虑下列几个方面。

a. 在雾化器进料范围内，能达到完全雾化。旋转式或喷嘴式雾化器（包括压力式和气流式）在低、中、高速的供料范围内，都能满足各种生产能力的要求。在高处理量情况下，尽管多喷嘴雾化器可以满足要求，但采用旋转式雾化器更有利。

b. 料液完全雾化时，雾化器所需的功率（雾化器效率）。对于大多数喷雾干燥来说，各种雾化器所需的功率大致为同一数量级。在选择雾化器时，所需的功率不是决定性因素。实际上，输入雾化器的能量远远超过理论上用于液体分裂为雾滴所需的能量，因此，其效率相当低。通常只要在额定容量下能够满足所要求的喷雾特性就可以了，而不考虑效率这一问题。例如三流体喷嘴的效率特别低，然而只有用这种雾化器才能使某种高黏度料液雾化时，效率问题也就无关紧要了。

c. 在相同进料速率条件下，雾滴直径的分布情况。在低等和中等进料速率时，旋转式和喷嘴式雾化器得到的雾滴直径分布可以具有相同的特征。在高进料速率时，旋转式雾化器所产生的雾滴一般具有较高的均匀性。

d. 操作弹性问题。从运行的观点出发，旋转式雾化器比喷嘴式雾化器的操作弹性要大。旋转式雾化器可以在较宽的进料速率下操作，而不至于使产品粒度有明显的变化，且只需改变雾化轮的转速，而不需改变干燥器的其他操作条件。

e. 对于给定的压力式喷嘴来说，要增加进料速率，就需增加雾化压力，同时雾滴直径分布也就改变了。如果对雾滴特性有严格的要求，就需采用多个相同的喷嘴。如果雾化压力受到限制，而对雾滴特性的要求也严格时，只需改变喷嘴孔径就可以满足要求。

f. 干燥室的结构要适应雾化器的操作。选择雾化器时，干燥室的结构起着重要的作用。从这一角度讲，喷嘴型雾化器的适应性很强，狭长的喷嘴能够适应并流、逆流和混合流操作。热风分布器产生旋转的或平行的气流，而旋转式雾化器一般需配置旋转的热风流动方式。

g. 物料的性质要适应雾化器的操作。对于低黏度、非腐蚀性、非磨蚀性的物料，旋转式和喷嘴型雾化器都适用，具有相同的功效。

雾化轮还用于处理腐蚀性和磨蚀性的泥浆及各种粉末状物料。在高压下用泵输送有问题的产品，通常首先选用雾化轮（尽管气流式喷嘴也能处理这样的物料）。

气流式喷嘴是处理长分子链结构料液（通常是高黏度及非牛顿流体）最好的雾化设备。对于许多高黏度非牛顿流体料液，还可先预热以最大限度地降低其黏度，然后再用旋转型或喷嘴型雾化器进行雾化。

每一种雾化器都可能有一些它不能适用的情况。例如含纤维质的料液不宜用压力式喷嘴进行雾化。如果料液不能经受撞击，或虽然能够满足喷料量的要求，但需要的雾化空气量太大，则气流式喷嘴不适合。如果料液是含有长链分子的聚合物，用叶轮式雾化器只能得到丝状产物而不是颗粒产物。

h. 有关该产品的雾化器实际运行经验。对于一套新的喷雾干燥装置，一般要根据该产品喷雾干燥已有的经验来选择雾化器。对于一个新产品，必须经过实验室试验及中间试验，然后根据试验结果选择最合适的雾化器。

5.4 喷雾干燥过程的工艺计算

5.4.1 物料衡算

喷雾干燥的工艺过程如图 5-14 所示。

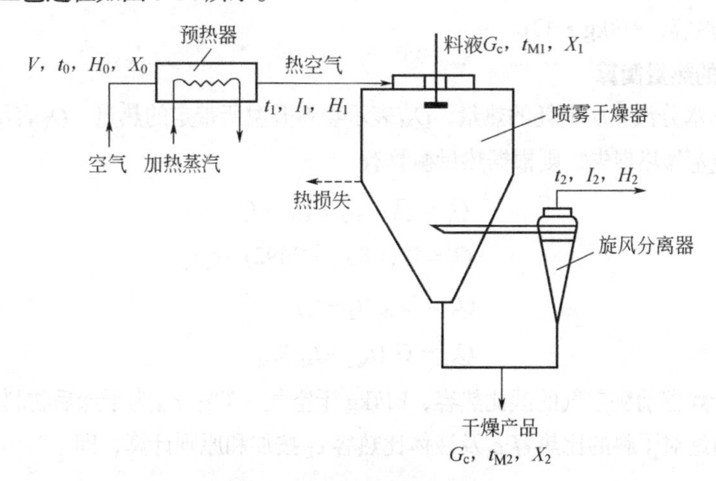

图 5-14 喷雾干燥过程工艺计算

根据物料衡算可得

$$G_c(X_1-X_2)=L(H_2-H_1)=L(H_2-H_0)=W \tag{5-1}$$

水分蒸发量也可以按下式计算

$$W=G_1-G_2=\frac{G_1(w_1-w_2)}{1-w_2}=\frac{G_2(w_1-w_2)}{1-w_1} \tag{5-2}$$

温度为 t_0，湿度为 H_0 的湿空气的比体积为

$$v_H=(2.83\times10^{-3}+4.56\times10^{-3}H_0)(t_0+273)\left(\frac{101.3}{p}\right) \tag{5-3}$$

所需新鲜空气的体积为

$$L'=Lv_H \tag{5-4}$$

上述诸式和图 5-14 中，p 为干燥器的操作压力，kPa；L 为绝对干空气用量，kg/h；X_1、X_2 为物料进出干燥塔的干基含水率，kg 水/kg 干料；w_1、w_2 为湿物料的湿基含水率，kg/kg；H_0、H_1、H_2 为空气在预热前后和离开系统时的湿含量，kg 水/kg 干气；t_0、t_1、t_2 为空气在预热前后和离开系统时的温度，℃；I_0、I_1、I_2 为空气在预热前后和离开系统时的焓，kJ/kg；t_{M1}、t_{M2} 为物料进出干燥塔

的温度，℃；W为水分蒸发量，kg/h；G_c为以绝对干物料计的物料流量，kg/h；G_1、G_2分别为进入及离开干燥器的湿物料质量流量，kg/h。

湿基含水率与干基含水率的换算关系为

$$X=\frac{w}{1-w} \quad 或 \quad w=\frac{X}{1+X} \tag{5-5}$$

5.4.2 热量衡算

（1）加热蒸汽消耗量

对空气预热器做热量衡算得

$$Q_P=L(I_1-I_0)=L(1.01+1.88H_1)(t_1-t_0) \tag{5-6}$$

故蒸汽耗用量

$$D=\frac{Q_P}{r}(\mathrm{kg/h}) \tag{5-7}$$

式中，Q_P为预热器消耗的热量，kW；r为蒸汽压力下水的汽化热，kJ/kg；1.01 和 1.88 分别为干空气与水蒸气的比热容，kJ/(kg·℃)。

（2）干燥器的热量衡算

若以Q_1表示水分汽化所消耗的热量，Q_M表示物料升温所带走的热量，Q_2表示新鲜空气被加热所需要的热量，Q_L为热损失，则根据热量衡算有

$$Q_P=Q_1+Q_2+Q_M+Q_L \tag{5-8}$$

$$Q_1=W(1.88t_2+2492)-c_L t_{M1} \tag{5-9}$$

$$Q_2=Lc_{H0}(t_2-t_0) \tag{5-10}$$

$$Q_M=G_c(t_{M2}-t_{M1})c_M \tag{5-11}$$

式中，c_{H0}为进干燥器前湿空气的湿比热容，kJ/(kg 干空气·℃)；c_M为干燥后物料的比热容，kJ/(kg 干料·℃)，可由绝对干料的比热容c_s及液体比热容c_L按加和原则计算，即

$$c_M=(1-w_2)c_s+w_2c_L \tag{5-12}$$

式中，Q_L为干燥器的热损失，kJ/h。

此外，干燥器的热量衡算还可以在t-H图中用图解法进行求解（见图 5-15）。

根据热量衡算可以得出以下计算式

$$\frac{t_2-t_1}{H_2-H_1}=\frac{t-t_1}{H-H_1}=\frac{-2492+\Delta}{c_{H1}} \tag{5-13}$$

式中，$\Delta=c_L t_{M1}-(q_M+q_L)$，其中$q_M=\dfrac{G_2c_M(t_{M2}-t_{M1})}{W}$表示使物料升温所需的热量，kJ/kg 水；$q_L$为每汽化 1kg 水的热损失，kJ/kg 水；其他符号含义同前。

由式（5-13）可见，空气在预热器里等湿升温。空气进干燥塔前的状态A（t_1，H_1）和出口状态B（t_2，H_2）之间的关系为一直线，其斜率为$\dfrac{-2492+\Delta}{c_{H1}}$。如图 5-15 所示，为计算出口状态点，只需任取一湿度H_e值代入直线方程，求出

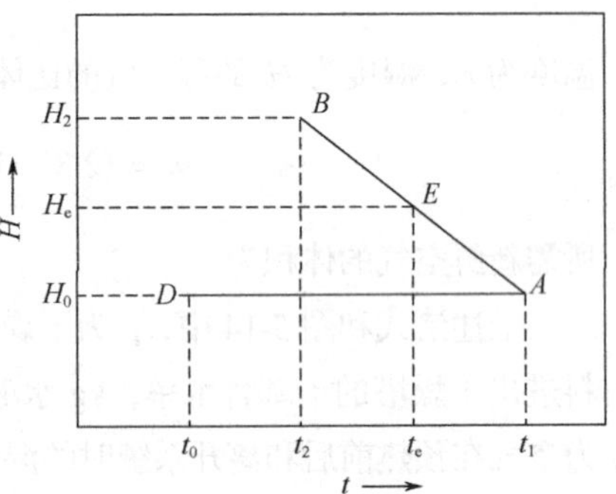

图 5-15 t-H图解法

t_e，得到某状态点 E（t_e，H_e），连接 E 与进口状态点 A 的直线即表示空气进出干燥塔的状态变化关系，根据规定的等温线 t_2，即可得到交点 B，B 点即为出口状态点（t_2，H_2）。

5.4.3 雾化器主要尺寸的设计计算

5.4.3.1 旋转式雾化器的主要尺寸计算

(1) 光滑盘旋转雾化器的计算

流体在光滑的平板型、盘型、杯型等旋转式雾化器表面上的流动情况是相似的。液体的雾化程度取决于盘边缘的释出速度（即合速度）u_{res}，它可以分解为径向速度 u_r 和切向速度 u_t，如图 5-16 所示。

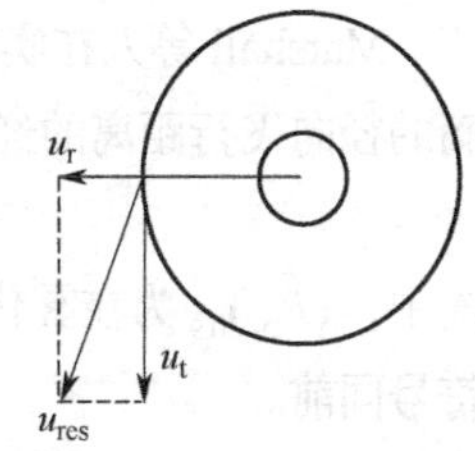

图 5-16 释出速度示意图

① **径向速度 u_r** 雾滴的径向速度是操作条件和物性的函数，可用 Frazer 的公式计算

$$u_r=0.377\left(\frac{\rho_L n^2 V^2}{d\mu_L}\right)^{\frac{1}{3}} \tag{5-14}$$

式中，u_r 为料液离开轮缘时的径向速度，m/s；n 为雾化盘转速，r/min；V 为料液的流量，m^3/min；d 为雾化盘直径，m；μ_L 为料液的黏度，Pa • s。

② **切向速度 u_t** 雾滴的切向速度取决于液体与旋转面之间的摩擦效应。液体和盘面间存在滑动，使得雾滴离开盘缘时的切向速度要小于盘的圆周速度。切向速度的大小可按下式估算

$$\frac{G}{\pi\mu_L d} \geqslant 2140\text{时，} u_t \leqslant \frac{1}{2}\pi nd \tag{5-15a}$$

$$\frac{G}{\pi\mu_L d} = 1490\text{时，} u_t = 0.6\pi nd \tag{5-15b}$$

$$\frac{G}{\pi\mu_L d} = 745\text{时，} u_t = 0.8\pi nd \tag{5-15c}$$

式中，G 为料液的质量流量，kg/h；u_t 为液体离开盘缘时的切向速度，m/min。

③ **释出速度 u_{res} 及释出角 α_0** 释出速度（即合速度）为

$$u_{res} = (u_r^2 + u_t^2)^{\frac{1}{2}} \tag{5-16}$$

而释出角度和切向速度的夹角被称为雾滴的释出角 α_0，即

$$\alpha_0 = \arctan\left(\frac{u_r}{u_t}\right) \tag{5-17}$$

(2) 非光滑盘旋转雾化器的计算

① **径向速度 u_r** 对于叶片式雾化轮，可按 Frazer 的经验式估算料液离开轮缘处的径向速度，即

$$u_r=0.805\left(\frac{\rho_L n^2 dV^2}{h\mu_L n_1^2}\right)^{\frac{1}{3}} \tag{5-18}$$

式中，h 为叶片高度，m；n_1 为叶片数；其余符号同前。

② **切向速度 u_t** 叶片防止了液体的滑动，使得液体在释出时获得了叶片给予的圆周速度，即

$$u_t = \pi dn \tag{5-19}$$

③ **释出速度 u_{res} 及释出角 α_0** 释出速度和释出角仍按式（5-16）及式（5-17）计算。实际上，

由于释出角很小，所以释出速度接近于雾化轮的圆周速度，即 $u_{res} \approx u_t$。

（3）旋转式雾化器喷雾矩的计算

从旋转式雾化器喷出来的雾滴，受到重力的作用最初展开成为伞形，然后慢慢地呈抛物线轨迹下落而形成一雾矩。喷雾矩的大小通常是指某一水平面上有 90%～99%（累计质量分数）的雾滴降落的径向距离，是确定干燥塔直径的关键参数。在喷雾干燥过程中，因雾化器旋转而产生的空气运动使雾化器附近的分布情况变得十分复杂，但在雾化盘下面 1m 以外或更远的地方，空气的影响已不明显，所以测得雾矩数值的水平面应在雾化盘以下 1m 左右为宜。

Marshall 等人在实验的基础上，提出了在雾化盘下面 0.9m 平面处，雾滴累计质量分数为 99%液滴的径向飞行距离的经验公式为

$$(R_{99})_{0.9} = 3.46 d^{0.21} G^{0.25} n^{-0.16} \tag{5-20}$$

式中，$(R_{99})_{0.9}$ 为在雾化盘下 0.9m 平面上雾滴累计质量分数为 99%液滴的径向飞行距离，m；其余符号同前。

持田提出在雾化盘下 2.036m 平面处的经验公式为

$$(R_{99})_{2.036} = 4.33 d^{0.2} G^{0.25} n^{-0.16} \tag{5-21}$$

需要指出的是，式（5-20）和式（5-21）是在无外界干扰情况下得到的。实际操作过程中，由于不可避免地存在干扰，实际喷雾矩偏离上述经验式的计算值。因此，对于具体情况应作具体分析。

在喷雾干燥过程中，热风流动、雾滴因干燥而收缩等，都会缩小雾滴的径向飞行距离。但一般认为，根据经验式计算得到的径向飞行距离都大于实际雾滴的径向飞行距离。所以，在确定干燥塔直径时，可以近似取 $2R_{99}$。

5.4.3.2 压力式雾化器的设计计算

压力式喷嘴可大致分为三种类型：旋转型、离心型与压力-气流型。压力式喷嘴在结构上的共同点是使液体获得旋转运动，即液体获得离心惯性力，然后由喷嘴孔高速喷出。以下只讨论旋转型压力式喷嘴的工艺设计计算。

（1）旋转型压力式喷嘴主要结构的计算

如图 5-17 所示，液体以切线方向进入喷嘴旋转室，形成厚度为 δ 的环形液膜绕半径为 r_c 的空气芯旋转喷出，形成一个空心锥喷雾，其喷雾锥角为 β。液膜以 β 角喷出，其平均速度 u_0（系指液体体积流量与厚度为 δ 的环形截面积相除所得的速度）可分解为水平分速度 u_x 和轴向分速度 u_y。在确定干燥塔直径和高度时，有时要知道 u_x 和 u_y，因此，在喷嘴尺寸确定之后，还要估算出 u_x 和 u_y。

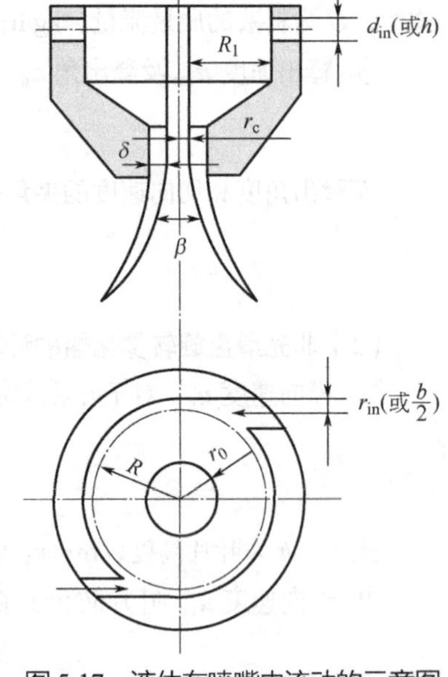

图 5-17 液体在喷嘴内流动的示意图

推导流体在喷嘴内的流动方程式时，要联立 3 个基本方程，即角动量守恒方程、伯努利方程以及连续性方程。

按照角动量守恒方程式

$$u_{in} R = u_t r \tag{5-22}$$

式中，u_{in} 为切线入口速度，m/s；R 为旋转室半径，m；u_t 为液体

在任意位置的切向速度，m/s；r为液体在任意位置的旋转半径，m。

由式（5-22）可知，越靠近轴心r越小，旋转速度越大，其静压亦越小，直至等于空气芯的压力（大气压）。

按照伯努利方程

$$H=\frac{p}{\rho g}+\frac{u_t^2}{2g}+\frac{u_y^2}{2g} \tag{5-23}$$

式中，H为液体总压头，m；g为重力加速度，m/s^2；p为液体静压力，Pa；u_t为液体切向速度分量，m/s；u_y为液体的轴向速度分量，m/s；ρ为液体的密度，kg/m^3。

按照连续性方程

$$V=\pi(r_0^2-r_c^2)u_0=\pi r_{in}^2 u_{in} \tag{5-24}$$

（排出流量）（流入流量）

式中，V为液体的体积流量，m^3/s；r_0为喷嘴孔半径，m；r_c为空气芯半径，m；$\pi(r_0^2-r_c^2)$为环形液流通道截面积，m^2；u_0为喷嘴出口处的平均液流速度，m/s；r_{in}为喷嘴入口通道的半径，m。

联立式（5-22）～式（5-24）可以解得

$$V=\sqrt{\frac{1}{\frac{R^2r_0^4}{r_{in}^4r_c^2}+\frac{r_0^4}{(r_0^2-r_c^2)^2}}}\sqrt{2gH}(\pi r_0^2) \tag{5-25}$$

设

$$a=1-\frac{r_c^2}{r_0^2} \tag{5-26}$$

$$A=\frac{Rr_0}{r_{in}^2} \tag{5-27}$$

则式（5-25）可以整理为

$$V=\frac{a\sqrt{1-a}}{\sqrt{1-a+a^2A^2}}(\pi r_0^2)\sqrt{2gH} \tag{5-28}$$

令

$$C_D=\frac{a\sqrt{1-a}}{\sqrt{1-a+a^2A^2}} \tag{5-29}$$

则

$$V=C_D\pi r_0^2\sqrt{2gH}=C_DA_0\sqrt{2gH} \tag{5-30}$$

式中，C_D为流量系数；A_0为喷嘴孔截面积，m^2；H为喷嘴孔处的压头，$H=\Delta p/\rho g$，m；$a=1-r_c^2/r_0^2$，表示液流截面积占整个孔截面积的比例，反映了空气芯的大小，为有效截面系数；$A=Rr_0/r_{in}^2$，为几何特性系数，表示喷嘴主要尺寸之间的关系。

式（5-30）为离心压力喷嘴的流量方程式，用来确定喷嘴孔的直径。

上述的推导，都是以一个圆形入口通道（其半径为r_{in}）为基准的。在实际生产中，一般采用两个或两个以上的圆形或矩形通道，这时A值要按下式进行计算

$$A=\frac{\pi r_0R}{A_1} \tag{5-31}$$

式中，A_1为全部入口通道的总横截面积，m^2。

当旋转室只有一个圆形入口，其半径为r_{in}时，则$A_1=\pi r_{in}^2$，此时$A=\frac{\pi r_0R}{\pi r_{in}^2}=\frac{r_0R}{r_{in}^2}$。

当旋转室有两个圆形入口，其半径为r_{in}时，则$A_1=2\pi r_{in}^2$，此时$A=\frac{\pi r_0R}{2\pi r_{in}^2}=\frac{r_0R}{2r_{in}^2}$。

当旋转室入口为两个矩形通道，其宽度和高度分别为 b 和 h 时，$A_1=2bh$，此时 $A=\dfrac{\pi r_0 R}{2bh}$。

由式（5-25）~式（5-29）可见，流量系数 C_D、空气芯半径 r_c 都与喷嘴尺寸有关。

考虑到喷嘴表面与液体层之间摩擦阻力的影响，将几何特性系数 A 值乘上一个校正系数 $\sqrt{r_0/R_1}$，得

$$A'=A\sqrt{r_0/R_1} \tag{5-32}$$

式中，$R_1=R-r_{in}$，对矩形通道，$R_1=R-b/2$。

如果按式（5-29），以 A' 对 C_D 作图，可以得到图 5-18。只要已知结构参数 A'，即可由此查出流量系数 C_D。

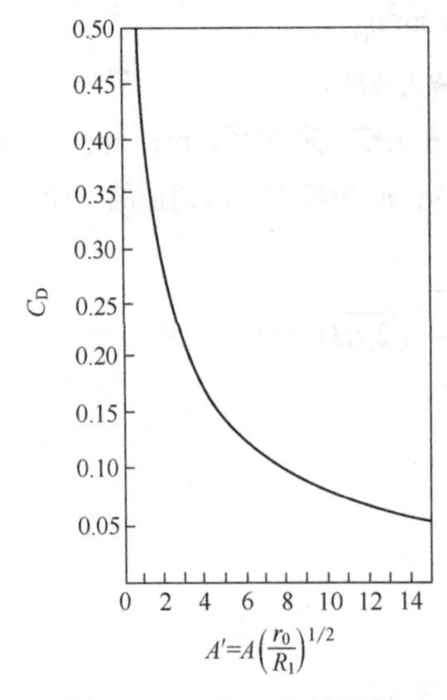

图 5-18　C_D 与 A' 的关联图

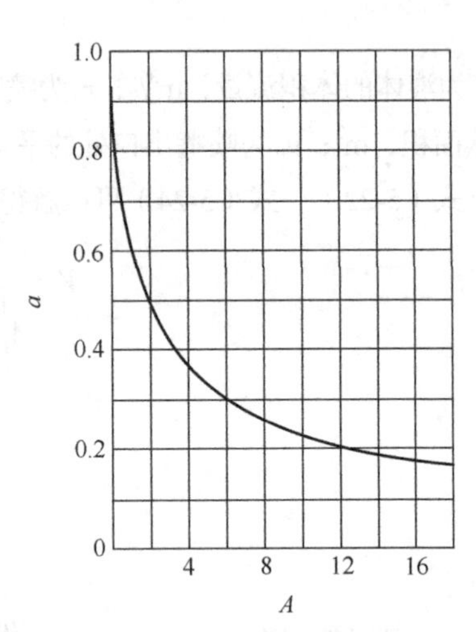

图 5-19　A 与 a 的关联图

为了计算液体从喷嘴喷出的平均速度 u_0，就需要先求得空气芯半径 r_c。如已知 a 和 r_0 值，即可由式（5-26）求得 r_c。而 a 值也是与结构有关的参数，也可以作出 A 和 a 的关联图，如图 5-19 所示。利用图 5-19，可由 A 查出对应的 a，再由 $a=1-r_c^2/r_0^2$ 求得 r_c。

至于喷雾锥角 β 可由雾滴在喷嘴处的水平速度 u_x 和轴向速度 u_y 之比来确定，即

$$\tan\frac{\beta}{2}=\frac{u_x}{u_y} \tag{5-33}$$

水平速度和轴向速度也是喷嘴结构参数的函数，一些理论公式和经验式可用来计算喷雾锥角。下面介绍一个半经验式，即

$$\beta=43.5\lg\left[14\left(\frac{Rr_0}{r_{in}^2}\right)\left(\frac{r_0}{R_1}\right)^{\frac{1}{2}}\right]=43.5\lg(14A') \tag{5-34}$$

将此式作图，可得到 A' 与 β 的关联图，如图 5-20 所示。

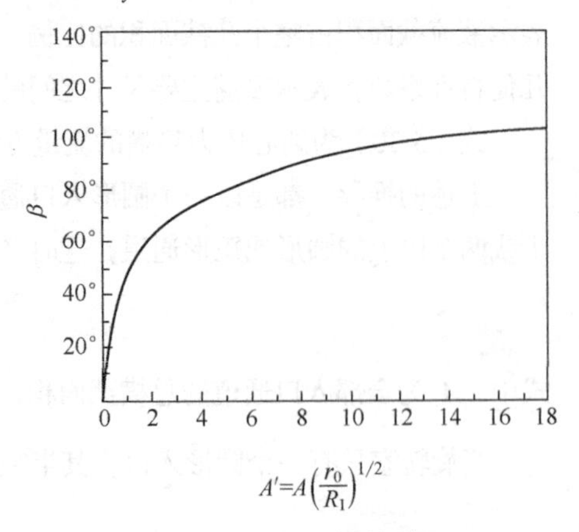

图 5-20　A' 与 β 的关联图

（2）旋转型压力式喷嘴设计计算步骤

根据上述基本关系即可进行喷嘴的计算，其步骤如下：

① 根据经验，选取喷雾锥角β，利用图5-20或式（5-34）求得喷嘴结构参数A'。

② 利用图5-18，由A'得到流量系数C_D，并由此求得喷嘴孔径d_0（$d_0=2r_0$），并加以圆整。

③ 确定喷嘴和旋转室的尺寸。对于矩形入口，一般h/b=1.3～3.0，$2R/b$=6～30；对于圆形入口（$b=d_{in}$），一般有$2R/d_0$=2.6～30，可以确定喷嘴旋转室半径R（圆整为整数）。再由$A'=\left(\frac{\pi r_0 R}{A_1}\right)\left(\frac{r_0}{R_1}\right)^{1/2}$求出$A'$值，若为两个矩形入口，$A_1=2bh$，$b$值选定，则可求出$h$，然后圆整。

④ 核算喷嘴的生产能力。因d_0、b及R值是经过圆整的，圆整后A'要发生变化，进而可能导致C_D发生变化，所以要校核喷嘴的生产能力。如不满足要求的原设计能力，就要重新调整，直至满足设计要求为止。

⑤ 计算空气芯半径r_c值。根据喷嘴的几何尺寸计算出A_0值，由图5-19查得a值，再由式（5-26）$a=1-r_c^2/r_0^2$求得r_c。

⑥ 计算喷嘴出口处平均速度u_0及其水平分速度u_{x0}、垂直分速度u_{y0}（u_{x0}和u_{y0}在确定干燥塔径及塔高时很有用）和合速度u_{res0}。u_0按式（5-24）计算，而u_{x0}和u_{y0}可按式（5-35）～式（5-37）计算。

$$u_0=\frac{V}{\pi(r_0^2-r_c^2)} \tag{5-35}$$

$$u_{x0}=u_0\sin\frac{\beta}{2} \tag{5-36}$$

$$u_{y0}=u_0\cos\frac{\beta}{2} \tag{5-37}$$

也可以根据处理量选择喷嘴的型号、喷雾锥角、结构尺寸等，参见电子版附录17带有涡流室设计的SV系列SprayDry®喷嘴。

5.4.3.3 气流式雾化器的设计计算

从略，气体和液体喷嘴尺寸的确定方法可参考文献［1］和［2］。

5.4.4 雾滴干燥时间的计算

为了完成满足产品指标要求的干燥操作，足够的停留时间是十分重要的。为保证将雾滴干燥成含水量符合要求的产品，应该使雾滴在塔内的停留时间大于干燥过程所需要的时间。停留时间决定了干燥器的尺寸。

（1）雾滴大小的估算

影响雾滴直径的因素很多，也很复杂，针对不同类型的雾化器，用来估算雾滴直径的经验式也都不同，在此仅以压力式雾化器为例加以介绍。

对于旋转型压力喷嘴，比较通用的关联式如下

$$d_{p,VS}=2.07(d_0^{1.589})(\sigma^{0.594})(\mu_L^{0.220})(V_s^{-0.537}) \tag{5-38}$$

式中，$d_{p,VS}$为体积-面积平均雾滴直径，μm；d_0为喷嘴直径，1.4～2.03mm；σ为液体表面张力，26～34mN/m；V_s为进料量，0.004～0.12m³/s；μ_L为液体黏度，0.9～2.03mPa·s。

对于叶片式雾化轮有

$$d_{p,VS}=\frac{1.4\times 10^4 G^{0.24}}{(nd)^{0.83}(n_1 h)^{0.12}} \tag{5-39}$$

式中，G 为液体的质量流量，kg/h；n_1 为叶片数；h 为叶片高度，m。

上式的实验条件为圆周速度低于 110m/s，质量流量小于 800kg/h。

（2）雾滴直径在干燥过程中的变化

在水分蒸发过程中，雾滴直径的变化可根据溶质的质量衡算关系求出，若设初始雾滴的平均直径为 d_{p0}，液体密度为 ρ_L，溶液的干基含水率为 X_1，干产品的平均直径为 d_p，干产品的密度为 ρ_p，干产品的干基含水率为 X_2，则

$$每一初始雾滴的固含量=\frac{1}{6}\pi d_{p0}^3\rho_L\frac{1}{1+X_1}$$

$$每一干颗粒产品的固含量=\frac{1}{6}\pi d_p^3\rho_p\frac{1}{1+X_2}$$

假定水分蒸发过程中所有的雾滴固含量均相同，则

$$\frac{1}{6}\pi d_{p0}^3\rho_L\frac{1}{1+X_1}=\frac{1}{6}\pi d_p^3\rho_p\frac{1}{1+X_2}$$

$$\frac{d_{p0}}{d_p}=\left[\frac{\rho_p(1+X_1)}{\rho_L(1+X_2)}\right]^{1/3} \tag{5-40}$$

（3）干燥时间计算

雾滴的干燥过程可分为两个阶段，即恒速干燥阶段和降速干燥阶段。在恒速干燥阶段，蒸发速度保持不变。雾滴中大部分水分在此阶段被蒸发掉，水分由雾滴内部很快补充到雾滴表面，保持表面饱和，雾滴温度为空气的湿球温度。当物料含水率降至临界含水率时，水分移向表面的速度开始小于表面汽化速度，表面不再保持湿润，干燥速度不断下降，直到完成干燥为止。

进行雾滴喷雾干燥计算时，通常要作如下假定：

① 热风的运动速度很小，可忽略不计；

② 雾滴（或颗粒）为球形；

③ 雾滴在恒速干燥阶段缩小的体积等于蒸发掉的水分体积，在降速干燥阶段，雾滴（或颗粒）直径的变化可以忽略不计；

④ 雾滴群的干燥特性可以用单个雾滴的干燥行为来描述。

在恒速干燥阶段，根据热量衡算，热空气以对流方式传递给雾滴的显热等于雾滴汽化所需的潜热，即

$$\frac{dQ}{d\theta}=\alpha A\Delta t_m=-r\frac{dm}{d\theta} \tag{5-41}$$

式中，Q 为传热量，kJ；θ 为传热时间，s；α 为对流传热系数，kW/(m²·℃)；A 为传热面积，m²；Δt_m 为雾滴表面和周围空气之间在蒸发开始和终了时的对数平均温差，℃；m 为雾滴质量，kg；r 为水的汽化潜热，kJ/kg。

对于球形雾滴，$A=\pi d_p^2$（d_p 为雾滴直径，m），$m=\frac{\pi}{6}d_p^3\rho_L$（$\rho_L$ 为雾滴密度，kg/m³）。根据

实验结果，Nu=2.0［$Nu=\frac{\alpha d_{\mathrm{p}}}{\lambda}$，$Nu$ 为 Nusselt 数，λ 为干燥介质的平均热导率，kW/(m・℃)］，即 $\alpha=\frac{2\lambda}{d_{\mathrm{p}}}$。因此，式（5-41）变成

$$\mathrm{d}\theta=-\frac{r\rho_{\mathrm{L}}d_{\mathrm{p}}}{4\lambda\Delta t_{\mathrm{m}}}\mathrm{d}(d_{\mathrm{p}}) \tag{5-42}$$

在雾滴蒸发过程中，雾滴直径由 d_{p0} 变化到 d_{pc} 所需的时间 θ_1 可通过对上式进行积分得到，即

$$\theta_1=\frac{r\rho_{\mathrm{L}}(d_{\mathrm{p0}}^2-d_{\mathrm{pc}}^2)}{8\lambda\Delta t_{\mathrm{m1}}} \tag{5-43}$$

当雾滴含湿量降低到临界含湿量时，在雾滴表面开始形成固相，于是进入第二阶段即降速干燥阶段。降速干燥阶段的平均蒸发速率 （$\mathrm{d}W/\mathrm{d}\theta$）$_2$ 可按下式计算

$$\left(\frac{\mathrm{d}W}{\mathrm{d}\theta}\right)_2=(\mathrm{d}W'/\mathrm{d}\theta)\times\text{干燥固体质量} \tag{5-44}$$

式中，$\mathrm{d}W'/\mathrm{d}\theta=-\frac{12\lambda\Delta t_{\mathrm{m2}}}{rd_{\mathrm{pc}}^2\rho_{\mathrm{p}}}$，负号表示在降速干燥阶段蒸发量随时间增加而降低，kg 水/（kg 干固体・h）；d_{pc} 为在临界含湿量状态下的雾滴直径，m；ρ_{p} 为干燥物料的密度，kg/m^3。

将上述微分式积分可得到降速干燥阶段所需的时间 θ_2

$$\theta_2=\frac{r\rho_{\mathrm{p}}d_{\mathrm{pc}}^2(X_{\mathrm{c}}-X_2)}{12\lambda\Delta t_{\mathrm{m2}}} \tag{5-45}$$

雾滴干燥成产品所需的总时间 θ 为

$$\theta=\theta_1+\theta_2=\frac{r\rho_{\mathrm{L}}(d_{\mathrm{p0}}^2-d_{\mathrm{pc}}^2)}{8\lambda\Delta t_{\mathrm{m1}}}+\frac{r\rho_{\mathrm{p}}d_{\mathrm{pc}}^2(X_{\mathrm{c}}-X_2)}{12\lambda\Delta t_{\mathrm{m2}}} \tag{5-46}$$

式中，ρ_{L}、ρ_{p} 分别为料液及干燥产品的密度，kg/m^3；d_{p0}、d_{pc} 为雾滴的初始及临界直径，m；X_{c}、X_2 为分别为料液的临界含水率和干燥产品的干基含水率；Δt_{m1}、Δt_{m2} 分别为恒速及降速干燥阶段介质与雾滴之间的对数平均温差，℃。

在应用上述方程时，气体热导率按蒸发雾滴周围的平均气膜温度计算，气膜温度可取干燥空气的出塔温度和雾滴表面温度的平均值。

并流操作的喷雾干燥塔内空气和雾滴的温度分布如图 5-21 所示，则

$$\Delta t_{\mathrm{m1}}=\frac{(t_1-t_{\mathrm{M1}})-(t_{\mathrm{c}}-t_{\mathrm{w}})}{\ln\frac{t_1-t_{\mathrm{M1}}}{t_{\mathrm{c}}-t_{\mathrm{w}}}} \tag{5-47}$$

$$\Delta t_{\mathrm{m2}}=\frac{(t_{\mathrm{c}}-t_{\mathrm{w}})-(t_2-t_{\mathrm{M2}})}{\ln\frac{t_{\mathrm{c}}-t_{\mathrm{w}}}{t_2-t_{\mathrm{M2}}}} \tag{5-48}$$

式中，t_1、t_2 为空气进、出干燥器的温度，℃；t_{M1}、t_{M2} 为料液进入、产品离开干燥器的温度，℃；t_{w} 为空气在干燥器入口状态下的湿球温度，℃；其余符号同前。

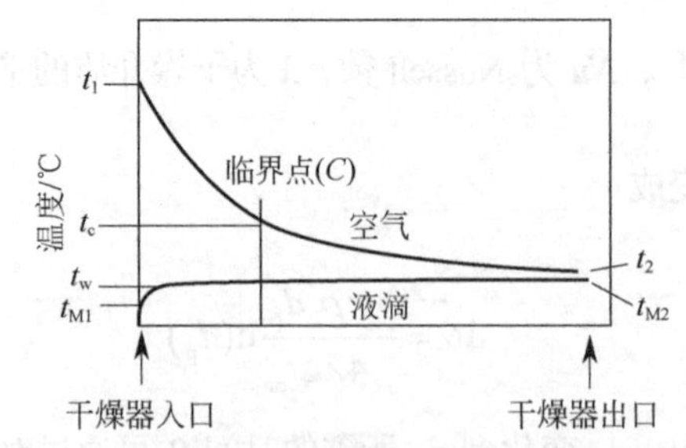

图 5-21 干燥器内空气和雾滴的温度分布示意图

（4）临界参数的确定

① **雾滴的临界直径 d_{pc}** 临界点处的雾滴直径 d_{pc} 通常是未知的，理论上能根据雾滴悬浮液的蒸发特性得到雾滴粒度改变的数据。若缺乏这些数据，可按上述降速干燥阶段的内容加以计算。雾滴在降速干燥阶段的粒径变化可忽略不计，即临界雾滴直径 d_{pc} 近似等于产品粒径 d_p。

② **雾滴的临界含水率 X_c** 对于球形雾滴，初始含水量为 $\frac{\pi}{6}d_{p0}^3\rho_L w_1$，固含量为 $\frac{\pi}{6}d_{p0}^3\rho_L(1-w_1)$，恒速干燥阶段除去的水量为 $\frac{\pi}{6}(d_{p0}^3-d_p^3)\rho_W$，恒速干燥阶段终了时残留的水量为 $\frac{\pi}{6}d_{p0}^3\rho_L w_1-\frac{\pi}{6}(d_{p0}^3-d_p^3)\rho_W$，则雾滴的临界含水率为

$$X_c=\frac{\frac{\pi}{6}d_{p0}^3\rho_L w_1-\frac{\pi}{6}(d_{p0}^3-d_p^3)\rho_W}{\frac{\pi}{6}d_{p0}^3\rho_L(1-w_1)}=\frac{1}{1-w_1}\left\{w_1-\left[1-\left(\frac{d_p}{d_{p0}}\right)^3\right]\frac{\rho_W}{\rho_L}\right\} \tag{5-49}$$

式中，ρ_W 为水的密度，kg/m³；w_1 为料液的初始湿基含水率；其余符号同前。

③ **空气的临界湿含量 H_c**

$$H_c=H_1+\frac{G_1(1-w_1)(X_1-X_c)}{L} \tag{5-50}$$

式中，H_c 为空气的临界湿含量，kg 水/kg 干空气；H_1 为干燥器进口空气的湿含量，kg 水/kg 干空气；G_1 为料液处理量，kg/h；L 为干空气用量，kg 干空气/h；其余符号同前。

④ **空气的临界温度 t_c** t_c 可根据热量衡算得到，也可用作图法得到，如图 5-22 所示。在 t-H 图上过 H_c 点作水平线与 AB 线交于 C 点，即可查得 t_c 数值。

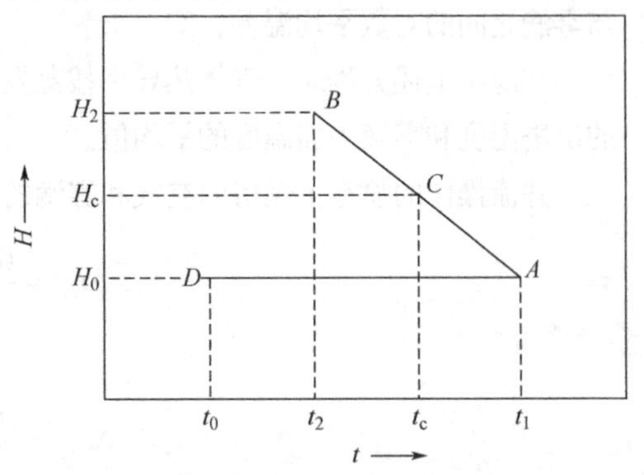

图 5-22 用 t-H 图求空气的临界温度示意图

5.4.5 喷雾干燥塔塔径和塔高的计算

1）图解积分法

（1）图解积分法求塔径

在喷雾干燥塔的设计中，塔径的设计应保证颗粒有足够的停留时间以完成产品干燥的要求，同时也要避免湿雾滴及半湿雾滴黏附到塔壁上。

在讨论雾滴（或颗粒）在喷雾干燥塔内的运动时，一般要作如下假定：

① 雾滴（或颗粒）是均匀的球形，在干燥过程中不变形；

② 喷雾干燥塔内的热风不旋转，且热风的运动速度较小，可忽略不计；

③ 雾滴（或颗粒）群的运动可用单个雾滴（或颗粒）的运动特性来描述；

④ 雾滴（或颗粒）的运动按二维考察。

由雾化器产生的雾滴以很高的速度从喷嘴喷出，雾滴受重力的影响可以忽略。对旋转式雾化器来说，雾滴仅有水平速度，而对于压力式和气流式喷嘴，雾滴以某一锥角喷出，其速度可分解为水平速度 u_x 与垂直速度 u_y（见图 5-23）。雾滴的运动时间与其速度的关系均可以用下式来描述

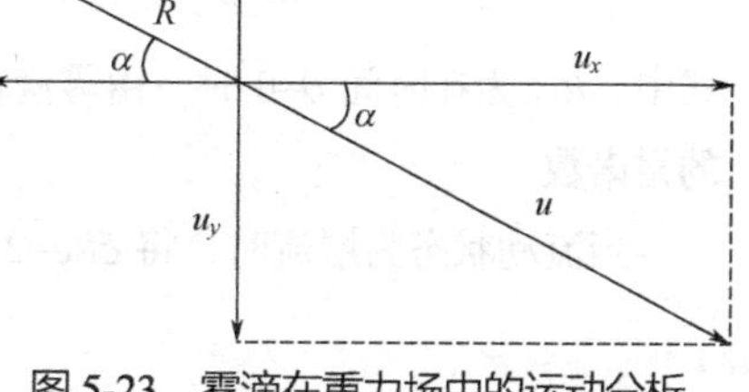

图 5-23　雾滴在重力场中的运动分析

$$\frac{du_x}{d\theta}=-\left(\frac{3\rho_a}{4\rho_L d_p}\right)\xi_x u_x^2 \tag{5-51}$$

$$\frac{du_y}{d\theta}=g\left(\frac{\rho_L-\rho_a}{\rho_L}\right)-\left(\frac{3\rho_a}{4\rho_L d_p}\right)\xi_y u_y^2 \tag{5-52}$$

式中，u_x、u_y 分别为雾滴速度 u 在水平及垂直方向上的分量，m/s；ρ_L、ρ_a 分别为雾滴和空气的密度，kg/m^3；θ 为雾滴运动的时间，s；d_p 为雾滴直径（设为球形），m；ξ 为阻力系数。

阻力系数 ξ 为雷诺数 Re 的函数，如图 5-24 所示。

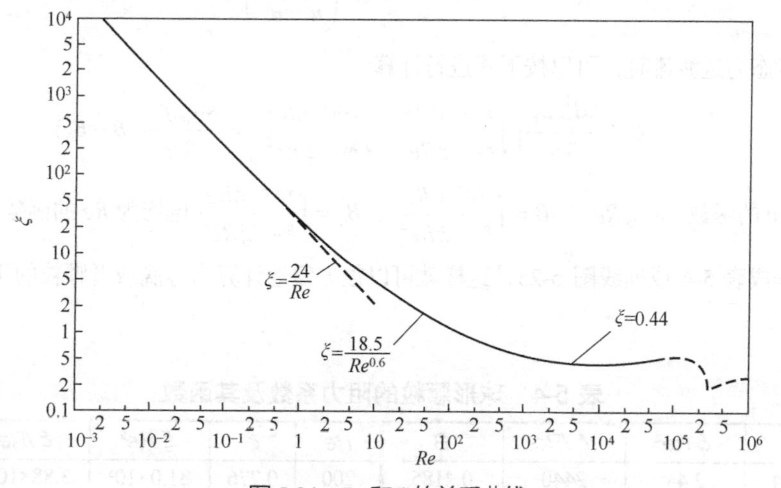

图 5-24　Re 和 ξ 的关系曲线

由图 5-24 得到 Re 和 ξ 的近似关系如下：层流 $Re<1$，$\xi=\frac{24}{Re}$；过渡流 $1<Re\leqslant1000$，$\xi=\frac{18.5}{Re^{0.6}}$；湍流：$1000<Re<2\times10^5$，$\xi\approx0.44$。

在喷雾干燥塔内，空气及雾滴（或颗粒）的运动非常复杂，与热风分布器的结构和配置、雾化器的结构和操作、雾滴的干燥特性、热风进出塔的温度、塔内温度分布等因素有关。目前还没有一种精确计算喷雾干燥塔直径和高度的方法。因此，塔径和塔高主要是根据中试数据或工厂现有的实际经验，然后再通过一定的理论计算来决定。

雾滴的运动轨迹一般随雾化器构造而异。压力式或气流式喷嘴产生的雾滴，通常以某一喷射角喷出，沿着抛物线轨迹运动。旋转式雾化器产生的液滴，由于水平方向的喷射初速度极大，重力影响可以忽略不计，这时 u_x=u，根据此水平速度，可近似地计算雾滴水平运动的距离。用式（5-51）求速度与时间的关系，即

$$\frac{du}{d\theta}=-\left(\frac{3\rho_a}{4\rho_L d_p}\right)\xi u^2 \tag{5-53}$$

由 $Re=\frac{d_p u\rho_a}{\mu}$，故 $u=\frac{Re\mu}{d_p\rho_a}$，代入式（5-53）得 $\frac{dRe}{d\theta}=-\frac{3\mu}{4d_p^2\rho_L}\xi Re^2$，将此式积分得

$$\frac{3\mu}{4d_p^2\rho_L}\theta=-\int_{Re_0}^{Re}\frac{dRe}{\xi Re^2}=\int_{Re}^{Re_0}\frac{dRe}{\xi Re^2}=\int_{Re}^{2\times10^5}\frac{dRe}{\xi Re^2}-\int_{Re_0}^{2\times10^5}\frac{dRe}{\xi Re^2} \tag{5-54}$$

式中，Re_0 为在时间 θ=0 时，由雾滴初始速度 u_0 算出的雷诺数；Re 为经过时间 θ，雾滴速度为 u 时的雷诺数。

当流动状态为层流时，将 ξRe=24 代入式（5-54）积分后得

$$\theta=\frac{\rho_L d_p^{\ 2}}{18\mu}\ln\frac{u_0}{u} \tag{5-55}$$

式中，u_0 为雾滴的初始速度；u 为经过时间 θ 的雾滴速度。

当流动状态为湍流时，将 ξ=0.44 代入式（5-54），积分后得

$$\theta=\frac{3.03\rho_L d_p}{\rho_a}\left(\frac{1}{u}-\frac{1}{u_0}\right) \tag{5-56}$$

当流动状态为过渡流时，可以按下式进行计算

$$\theta=\frac{4d_{p0}^2\rho_L}{3\mu}\left(\int_{Re}^{2\times10^5}\frac{dRe}{\xi Re^2}-\int_{Re_0}^{2\times10^5}\frac{dRe}{\xi Re^2}\right)=\frac{4d_{p0}^2\rho_L}{3\mu}(B-B_0) \tag{5-57}$$

因 ξ 为 Re 的函数，故 ξRe^2、$B=\int_{Re}^{2\times10^5}\frac{dRe}{\xi Re^2}$、$B_0=\int_{Re_0}^{2\times10^5}\frac{dRe}{\xi Re^2}$ 也均为 Re 的函数。为便于应用，将上述关系作成表 5-4 或列线图 5-25，这样就可以很方便地计算出雾滴或者颗粒的飞行时间 θ。具体步骤为：

表 5-4 球形颗粒的阻力系数及其函数

Re	ξ	ξRe^2	ξ/Re	B	Re	ξ	ξRe^2	ξ/Re	B
0.1	244	2.44	2440	0.2185	200	0.776	31.0×10^3	3.88×10^{-3}	0.888×10^{-2}
0.2	124	4.96	620	0.1900	300	0.653	58.7×10^3	2.18×10^{-3}	0.662×10^{-2}
0.3	83.3	7.54	279	0.1727	500	0.555	139×10^3	1.11×10^{-3}	0.440×10^{-2}
0.5	51.5	12.9	103	0.1517	700	0.508	249×10^3	0.726×10^{-3}	0.327×10^{-2}
0.7	37.6	18.4	53.8	0.1387	1000	0.471	471×10^3	0.471×10^{-3}	0.239×10^{-2}
1.0	27.2	27.2	27.2	0.1250	2000	0.421	1.68×10^6	21.1×10^{-5}	12.2×10^{-4}
2	14.8	59.0	7.38	0.1000	3000	0.400	3.60×10^6	13.3×10^{-5}	8.14×10^{-4}
3	10.5	94.7	3.51	0.0867	5000	0.387	9.68×10^6	7.75×10^{-5}	4.71×10^{-4}
5	7.03	176	1.41	0.0708	7000	0.390	19.1×10^6	5.57×10^{-5}	3.23×10^{-4}
7	5.48	268	0.782	0.0616	10000	0.405	40.5×10^6	4.05×10^{-5}	2.15×10^{-4}
10	4.26	426	0.426	0.0524	20000	0.442	177×10^6	2.21×10^{-5}	0.942×10^{-4}
20	2.72	1.09×10^3	136×10^{-3}	3.70×10^{-2}	30000	0.456	410×10^6	1.52×10^{-5}	0.582×10^{-4}
30	2.12	1.91×10^3	70.7×10^{-3}	2.98×10^{-2}	50000	0.474	1.19×10^9	9.48×10^{-6}	3.18×10^{-5}
50	1.57	3.94×10^3	31.5×10^{-3}	2.21×10^{-2}	70000	0.491	2.41×10^9	7.02×10^{-6}	2.04×10^{-5}
70	1.31	6.42×10^3	18.7×10^{-3}	1.81×10^{-2}	100000	0.502	5.02×10^9	5.02×10^{-6}	1.09×10^{-5}
100	1.09	10.9×10^3	10.9×10^{-3}	1.44×10^{-2}	200000	0.498	19.9×10^9	2.49×10^{-6}	0

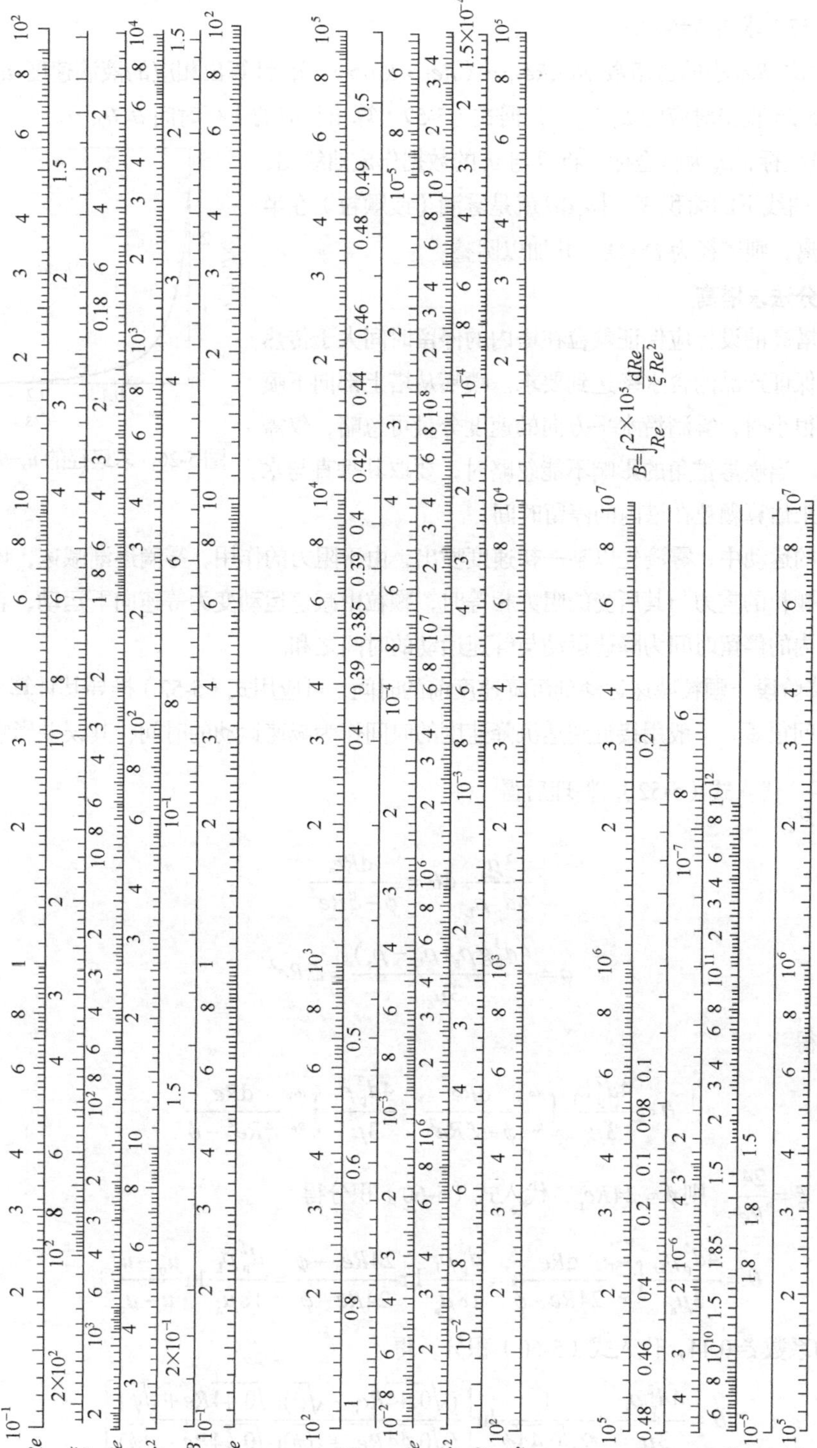

Re 10⁻¹ 2 3 4 6 8 1 2 3 4 6 8 10 2 3 4 6 8 10²
ξ 2×10² 10² 8 6 4 3 2 10 8 6 4 3 2 1.5
ξ/Re 2 10³ 6 4 3 2 10² 8 6 4 3 2 10 8 6 4 3 2 1 8 6 4 3 2' 0.18 6 4 3 2
ξRe² 3 4 6 8 10 2 3 4 6 8 10² 2 3 4 6 8 10³ 2 3 4 6 8 10⁴
B 2×10⁻¹ 1.5 10⁻¹ 8 6 4 3 2 1.5
Re 10⁻¹ 2 3 4 6 8 1 2 3 4 6 8 10 2 3 4 6 8 10²

Re 10² 2 3 4 6 8 10³ 2 3 4 6 8 10⁴ 2 3 4 6 8 10⁵
ξ 1 0.8 0.6 0.5 0.4 0.39 0.385 0.39 0.4 0.42 0.44 0.46 0.48 0.49 0.5
ξ/Re 10⁻² 8 6 4 3 2 10⁻³ 8 6 4 3 2 10⁻⁴ 8 6 4 3 2 10⁻⁵ 8 6
ξRe² 2 3 4 6 8 10⁶ 2 3 4 6 8 10⁶ 2 3 4 6 8 10⁷ 2 3 4 6 8 10⁸ 2 3 4 6 8 10⁹ 2 3 4
B 10⁻² 8 6 4 3 2 10⁻³ 8 6 4 3 2 10⁻⁴ 8 6 4 3 2 1.5×10⁻⁴
Re 10² 2 3 4 6 8 10³ 2 3 4 6 8 10⁴ 2 3 4 6 8 10⁵

Re 10⁵ 2 3 4 6 8 10⁶ 2 3 4 6 8 10⁷
ξ 0.48 0.46 0.4 0.2 0.1 0.08 0.1 0.2
ξ/Re 4 3 2 10⁻⁶ 4 3 2 10⁻⁷ 8 6
ξRe² 6 8 10¹⁰ 1.5 1.85 1.5 2 3 4 6 8 10¹¹ 2 3 4 6 8 10¹²
B 10⁻⁵ 1.8 1.8 1.5
Re 10⁵ 2 3 4 6 8 10⁶ 2 3 4 6 8 10⁷

$$B=\int_{Re}^{2\times10^5}\frac{dRe}{\xi Re^2}$$

图 5-25　Re 与 ξ、ξRe^2、ξ/Re、$\int_{Re}^{2\times10^5}\frac{dRe}{\xi Re^2}$ 的列线图

① 根据初始的水平分速度 u_{x0} 计算出 Re_0；

② 由表 5-4 或图 5-25 查得 $Re=Re_0$ 时的 $B=B_0$ 值；

③ 由式（5-57）求得 $\theta=\theta_0=0$；

④ 取一系列比 Re_0 小的雷诺数 $Re_1,Re_2,\cdots$（$Re_1>Re_2>\cdots$），计算出相应的液滴速度 $u_{x1},u_{x2},\cdots$，再由表 5-4 或图 5-25 查得对应的 $B_1,B_2,\cdots$，据式（5-57）算出相应的飞行时间 $\theta_1,\theta_2,\cdots$；

⑤ 以 θ 为横坐标，u_x 为纵坐标，将 θ 与 u_x 的数据作成曲线图，如图 5-26 所示。曲线下的面积 $X=\int u_x \mathrm{d}\theta$ 就是雾滴（或颗粒）在半径方向的飞行距离，则塔径为 $D=2X$，并加以圆整。

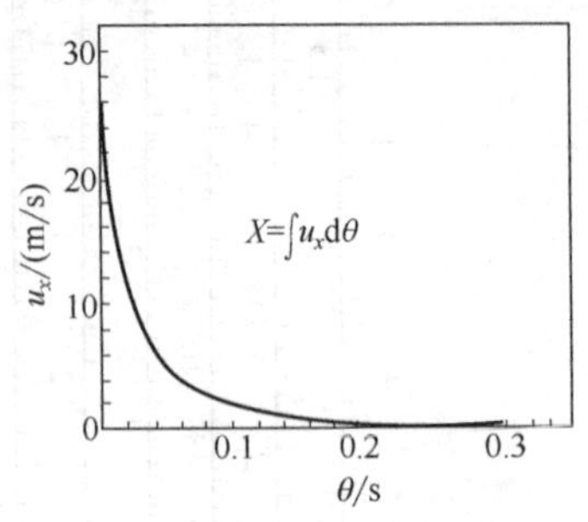

图 5-26 求塔径的 u_x-θ 曲线图

（2）图解积分法求塔高

喷雾干燥塔塔高的设计应保证颗粒在塔内的停留时间大于传热所需的时间，以保证产品的含水率达到要求。喷嘴从塔上部向下喷雾，当喷雾锥角很小时，雾滴沿水平方向的速度分量可忽略，仅需考虑重力的作用。当喷雾锥角的影响不能忽略时，要取其垂直与水平分速度，以此来估算颗粒在塔内的停留时间。

在垂直方向的运动中，雾滴先以某一初速度喷出，由于阻力的作用，雾滴逐渐减速，该阶段称为减速阶段。当颗粒的重力与其所受的阻力相等时，颗粒由减速运动变为等速向下运动，直至产品出口。颗粒在塔内的停留时间为降速运动与等速运动的时间之和。

① 降速沉降阶段 颗粒减速运动到沉降速度前的时间，可应用式（5-52）推导其计算公式。由于减速运动的时间很短，一般用接近到达沉降速度的时间作为减速运动的时间，其误差影响不大。

将 $u=Re\dfrac{\mu}{d_\mathrm{p}\rho_\mathrm{a}}$ 代入式（5-52），整理后得

$$\frac{3\mu_\mathrm{a}}{4d_\mathrm{p}^2\rho_\mathrm{L}}\mathrm{d}\theta=\frac{\mathrm{d}Re}{\phi-\xi Re^2} \tag{5-58}$$

式中

$$\phi=\frac{4d_\mathrm{p}^3 g\rho_\mathrm{a}(\rho_\mathrm{L}-\rho_\mathrm{a})}{3\mu_\mathrm{a}^2}=\xi_t Re_\mathrm{t}^2 \tag{5-59}$$

式（5-58）积分得

$$\theta=\frac{4d_\mathrm{p}^2\rho_\mathrm{L}}{3\mu_\mathrm{a}}\int_{Re_0}^{Re}\frac{\mathrm{d}Re}{\phi-\xi Re^2}=\frac{4d_\mathrm{p}^2\rho_\mathrm{L}}{3\mu_\mathrm{a}}\int_{Re}^{Re_0}\frac{\mathrm{d}Re}{\xi Re^2-\phi} \tag{5-60}$$

在层流区，$\xi=\dfrac{24}{Re}$，则 $\phi=24Re_\mathrm{t}$，代入式（5-60）积分得

$$\theta=\frac{4d_\mathrm{p}^2\rho_\mathrm{L}}{3\mu_\mathrm{a}}\int_{Re}^{Re_0}\frac{\mathrm{d}Re}{24Re-\phi}=\frac{d_\mathrm{p}^2\rho_\mathrm{L}}{18\mu_\mathrm{a}}\ln\frac{24Re_0-\phi}{24Re-\phi}=\frac{d_\mathrm{p}^2\rho_\mathrm{L}}{18\mu_\mathrm{a}}\ln\frac{u_0-u_\mathrm{t}}{u-u_\mathrm{t}} \tag{5-61}$$

在湍流区，阻力系数 $\xi=0.44$，代入式（5-60）积分，得

$$\theta=\frac{4d_\mathrm{p}^2\rho_\mathrm{L}}{3\mu_\mathrm{a}}\times\frac{1}{2\sqrt{0.44\phi}}\ln\left[\frac{(\sqrt{0.44}Re_0-\sqrt{\phi})(\sqrt{0.44}Re+\sqrt{\phi})}{(\sqrt{0.44}Re_0+\sqrt{\phi})(\sqrt{0.44}Re-\sqrt{\phi})}\right]$$

$$=\frac{d_\mathrm{p}^2\rho_\mathrm{L}}{\mu_\mathrm{a}\sqrt{\phi}}\ln\left[\frac{(0.664Re_0-\sqrt{\phi})(0.664Re+\sqrt{\phi})}{(0.664Re_0+\sqrt{\phi})(0.664Re-\sqrt{\phi})}\right] \tag{5-62}$$

② **等速沉降阶段** 当重力等于阻力时，颗粒变为等速运动，此时式（5-52）左端等于零，即 $du_y/d\theta=0$。设等速运动时的沉降速度为 u_t，由式（5-52）可得

$$\left(\frac{3\rho_a}{4\rho_L d_p}\right)\xi_t u_t^2 = g\left(\frac{\rho_L-\rho_a}{\rho_L}\right)$$

故

$$u_t = \sqrt{\frac{4gd_p(\rho_L-\rho_a)}{3\rho_a\xi_t}} \tag{5-63}$$

式中，u_t为颗粒的等速沉降速度，m/s；ξ_t为等速沉降时的阻力系数。

在层流区，$Re_t<1$，$\xi_t=\dfrac{24}{Re_t}$，代入式（5-63），得

$$u_t = \frac{gd_p^2(\rho_L-\rho_a)}{18\mu} \tag{5-64}$$

在湍流区，$500<Re_t<2\times10^5$，$\xi_t\approx0.44$，代入式（5-64），得

$$u_t = 1.74\sqrt{\frac{g(\rho_L-\rho_a)d_p}{\rho_a}} \tag{5-65}$$

在过渡区，$1<Re_t\leqslant500$，$\xi_t=\dfrac{18.5}{Re_t^{0.6}}$

$$u_t = 0.153\left[\frac{gd_p^{1.6}(\rho_L-\rho_a)}{\rho_a^{0.4}\mu^{0.6}}\right]^{0.714} = 0.781\left[\frac{d_p^{1.6}(\rho_L-\rho_a)}{\rho_a^{0.4}\mu^{0.6}}\right]^{0.714} \tag{5-66}$$

一般情况下，将式（5-63）改写后消除 u_t得

$$\xi_t Re_t^2 = \frac{4gd_p^3\rho_a(\rho_L-\rho_a)}{3\mu^2} \tag{5-67}$$

将式（5-64）改写后消除 d_p得

$$\xi_t / Re_t = \frac{4g\mu(\rho_L-\rho_a)}{3\rho_a^{\ 2}u_t^3} \tag{5-68}$$

同样，将 ξRe^2、ξ/Re 作为 Re 的函数，标绘成列线图（如图 5-25 所示），利用式（5-67）及式（5-68），借助于列线图 5-25 或者表 5-4，计算沉降速度 u_t或者颗粒直径 d_p是很方便的。

由式（5-67）计算沉降速度的步骤如下：先用式（5-67）算出 ξRe^2 值；其次用图 5-25 的列线图或者表 5-4，查出与 ξRe^2 相应的 Re_t值；最后由 $u_t = Re_t\dfrac{\mu}{d_p\rho}$ 算出沉降速度。

③ **塔高计算步骤** 减速运动段距离计算步骤为：

a. 根据初始垂直分速度 u_{y0}（$\theta=0$），计算出 Re_0，同时计算出 $\phi=\xi_t Re_t^2$，因此可根据列线图 5-25 或者表 5-4 查得 Re_t，即得到减速运动段的雷诺数范围$[Re_t, Re_0]$，Re_t为下限；

b. 由 Re_0查图 5-25 或者表 5-4 得到$\xi_0 Re_0^2$，可计算出$\dfrac{1}{\xi_0 Re_0^2-\phi}$值；

c. 在$[Re_t,\ Re_0]$范围内，取一系列雷诺数 $Re_1, Re_2, \cdots, Re_t$，（$Re_1>Re_2>\cdots>Re_t$），由表 5-4 或图 5-25 查得对应的$\xi_1 Re_1^2, \xi_2 Re_2^2, \cdots, \xi_t Re_t^2$ 值，再计算出对应的$\dfrac{1}{\xi_1 Re_1^2-\phi}, \dfrac{1}{\xi_2 Re_2^2-\phi}, \cdots, \dfrac{1}{\xi_t Re_t^2-\phi}$值；

d. 以 $\dfrac{1}{\xi Re^2-\phi}$ 为纵坐标，以 Re 为横坐标，得到图 5-27；

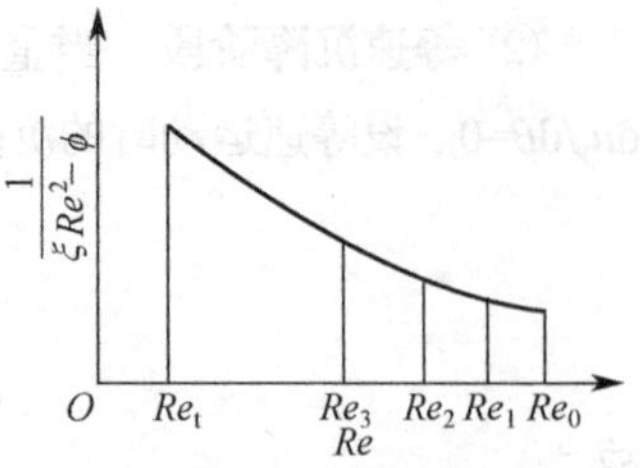

e. 由 Re_1 可计算出 u_{y1}，由图 5-27 可求得 $\int_{Re_1}^{Re_0}\dfrac{\mathrm{d}Re}{\xi Re^2-\phi}$，从而可以计算出停留时间 $\theta_1' = \dfrac{4d_p^2\rho_L}{3\mu}\int_{Re_1}^{Re_0}\dfrac{\mathrm{d}Re}{\xi Re^2-\phi}$；

图 5-27　式（5-60）图解积分示意

f. 类似地，由 $Re_2,Re_3,\cdots,Re_t$ 可计算出 $u_{y2},u_{y3},\cdots,u_t$，由图 5-27 可得 $\int_{Re_2}^{Re_0}\dfrac{\mathrm{d}Re}{\xi Re^2-\phi},\int_{Re_3}^{Re_0}\dfrac{\mathrm{d}Re}{\xi Re^2-\phi},\cdots,\int_{Re_t}^{Re_0}\dfrac{\mathrm{d}Re}{\xi Re^2-\phi}$，也可以计算出相应的停留时间 $\theta_2' = \dfrac{4d_p^2\rho_L}{3\mu}\int_{Re_2}^{Re_0}\dfrac{\mathrm{d}Re}{\xi Re^2-\phi}, \theta_3' = \dfrac{4d_p^2\rho_L}{3\mu}\int_{Re_3}^{Re_0}\dfrac{\mathrm{d}Re}{\xi Re^2-\phi},\cdots,\theta_t' = \dfrac{4d_p^2\rho_L}{3\mu}\int_{Re_t}^{Re_0}\dfrac{\mathrm{d}Re}{\xi Re^2-\phi}$；

g. 将上述计算结果，整理成 $u_y-\theta'$ 关系表，再作成类似于图 5-26 的曲线图，其面积即为雾滴（或颗粒）减速运动段的距离 Y_1。

等速运动段距离的计算步骤为：

a. 按式（5-46）计算雾滴干燥所需的时间 θ；

b. 求出降速沉降时间 θ'，等速运动时间 $\theta''=\theta-\theta'$；

c. 由沉降速度 u_t 求出在等速沉降阶段颗粒的运动距离 $Y_2=\theta'' u_t$。

④ **塔高的计算**　喷雾干燥塔塔高为颗粒在降速阶段和等速阶段运动距离之和，即 $Y=Y_1+Y_2$。必须指出，以上经图解积分法计算得到的塔径与塔高值，必须结合工厂现有的实际经验与中试的数据加以修正后方能作为设计依据使用，以减少误差。

2）干燥强度法

干燥强度定义为单位干燥器容积单位时间内的蒸发能力，用 q_A 表示。于是干燥器的容积可用下式计算

$$V=\frac{W}{q_A} \tag{5-69}$$

式中，V 为干燥器容积，m^3；W 为水分蒸发量，kg/h；q_A 为干燥强度，kg/(m^3·h)。

q_A 是经验数据。对于牛奶的喷雾干燥，如果热空气入口温度为 140～160℃，q_A=3～4kg/(m^3·h)。在无数据时，可参考表 5-5、表 5-6 进行选用。

表 5-5　q_A 值与进、出口温度的关系　单位：kg/(m^3·h)

出口温度	进口温度					
	150℃	200℃	250℃	300℃	350℃	400℃
70℃	3.58	5.72	7.63	9.49	11.20	12.74
80℃	3.03	5.18	7.07	8.93	—	—
100℃	1.92	4.09	5.96	7.80	9.33	11.11

表 5-6　q_A 值与热风入口温度的关系

热风入口温度/℃	q_A/[kg/（m^3·h）]
130～150	2～4
300～400	6～12
500～700	15～25

V 值求出以后，先选定直径，然后求出圆柱体高度。圆柱体高度 H 和干燥器直径 D 比值的经验数据见表 5-7。干燥强度经常作为代表干燥器干燥能力的数据，故此值愈大干燥器的干燥能力愈强。

表 5-7　雾化器类型与流向组合和 $H:D$ 关系

雾化器的类型及热风流向的组合	$H:D$ 的范围	雾化器的类型及热风流向的组合	$H:D$ 的范围
旋转雾化器，并流	(0.6∶1) ～ (1∶1)	喷嘴雾化器，混合流(喷泉式)	(1∶1) ～ (1.5∶1)
喷嘴雾化器，并流	(3∶1) ～ (4∶1)	喷嘴雾化器，混合流(内置流化床)	(0.15∶1)～(0.4∶1)
喷嘴雾化器，逆流	(3∶1) ～ (5∶1)	—	—

3）用体积传热系数法估算干燥器容积

按照传热速率方程

$$Q=\alpha_V V\Delta t_m \tag{5-70}$$

式中，Q 为干燥所需的热量，W；α_V 为体积传热系数，W/（m^3・℃），喷雾干燥时，α_V=10（大粒）～30（微粉）W/（m^3・℃）；Δt_m 为对数平均温差，℃。

求得干燥器容积后，可由圆柱体高度 H 和干燥器直径 D 比值的经验数据（见表 5-7），确定塔径和塔高。

5.4.6　主要附属设备

在一套喷雾干燥装置中，除了主体设备喷雾干燥塔之外，还有热风供应系统、料液供应系统和气固分离系统等。料液供应系统一般有料液过滤器、料液泵、料液预热器等。

在喷雾干燥系统中，主要的附属设备有空气加热器、风机、气固分离设备、热风进口分布装置及排料装置，以下分别进行简要介绍。

（1）风机

喷雾干燥系统中采用的风机一般为离心式通风机，其风压一般为 1000～15000Pa。风机在干燥系统中主要有两种布置方式：单台引风机和双台鼓-引风机。如图 5-28 所示，单台引风机放置在粉尘回收装置之后，使干燥器处于负压操作。这种系统的优点是，粉尘及有害气体不会泄漏至空气中，但由于干燥器内的负压较高，风机频繁启动和停止会引起器内局部失稳以及外部空气漏入塔内。因此，单台引风方式仅适用于小型喷雾干燥系统。对于大型喷雾干燥系统，主要采用两台风机，一台作为鼓风机，另一台作为引风机。这种系统具有很大的灵活性，可以通过调节管路压力分布，改善干燥器的操作条件，使之处于接近大气压的微负压操作。这不仅兼顾了负压操作的优点，又避免了大的负压使空气漏入系统中，造成干燥效率降低的缺点。同时，微负压操作又可保证粉尘回收装置具有较高的回收率。

选择通风机一般按以下步骤进行：

① 首先应根据排、送空气的不同性质，如清洁空气，含有易燃、易爆、易腐蚀性气体及含尘或高温气体，选择不同类型的通风机。

② 所需输送风量是指进入风机时的温度、压力下的体积流量。所需的全风压由气体流经整个干燥系统所需克服的阻力决定，需把喷雾干燥系统所需的风压 H_t 换算成上述标准状态下（压力为 101.3kPa，温度为 20℃，密度为 1.2kg/m^3）的风压 H_t'，然后再按 H_t' 来选用。

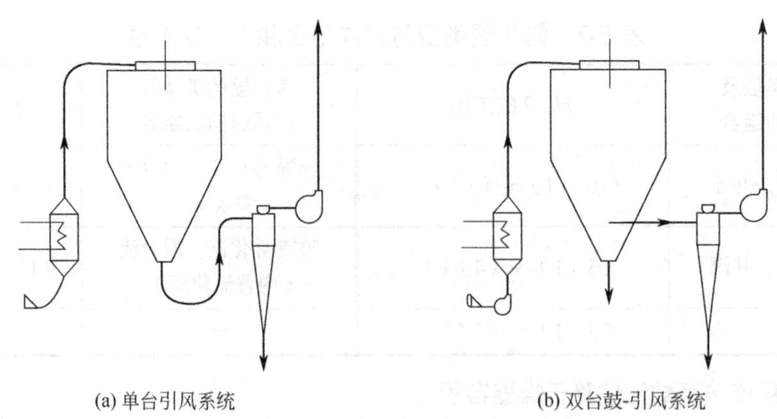

图 5-28 风机在干燥系统的布置方式

$$H_t' = H_t\left(\frac{1.2}{\rho_a}\right) \tag{5-71}$$

③ 由于系统难以保证绝对密封，故对计算的空气量，应考虑必要的安全系数，一般应比理论计算值高 10%～15%。

④ 为保证干燥塔内处于一定的负压环境（一般为 100～300Pa），设计时选择进风和排风两台风机串联使用，排风机风量和风压都要大于进风机。

（2）空气加热器

适用于喷雾干燥的空气加热器有 5 种类型：①蒸汽间接加热器；②燃油或煤气间接加热器；③燃油或煤气直接加热器；④电加热器；⑤液相加热器。

干燥介质通常是热空气，对于不怕污染的产品可用烟道气，对于含有有机溶剂或易氧化的物料则采用惰性气体（如氮气等）。

在对热空气温度要求不高的情况下（低于 140℃），蒸汽压力一般低于 0.6MPa，冷凝水的温度应比空气离开加热器的温度高 5～7℃。其中蒸汽间接加热器得到广泛应用，以翅片式换热器的应用为最多。当空气速度为 5m/s 时，传热系数约为 55.6W/（m^2・℃）。当温度要求较高时，可采用其他型式的加热器。

（3）气固分离器

喷雾干燥系统的气固分离器常采用旋风分离器、袋滤器及湿式除尘器等。在喷雾干燥过程中，通常采用二级回收系统，如先经过旋风分离器再经过袋滤器，或先通过旋风分离器再用湿式除尘器进一步分离。

旋风分离器是喷雾干燥系统最常用的气固分离设备。对于颗粒直径大于 5μm 的含尘气体，分离效率较高，压降一般为 1000～2000Pa。旋风分离器的种类繁多，分类也各有不同，但其技术性能均可以处理量、压力损失和除尘效率 3 个指标加以衡量。各种类型旋风分离器的结构尺寸都有一定的比例关系，通常以圆柱体直径 D 的若干倍数或分数来表示，各部分尺寸符号如图 5-29 所示。电子版附录 18 给出了几种常见旋风分离器的参数。

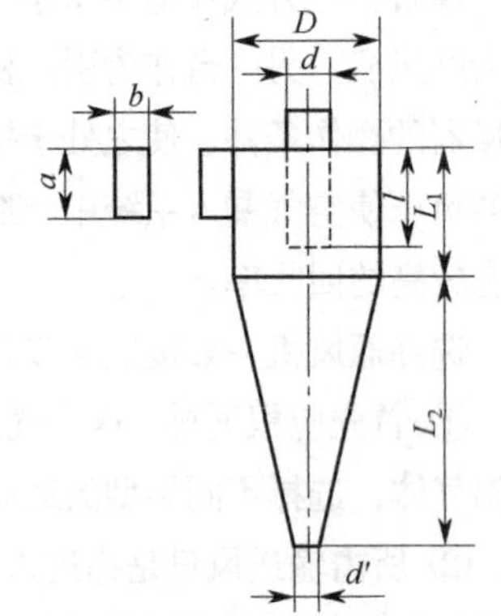

图 5-29 旋风分离器各部分尺寸符号

5.5 喷雾干燥装置设计示例

采用旋转型压力式喷嘴的喷雾干燥装置干燥浓缩奶，生产全脂奶粉，选用热风-雾滴（或颗粒）并流向下的操作方式。

5.5.1 工艺设计条件

生产任务：日处理30t鲜奶的喷雾干燥装置设计。

进料状况：鲜奶含水率 w_0=88%；浓缩奶总固形物含量42%，含水率 w_1=58%（湿基，质量分数），温度 t_{M1}=45℃、密度 ρ_L= 1120kg/m^3、黏度 μ=15cP（1cP=1mPa·s）。

成品奶粉物性：含水量 w_2 不大于 2.5%（湿基，质量分数），密度 ρ_p=600kg/m^3、比热容 2.1kJ/(kg·K)，出塔温度 t_{M2}=70℃，产品平均粒径 d_p=125μm。

年平均温度：t_0=12.2℃、年平均空气相对湿度 φ_0=65%。

热风温度：入塔温度 t_1=160℃，出塔温度 t_2=80℃。

干燥器内操作表压：−150Pa（绝压 p=101.15kPa）。

5.5.2 工艺流程

工艺流程示意图如图5-30所示。

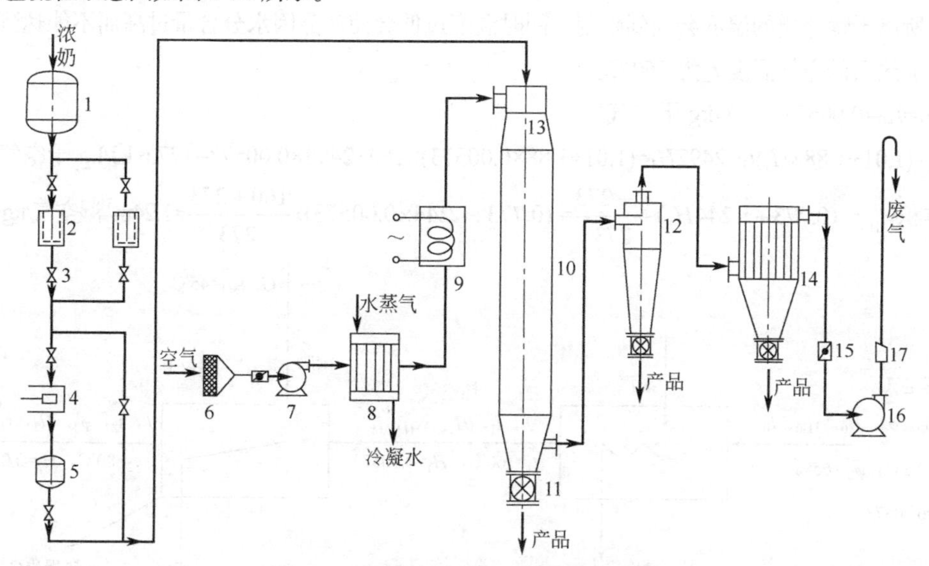

图5-30 奶粉喷雾干燥工艺流程示意图

1—原料贮罐；2—过滤器；3—截止阀；4—柱塞泵；5—稳压罐；6—空气过滤器；7—鼓风机；8—翅片加热器；9—电加热器；10—喷雾干燥器；11—星形卸料器；12—旋风分离器；13—雾化器；14—布袋过滤器；15—蝶阀；16—引风机；17—消声器

5.5.3 工艺设计计算

1）物料和热量衡算

物料衡算示意图如图5-31所示。

（1）产品产量 G_2

每小时需得奶粉量

$$G_c = 30000 \times \frac{(1-88\%)}{24} = 150.0\text{kg/h}$$

$$G_2 = \frac{G_c}{1-w_2} = \frac{150.0}{1-0.025} = 153.8\text{kg/h}$$

（2）水分蒸发量 W

$$G_1 = \frac{G_c}{1-w_1} = \frac{150.0}{1-0.58} = 357.1\text{kg/h}$$

$$W=G_1-G_2=357.1-153.8=203.3\text{kg/h}$$

（3）新鲜空气状态参数

t_0=12.2℃，φ_0=65%，查得 12.2℃水的饱和蒸气压 p_{s0}=1.4212kPa，则湿度为

$H_0=0.622\varphi_0 p_{s0}/(p-\varphi_0 p_{s0})=0.622\times0.65\times1.4212/(101.15-0.65\times1.4212)=5.73\times10^{-3}$kg 水/kg 干空气

热焓　$I_0=(1.01+1.88H_0)\,t_0+2492H_0=(1.01+1.88\times0.00573)\times12.2+2492\times0.00573=26.73$kJ/kg 干空气

湿比体积 $v_{H0}=(0.773+1.244H_0)\dfrac{t_0+273}{273}=(0.773+1.244\times0.00573)\times\dfrac{12.2+273}{273}=0.815\text{m}^3$湿空气/kg干空气

（4）加热后空气的状态参数

喷雾干燥工艺条件因喷雾干燥方法、设备和乳粉品种不同而异。提高热空气温度可以提高热效率，强化干燥过程，减少干燥塔所需容积，但是考虑到温度过高会影响乳粉的质量，如发生龟裂或焦化，所以干燥介质的温度会受到限制。同时温度过低会使产品因水分含量过高而不能达到标准。故选定加热后的空气温度 t_1 为 160℃。

湿度 $H_1=H_0=0.00573$ kg 水/kg 干空气

热焓 $I_1=(1.01+1.88\times H_1)t_1+2492H_1=(1.01+1.88\times0.00573)\times160+2492\times0.00573=177.6$ kJ/kg 干空气

湿比体积 $v_{H1}=(0.773+1.244H_1)\dfrac{t_1+273}{273}=(0.773+1.244\times0.00573)\times\dfrac{160+273}{273}=1.24\text{m}^3$湿空气/kg 干空气

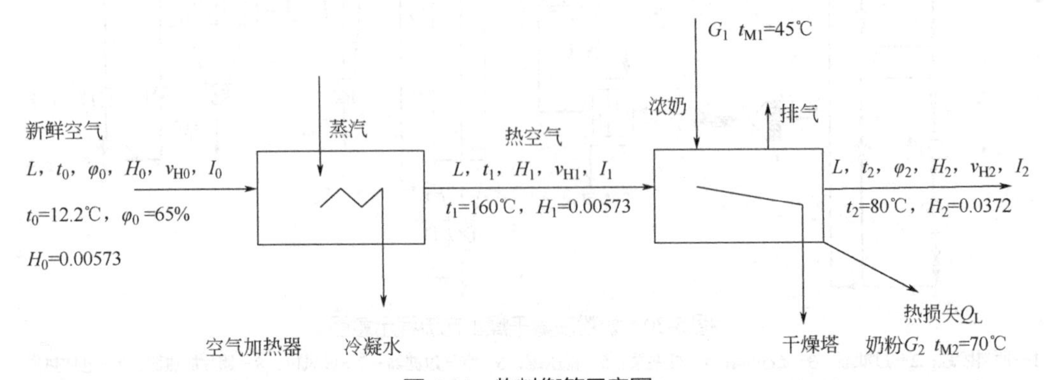

图 5-31　物料衡算示意图

（5）排风状态参数确定

干燥的乳粉含水分 2.5%以内，从塔底排出，热空气经旋风分离器收集所携带的乳粉颗粒，净化后的空气被引风机送入大气中，排放温度为 80～90℃，相对湿度为 10%～13%。选定排放温度为 80℃。但为了防止产品长时间受高温影响而变性，同时也要防止露水的形成，故奶粉出口温度一般比排气温度低 10℃。

对干燥器进行热量衡算，有

$$\frac{G_2c_Mt_{M1}}{W}+c_wt_{M1}+lI_0+l(I_1-I_0)=\frac{G_2c_Mt_{M2}}{W}+lI_2+q_L$$

式中　c_M——产品比热容，全脂奶粉为 2.1kJ/(kg·℃)；

c_w——水的比热容，4.187kJ/(kg·℃)；

t_{M1}——浓奶进干燥器的温度，45℃；

t_{M2}——奶粉出口温度，取 70℃；

q_L——每蒸发 1kg 水干燥室的热损失，按工业生产经验取 250kJ/kg 水；

W——每小时蒸发水量（见物料衡算），203.2kg/h；

G_2——每小时奶粉产量（见物料衡算），153.8kg/h；

l——每蒸发 1kg 水所需空气量，$l=1/(H_2-H_1)$，kg 干空气/kg 水。

将上式整理后可得

$$c_wt_{M1}-\left[\frac{G_2c_M(t_{M2}-t_{M1})}{W}+q_L\right]=\frac{I_2-I_1}{H_2-H_1}$$

方程左端表示干燥室补充热量与损失热量之差，用Δ表示。

$$\Delta=4.187\times45-\left[\frac{153.8\times2.1\times(70-45)}{203.3}+250\right]=-101.3\text{kJ/kg水}$$

$$\frac{t_2-t_1}{H_2-H_1}=\frac{-2492+\Delta}{c_{H1}}=\frac{-2492-101.3}{1.01+1.88\times0.00573}$$

解出

$$H_2=0.0372\text{kg 水/kg 干空气}$$

热焓 $I_2=(1.01+1.88H_2)t_2+2492H_2=(1.01+1.88\times0.0372)\times80+2492\times0.0372=179.1$kJ/kg 干空气

由 $H_2=0.622\varphi_2p_{s2}/(p-\varphi_2p_{s2})$，查得 80℃水的饱和蒸气压 $p_{s2}=47.376$kPa，则

$$0.0372=0.622\times47.376\varphi_2/(101.3-47.376\varphi_2)$$

解得

$$\varphi_2=12.1\%<13\%$$

为保证乳粉水分含量的要求，必须严格控制排风相对湿度 $\varphi_2=10\%\sim13\%$。由于 φ_2 在此范围以内，所以产品的含水量可以保证。

湿比体积$v_{H2}=(0.773+1.244H_2)\dfrac{t_2+273}{273}=(0.773+1.244\times0.0372)\times\dfrac{80+273}{273}=1.06\text{m}^3$湿空气/kg干空气

（6）每蒸发 1kg 水干空气用量

$$l=1/(H_2-H_1)=1/(0.0372-0.00573)=31.78\text{kg 干空气/kg 水}$$

每小时干空气量

$$L=W/(H_2-H_1)=203.2/(0.0372-0.00573)=6456.9\text{ kg 干空气/h}$$

新鲜空气体积流量

$$V_0=Lv_{H0}=6456.9\times0.815=5262.4\text{m}^3\text{/h}$$

2）雾滴干燥所需时间 θ 的计算

① **汽化潜热 r**　查得空气入塔状态下的湿球温度 $t_w=41.9$℃，该温度下水的汽化潜热 $r=2401$kJ/kg。

② **热导率 λ**　液滴表面的平均气膜温度为 $\frac{1}{2}\times(41.9+80)=61$℃，该温度下空气的热导率 $\lambda=0.029$ W/(m·℃)。

③ **初始液滴直径 d_{p0}**　由 $X_1=\dfrac{w_1}{1-w_1}=\dfrac{58\%}{42\%}=1.38$kg 水/kg 干物质，$X_2=\dfrac{w_2}{1-w_2}=\dfrac{2.5\%}{97.5\%}=$

0.0256 kg 水/kg 干物质，根据式（5-40）

$$d_{p0}=d_p\left[\frac{\rho_p(1+X_1)}{\rho_L(1+X_2)}\right]^{1/3}=125\times\left[\frac{600\times(1+1.38)}{1120\times(1+0.0256)}\right]^{1/3}=134.4\mu m$$

④ **雾滴的临界直径** $d_{pc}=d_p=125\mu m$

⑤ **雾滴临界湿含量 X_c** 由式（5-49）计算

$$X_c=\frac{1}{1-w_1}\left\{w_1-\left[1-\left(\frac{d_p}{d_{p0}}\right)^3\right]\frac{\rho_w}{\rho_L}\right\}=\frac{1}{1-0.58}\left\{0.58-\left[1-\left(\frac{125}{134.4}\right)^3\right]\times\frac{984.4}{1120}\right\}=0.972\text{kg 水/kg 干物料}$$

⑥ **空气的临界湿含量 H_c** 由式（5-50）计算

$$H_c=H_1+\frac{G_1(1-w_1)(X_1-X_c)}{L}=0.00573+\frac{357.1\times(1-0.58)(1.38-0.972)}{6456.9}=0.0152\text{kg 水/kg 干空气}$$

⑦ **空气的临界温度 t_c** 如图 5-22 所示，根据 A（湿空气进入干燥室的状态）、B（湿空气出干燥室的状态）和 C（临界温度、湿度）三点的直线关系计算

$$\frac{t_c-t_1}{H_c-H_1}=-2540.5$$

$$\frac{t_c-160}{0.0152-0.00573}=-2540.5$$

解出 t_c 为 135.9℃。

⑧ **传热温差 Δt_{m1}、Δt_{m2}** 分别由式（5-47）和式（5-48）计算

$$\Delta t_{m1}=\frac{(t_1-t_{M1})-(t_c-t_w)}{\ln\dfrac{t_1-t_{M1}}{t_c-t_w}}=\frac{(160-45)-(135.9-41.9)}{\ln\dfrac{160-45}{135.9-41.9}}=104.1℃$$

$$\Delta t_{m2}=\frac{(t_c-t_w)-(t_2-t_{M2})}{\ln\dfrac{t_c-t_w}{t_2-t_{M2}}}=\frac{(135.9-41.9)-(80-70)}{\ln\dfrac{135.9-41.9}{80-70}}=37.5℃$$

⑨ **雾滴干燥所需时间** 由式（5-46）计算

$$\theta=\frac{r\rho_L(d_{p0}^2-d_{pc}^2)}{8\lambda\Delta t_{m1}}+\frac{r\rho_p d_{pc}^2(X_C-X_2)}{12\lambda\Delta t_{m2}}$$

$$=\frac{2401\times1120\times(134.4^2-125^2)\times10^{-12}}{8\times0.029\times104.1\times10^{-3}}+\frac{2401\times600\times125^2\times10^{-12}\times(0.972-0.0256)}{12\times0.029\times37.5\times10^{-3}}=1.90s$$

3）压力式喷嘴的设计

（1）确定压力喷嘴尺寸

① 根据经验，选择喷雾锥角 β=57°，查图 5-20，知 A'=1.46。

② 当 A'=1.46 时，查图 5-18 可得 C_D=0.39。

③ 计算喷嘴孔直径 d_0。由式（5-30）有：$V=C_D\pi r_0^2\sqrt{2gH}=C_D A_0\sqrt{2gH}$

$$r_0=\left(\frac{V}{\pi C_D\sqrt{\dfrac{2\Delta p}{\rho_L}}}\right)^{0.5}=\left[\frac{357.1/(3600\times1120)}{3.14\times0.39\times\sqrt{\dfrac{2\times12\times10^6}{1120}}}\right]^{0.5}=7.03\times10^{-4}\text{ m}$$

$$d_0=2r_0=1.406\text{ mm}$$

圆整后取 d_0 为 1.4mm。

④ 确定喷嘴旋转室的尺寸。选用矩形切线入口通道 2 个，根据经验取 b=1mm，$2R/b$=16，即 R=8mm，旋转室直径为 16mm。

因为 $A_1 = 2bh$，$R_1 = R - \dfrac{b}{2} = 8 - \dfrac{1}{2} = 7.5\text{mm}$，所以由式（5-32）得

$$h = \left(\frac{\pi r_0 R}{2bA'}\right)\left(\frac{r_0}{R_1}\right)^{\frac{1}{2}} = \left(\frac{3.14\times0.7\times8}{2\times1\times1.46}\right)\left(\frac{0.7}{7.5}\right)^{\frac{1}{2}} = 1.8\text{mm}$$

圆整取 h=2mm。

⑤ 校核喷嘴的生产能力。d_0 和 h 经圆整后，影响 C_D 的主要因素 A' 要发生变化，进而影响流量，因此需校核喷嘴的生产能力。圆整后

$$A' = \left(\frac{\pi r_0 R}{2bh}\right)\left(\frac{r_0}{R_1}\right)^{\frac{1}{2}} = \left(\frac{3.14\times0.7\times8}{2\times1\times2}\right)\left(\frac{0.7}{8}\right)^{\frac{1}{2}} = 1.30$$

此时 C_D 为 0.45，满足设计要求。

⑥ 计算空气芯半径 r_c。因 $A = \dfrac{\pi r_0 R}{2bh} = \dfrac{3.14\times0.7\times8}{2\times1\times2} = 4.4$，由图 5-19 查得 a=0.36，则空气芯半径 r_c 可求

$$r_c = r_0\sqrt{1-a} = 0.7\times\sqrt{1-0.36} = 0.56\text{mm}$$

（2）喷嘴出口处液膜速度的计算

根据式（5-35）～式（5-37）

$$u_0 = \frac{V}{\pi(r_0^2 - r_c^2)} = \frac{\dfrac{357}{(3600\times1120)}}{\pi(0.0007^2 - 0.00056^2)} = 159.8\text{m/s}$$

$$u_{x0} = u_0\sin\frac{\beta}{2} = 159.8\times\sin\frac{57^\circ}{2} = 76.2\text{m/s}$$

$$u_{y0} = u_0\cos\frac{\beta}{2} = 159.8\times\cos\frac{57^\circ}{2} = 140.4\text{m/s}$$

4）干燥塔主要尺寸的确定

（1）计算塔径

塔内空气平均温度为 $\dfrac{1}{2}\times(160+80) = 120℃$，该温度下空气的动力黏度 μ_a=2.29×10^{-5}Pa·s，空气密度 ρ_a=0.898kg/m^3。

① 根据水平初速度 $u_{x0} = 76.2\text{m/s}$，计算出 Re_0。

$$Re_0 = \frac{d_{p0}u_{x0}\rho_a}{\mu_a} = \frac{0.1344\times76.2\times0.898}{0.0229} = 401$$，为过渡区。

② 由图 5-25 查得 R_{e0}=401 时，$B = B_0 = 5.3\times10^{-3}$。

③ 由式（5-57）求出 $\theta = \theta_0 = 0$。

④ 取一系列 $R_{e1}, R_{e2}, \cdots$,（$R_{e1} > R_{e2} > \cdots$），计算出相应的液滴速度 $u_{x1}, u_{x2}, \cdots$，再由表 5-4 或图 5-25 查得对应的 $B_1, B_2, \cdots$，据式（5-57）算出相应的飞行时间 $\theta_1, \theta_2, \cdots$，列入表 5-8 中。

表 5-8　雾滴停留时间 θ 与水平速度 u_x 的关系

Re	$u_x=\frac{\mu_a Re}{d_{p0}\rho_a}$ /(m/s)	$B\times10^2$	$\theta=\frac{4d_{p0}^2\rho_L}{3\mu_a}(B-B_0)$ /s	Re	$u_x=\frac{\mu_a Re}{d_{p0}\rho_a}$ /(m/s)	$B\times10^2$	$\theta=\frac{4d_{p0}^2\rho_L}{3\mu_a}(B-B_0)$ /s
401	76.2	0.530	0	10	1.90	5.24	0.0556
321	60.9	0.620	0.00106	7	1.33	6.16	0.0664
300	56.9	0.662	0.00156	5	0.949	7.08	0.0773
200	37.9	0.888	0.00422	3	0.569	8.67	0.0961
100	19.0	1.44	0.0107	2	0.379	10.0	0.112
70	13.3	1.81	0.0151	1	0.190	12.5	0.141
50	9.49	2.21	0.0198	0.7	0.133	13.9	0.157
30	5.69	2.98	0.0289	0.5	0.0949	15.2	0.173
25	4.75	3.20	0.0315	0.3	0.0569	17.27	0.198
20	3.79	3.70	0.0374	0.2	0.0379	19.0	0.218
15	2.85	4.40	0.0457	0.1	0.0190	21.85	0.251

⑤ 以 θ 为横坐标，u_x 为纵坐标，作 $u_x-\theta$ 曲线，如图 5-32 所示。用图解积分法求出 $X=\int u_x \mathrm{d}\theta=0.77\mathrm{m}$，则塔径为 $D=2X=1.54\mathrm{m}$，圆整为 1.6m。

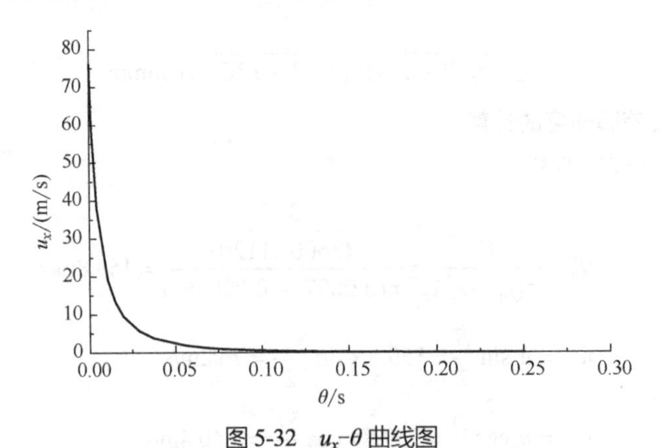

图 5-32　u_x-θ 曲线图

（2）塔高的计算

① 减速运动阶段距离 Y_1 的计算

a. 根据初始垂直分速度 u_{y0}，计算 Re_0。

$$Re_0=\frac{d_{p0}u_{y0}\rho_a}{\mu_a}=\frac{134.4\times10^{-6}\times140.4\times0.898}{2.29\times10^{-5}}=740.0$$

属于过渡区。由式（5-59）可得

$$\phi=\frac{4d_{p0}^3 g\rho_a(\rho_L-\rho_a)}{3\mu_a^2}=\frac{4\times(134.4\times10^{-6})^3\times9.81\times0.898\times(1120-0.898)}{3\times(2.29\times10^{-5})^2}=60.9$$

b. 由于 $\phi=\xi_t Re_t^2$，因此可根据图 5-25 查得 $Re_t=2.1$。

c. 由 Re_0 查图 5-25 得到 $\xi_0 Re_0^2=2.8\times10^5$，则 $\frac{1}{\xi_0 Re_0^2-\phi}=3.57\times10^{-6}$。

d. 取一系列雷诺数 $Re_1,Re_2,\cdots,Re_t$；由表 5-4 或图 5-25 查得相应的 $\xi_1 Re_1^2,\xi_2 Re_2^2,\cdots,\xi_t Re_t^2$，再

计算出对应的$\frac{1}{\xi_1 Re_1^2-\phi},\frac{1}{\xi_2 Re_2^2-\phi},\cdots,\frac{1}{\xi_t Re_t^2-\phi}$列入表 5-9 中。

表 5-9　Re 与$\frac{1}{\xi Re^2-\phi}$、u_y、θ'的关系

Re	ξRe^2	$\left(\frac{1}{\xi Re^2-\phi}\right)\times 10^5$	$u_y=\frac{\mu_a Re}{d_{p0}\rho_a}$/(m/s)	$\theta'=\frac{4d_{p0}^2\rho_L}{3\mu_a}\int_{Re_t}^{Re_0}\frac{dRe}{\xi Re^2-\phi}$/s
740	2.80×10^5	0.357	140	0
700	2.49×10^5	0.402	133	1.79×10^{-4}
500	1.39×10^5	0.720	94.9	1.50×10^{-3}
300	5.87×10^4	1.71	56.9	4.37×10^{-4}
200	3.10×10^4	3.23	37.9	7.28×10^{-3}
100	1.09×10^4	9.23	19.0	0.0146
70	6.42×10^3	15.7	13.3	0.0191
50	3.94×10^3	25.8	9.49	0.0240
30	1.91×10^3	54.1	5.69	0.0330
20	1.09×10^3	97.2	3.79	0.0420
10	426	274	1.90	0.0640
7	268	483	1.33	0.0780
5	176	869	0.949	0.0940
4	130	1447	0.759	0.107
3.8	119	1724	0.721	0.111
3	94.7	2958	0.569	0.133
2.5	75	7092	0.474	0.163
2.3	67	41454	0.437	0.221
2.2	65	24390	0.417	0.258
2.1	60.9	无穷大	0.398	—

e. 以 Re 为横坐标，$\frac{1}{\xi Re^2-\phi}$为纵坐标作图，可得图 5-33。

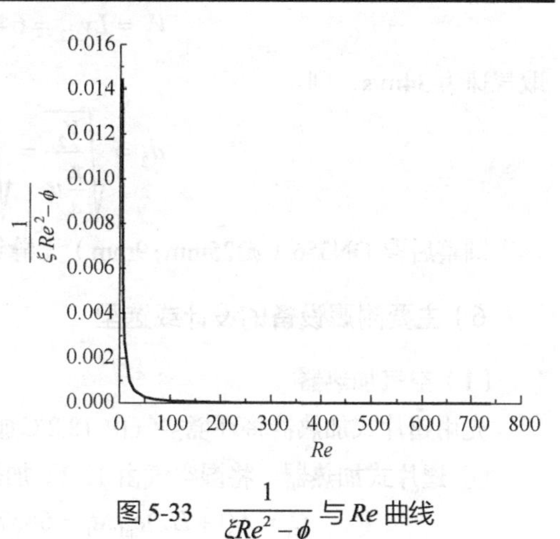

图 5-33　$\frac{1}{\xi Re^2-\phi}$与 Re 曲线

f. 当 $Re_1=700$，可计算出 $u_{y1}=133\text{m/s}$，由图 5-33 可求得$\int_{700}^{740}\frac{dRe}{\xi Re^2-\phi}$，从而可计算出停留时间 $\theta'=\frac{4d_{p0}^2\rho_L}{3\mu_a}\int_{700}^{740}\frac{dRe}{\xi Re^2-\phi}=1.18\times\int_{700}^{740}\frac{dRe}{\xi Re^2-\phi}=1.79\times10^{-4}\text{s}$。

g. 类似地，由 $Re_2,Re_3,\cdots,Re_t$，可计算出 $u_{y2},u_{y3},\cdots,u_{yt}$，由图 5-30 可求得$\int_{Re_2}^{Re_0}\frac{dRe}{\xi Re^2-\phi}$，$\int_{Re_3}^{Re_0}\frac{dRe}{\xi Re^2-\phi},\cdots,\int_{Re_t}^{Re_0}\frac{dRe}{\xi Re^2-\phi}$，也可以计算出相应的停留时间$\theta_2',\theta_3',\cdots,\theta'$，如表 5-9 所示。由此计算出减速运动阶段的停留时间$\theta'=0.258\text{s}$。

h. 将表 5-9 的 u_y–θ'数据，再作成 u_y–θ'曲线，如图 5-34 所示，其面积即为雾滴（或颗粒）减速运动阶段的距离 $Y_1=\int_0^{0.107}u_y\mathrm{d}\theta=1.17\mathrm{m}$。

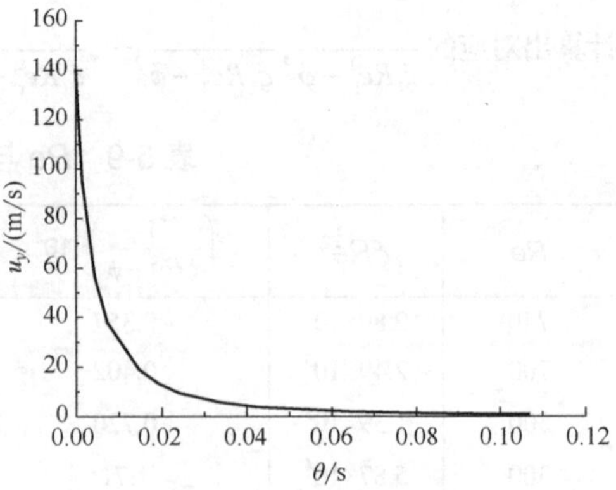

② 等速运动段距离 Y_2 的计算

a. 等速运动时间 θ''

$$\theta''=\theta-\theta'=1.95-0.258=1.69\mathrm{s}$$

考虑安全因素，取等速下降时间为 5s。

b. 等速运动段距离

$$Y_1=\theta''u_t=5\times0.42=2.10\mathrm{m}$$

图 5-34 u_y–θ'关系曲线

③ **塔高的计算** 塔的有效高度 $Y=Y_1+Y_2=1.17+2.10=3.27\mathrm{m}$，圆整至 4m。实际塔高尚需考虑塔内其他装置所需高度。

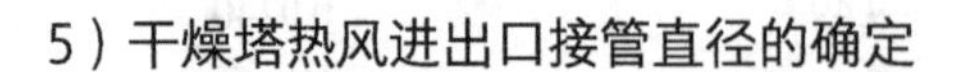

5）干燥塔热风进出口接管直径的确定

在干燥装置设计时，一般取风管中的气速为 15～25m/s。

（1）热风进口接管直径 d_1

前面已经算出 $v_{\mathrm{H1}}=1.24\ \mathrm{m^3/kg}$ 干空气，故 $V_1=Lv_{\mathrm{H1}}=6457\times1.24=8007\mathrm{m^3/h}$。取热风管道中的气速为 24m/s，则

$$d_1=\sqrt{\frac{V_1}{\frac{\pi}{4}u}}=\sqrt{\frac{8007}{3600\times24\times\frac{\pi}{4}}}=0.34\mathrm{m}$$

圆整后取 DN406（ϕ406mm × 9.5mm）无缝钢管（GB/T 17395—2008）。

（2）热风出口接管直径 d_2

$$v_{\mathrm{H2}}=(0.773+1.244H_2)\frac{273+t_2}{273}=(0.773+1.244\times0.0371)\times\frac{273+80}{273}=1.06\mathrm{m^3/kg}\text{ 干空气}$$

$$V_2=Lv_{\mathrm{H2}}=6457\times1.06=6844\mathrm{m^3/h}$$

取气速为 34m/s，则

$$d_2=\sqrt{\frac{V_2}{\frac{\pi}{4}u}}=\sqrt{\frac{6844}{3600\times34\times\frac{\pi}{4}}}=0.27\mathrm{m}$$

圆整后取 DN356（ϕ325mm×9mm）无缝钢管（GB/T 17395—2008）。

6）主要附属设备的设计或选型

（1）空气加热器

先用翅片式加热器将环境空气由 12.2℃加热到 130℃，再用电加热器加热至 160℃。

① **翅片式加热器** 将湿空气由 12.2℃加热到 130℃所需要的热量为

$$Q_1=L(1+H_0)c_{\mathrm{p1}}\Delta t_1=6457\times(1+0.00573)\times1.009\times(130-12.2)$$

$$=7.72\times10^5\ \mathrm{kJ/h}$$

0.4MPa 蒸汽的饱和温度为 151℃，汽化潜热为 2115kJ/kg，冷凝水的排出温度为 151℃，则水蒸气消耗量为

$$m_s = \frac{7.72\times10^5}{2115} = 365.0\text{kg/h}$$

传热对数平均温差为

$$\Delta t_{m1} = \frac{130-12.2}{\ln\dfrac{151-12.2}{151-130}} = 62.4℃$$

若选 SRZ10×5D 翅片式散热器，每片传热面积为 19.92m^2，通风净截面积为 0.302m^2，则质量流速为 $\dfrac{6457\times(1+0.00573)}{0.302\times3600} = 5.97\text{kg/(m}^2\cdot\text{s)}$，查得总传热系数 K_1=100kJ/(m²·h·℃)，故所需传热面积为 $A_1 = \dfrac{Q_1}{K_1\Delta t_{m1}} = \dfrac{7.72\times10^5}{100\times62.4} = 123.7\text{m}^2$

所需片数为 $\dfrac{123.7}{19.92} = 6.2$，取为 8 片，实际传热面积为 159.2m^2。由此，可选用 SRZ10×5D 翅片式散热器共 8 片。

② **电加热器**　将湿空气由 130℃加热到 160℃所需的热量为

$$Q_2 = L(1+H_0)c_{p2}\Delta t_2 = 6457\times(1+0.00573)\times1.026\times(160-130) = 2.00\times10^5\text{kJ/h} = 55.5\text{kW}$$

即耗电量为 55.5kW。

（2）旋风分离器

进入旋风分离器的含尘气体近似按空气处理，取温度为 75℃，则

$$v_{H3} = (0.773+1.244\times0.0371)\times\frac{273+75}{273} = 1.04\text{m}^3\text{/kg 干空气}$$

$$V_3 = Lv_{H3} = 6457\times1.04 = 6715\text{m}^3\text{/h}$$

选上海化工研究院设计的 B 型旋风分离器，取入口风速为 20m/s，则

$$0.64D\times0.29D\times20 = \frac{6715}{3600}$$

算出 D=709mm，圆整后取 D=830mm。其余各部分尺寸及示意图可参见电子版附录 19 上海化工研究院等设计的 B 型旋风分离器。

（3）布袋过滤器的选择

取进入布袋过滤器的气体温度为 70℃，则

$$v_{H4} = (0.773+1.244\times0.0371)\frac{273+70}{273} = 1.03\text{m}^3\text{/kg 干空气}$$

$$V_4 = Lv_{H4} = 6457\times1.03 = 6651\text{m}^3\text{/h}$$

选用 MC48-Ⅱ脉冲布袋除尘器，其过滤面积为 36m^2，过滤风速为 2～4m/min，风量为 4320～8630m²，阻力为 1100～1500Pa，其他参数可参见电子版附录 20 MCⅡ型脉冲袋式除尘器。

（4）风机的选择

喷雾干燥塔的操作表压为 150Pa，因此系统需要两台风机，即干燥塔前装 1 台鼓风机，干燥塔后装 1 台引风机。以干燥塔为基准阻力分为前段（从空气过滤器至干燥塔之间的设备和管道）阻力和后段（干燥塔后的设备和管道）阻力。在操作条件下，空气流经系统各设备和管道的阻力如表 5-10 所示。

表 5-10 系统阻力估算　　单位：Pa

设备	压降	设备	压降
空气过滤器	200	旋风分离器	1500
翅片式加热器	300	脉冲布袋除尘器	1500
电加热器	200	干燥塔	100
（塔）热风分布器	200	消声器	400
管道、阀门、弯头等	600	管道、阀门、弯头等	800
合计	1500	合计	4300

① **离心鼓风机选型**　鼓风机入口处的空气温度为 12.2℃，湿含量为 0.00573kg 水/kg 干空气，前已算出 $v_{H0}=0.815\ m^3$ 湿空气/kg 干空气，$V_0=Lv_{H0}=6457\times0.815=5262m^3/h$。

系统前段平均风温按 85℃计，密度为 0.986kg/m³，则所需风压（标态）为$1500\times(1.2\div0.986)=1826Pa$。故选用 4-72-5.5No.4A 离心鼓风机，风量为 4012～7419m³/h，风压为 1320～2014Pa。

② **引风机选型**　系统后段平均风温按 70℃计，密度为 1.029kg/m³，则引风机所需风压（标态）为$4300\times(1.2\div1.029)=5.01kPa$。

取引风机入口处的风温为 65℃，湿含量 H_2=0.0372kg 水/kg 干空气，则

$$v_{H5}=(0.773+1.244\times0.0371)\times\frac{273+65}{273}=1.01m^3/kg\ 干空气$$

$$V_5=Lv_{H4}=6457\times1.01=6522m^3/h$$

故选用 9-26-30No.5.6A 离心鼓风机，风量为 7766~9500m³/h，风压为 6527~7218Pa。

7）喷雾干燥塔的工艺条件图

喷雾干燥塔的工艺条件图如图 5-35 所示。

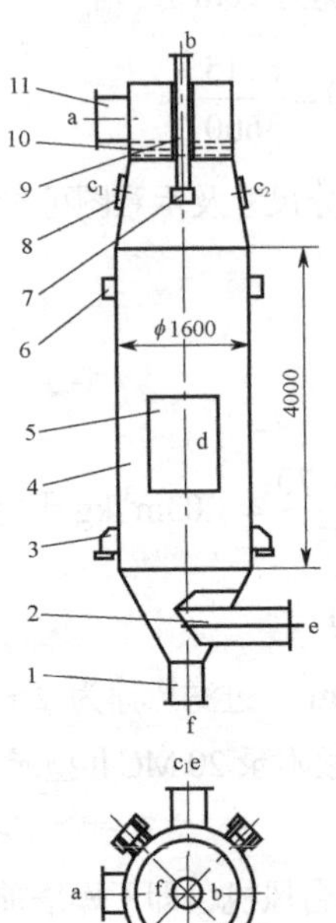

技术特征

真空度/Pa	150
操作温度/℃	160
物料名称	浓牛奶
干燥介质	空气
设备主要材料	不锈钢

管口尺寸

序号	公称直径	名称或用途
a	406	热风入口
b		物料入口
c_{1-2}	150	视镜
d	1200×600	门
e	356	热风出口
f	200	物料出口

图 5-35 喷雾干燥塔的工艺条件图

1—物料出口接管；2—热风出口接管；3—支座；4—干燥室；5—门；6—滑动支座；7—喷嘴；8—视镜；9—料液管；10—热风分布器；11—热风入口接管

5.5.4 工艺设计计算结果汇总

通过上述工艺设计计算得到的计算结果汇总见表 5-11。

表 5-11 工艺设计计算结果汇总表

名称	结果	名称	结果
物料处理量/(kg/h)	357	翅片式加热器传热面积/m^2	159.2
蒸发量/(kg/h)	203.2	电加热器耗电量 / kW	55.5
产品产量/(kg/h)	153.8	布袋过滤器过滤面积/m^2	36
干空气用量/(kg/h)	6456.9	旋风分离器直径/mm	830
雾化器孔径/mm	1.4	布袋过滤器型号	MC48-Ⅱ
干燥塔直径/m	1.6	鼓风机型号	4-72-5.5No.4A
干燥塔有效高度/m	4	引风机型号	9-26-30No.5.6A

喷雾干燥器的生产厂家设计方法比较简单，如江苏省范群干燥设备厂喷雾干燥器的设计方法：

① 物料衡算和热量衡算。

② 由湿空气的体积流量计算出塔径。如果是压力式喷嘴，空气流速取 0.4m/s；如果是离心式的喷嘴，空气流速取 0.3m/s。由此可算出塔径。

③ 塔高取为塔径的 3 倍以上。

参考文献

[1] 郭宜祜，王喜忠．喷雾干燥[M]．北京：化学工业出版社，1983.

[2] 王喜忠，于才渊，周才君．喷雾干燥[M]．2 版．北京：化学工业出版社，2003.

[3] 金世琳．乳品工业手册[M]．北京：轻工业出版社，1987.

[4] 潘永康.现代干燥技术[M]．北京：化学工业出版社，1998.

本章符号说明

符号	意义	单位	符号	意义	单位
A	喷嘴几何特性系数		G	物料的质量流量	kg/h
	传热面积	m^2	G_c	绝干物料流量	kg/h
A_0	喷嘴孔截面积	m^2	H	空气湿含量	kg 水/kg 干空气
c_M	干物料比热容	kJ/(kg・℃)	H_c	空气的临界湿含量	kg 水/kg 干空气
c_w	水的比热容	kJ/(kg・℃)	I	空气焓	kJ/kg 干空气
C_D	流量系数		L	绝干空气质量流量	kg 干空气/h
d_0	喷嘴孔直径	m	m	液滴（或颗粒）质量	kg
d_p	雾滴直径	m	N	雾化器圆盘转速	r/min
D	干燥塔直径	m	Nu	努塞尔数	

续表

符号	意义	单位	符号	意义	单位
p	压力	Pa	V_d	干燥塔体积	m^3
Q	传热速率	kW	W	水分蒸发量	kg/h
q_V	料液体积流量	m^3/s	X	物料干基含水率	
q_L	每蒸发 1kg 水分干燥器的热损失	kJ/kg 水		质量分数	
r_0	喷嘴孔半径	m	Y	干燥塔高度	m
Re	雷诺数		Y_1	减速段高度	m
t	空气温度	℃	Y_2	等速段高度	m
t_c	空气的临界温度	℃	α	对流传热系数	kW/(m²·℃)
Δt_m	对数平均温差	℃	β	喷雾锥角	
t_M	湿物料的温度	℃	R	旋转室半径	m
t_w	空气湿球温度	℃	δ	液膜厚度	m
t_c	空气的临界温度	℃	φ	空气相对湿度	
u	雾滴速度	m/s	r	水的汽化相变热	kJ/kg
u_r	径向速度	m/s	λ	干燥介质热导率	kW/(m·℃)
u_t	等速沉降速度	m/s	μ_a	空气动力黏度	Pa·s
	切向速度	m/s	ρ_a	空气密度	kg/m^3
v_H	湿空气比体积	m^3/kg 干空气	ρ_L	料液密度	kg/m^3
u_x	水平速度	m/s	ρ_W	水的密度	kg/m^3
u_y	轴向速度	m/s	θ	干燥时间	s
V	料液体积流量	m^3/s			

附录

附录 1　日产 24 吨乙醇筛板塔生产工艺流程图

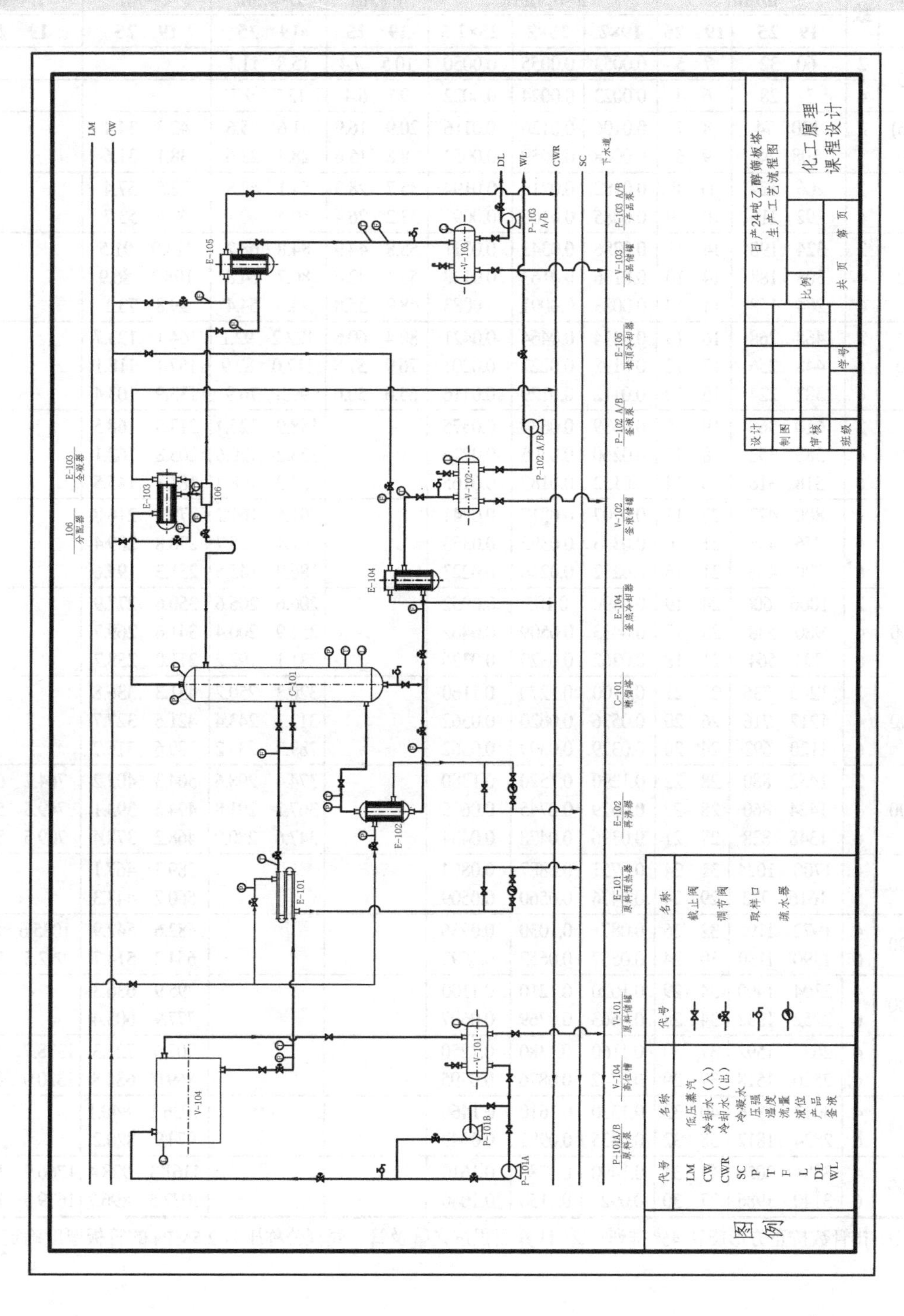

附录 2　换热器设计常用数据

（摘自 GB/T 28712.1—2012，GB/T 28712.2—2012）

附表 1　浮头式内导流换热器和冷凝器的主要工艺参数表（ϕ19mm/25mm 换热管）

壳径/mm	管程数	管子总数①		中心管数		管程流通面积/m^2			换热面积②/m^2							
		d/mm				$d \times \delta_r$ /mm			L=3m		L=4.5m		L=6m		L=9m	
		19	25	19	25	19×2	25×2	25×2.5	19	25	19	25	19	25	19	25
325	2	60	32	7	5	0.0053	0.0055	0.0050	10.5	7.4	15.8	11.1				
	4	52	28	6	4	0.0023	0.0024	0.0022	9.1	6.4	13.7	9.7				
(426) 400	2	120	74	8	7	0.0106	0.0126	0.0116	20.9	16.9	31.6	25.6	42.3	34.4		
	4	108	68	9	6	0.0048	0.0059	0.0053	18.8	15.6	28.4	23.6	38.1	31.6		
500	2	206	124	11	8	0.0182	0.0215	0.0194	35.7	28.3	54.1	42.8	72.5	57.4		
	4	192	116	10	9	0.0085	0.0100	0.0091	33.2	26.4	50.4	40.1	67.6	53.7		
600	2	324	198	14	11	0.0286	0.0343	0.0311	55.8	44.9	84.8	68.2	113.9	91.5		
	4	308	188	14	10	0.0136	0.0163	0.0148	53.1	42.6	80.7	64.8	108.2	86.9		
	6	284	158	14	10	0.0083	0.0091	0.0083	48.9	35.8	74.4	54.4	99.8	73.1		
700	2	468	268	16	13	0.0414	0.0464	0.0421	80.4	60.6	122.2	92.1	164.1	123.7		
	4	448	256	17	12	0.0198	0.0222	0.0201	76.9	57.8	117.0	87.9	157.1	118.1		
	6	382	224	15	10	0.0112	0.0129	0.0116	65.6	50.6	99.8	76.9	133.9	103.4		
800	2	610	366	19	15	0.0539	0.0634	0.0575			158.9	125.4	213.5	168.5		
	4	588	352	18	14	0.0260	0.0305	0.0276			153.2	120.6	205.8	162.1		
	6	518	316	16	14	0.0152	0.0182	0.0165			134.9	108.3	181.3	145.5		
900	2	800	472	22	17	0.0707	0.0817	0.0741			207.6	161.2	279.2	216.8		
	4	776	456	21	16	0.0343	0.0395	0.0353			201.4	155.7	270.8	209.4		
	6	720	426	21	16	0.0212	0.0246	0.0223			186.9	145.5	251.3	195.6		
1000	2	1006	606	24	19	0.0890	0.105	0.0952			206.6	206.6	350.6	277.9		
	4	980	588	23	18	0.0433	0.0509	0.0462			253.9	200.4	341.6	269.7		
	6	892	564	21	18	0.0262	0.0329	0.0326			231.1	192.2	311.0	258.7		
1100	2	1240	736	27	21	0.1100	0.1270	0.1160			320.3	250.2	431.3	336.8		
	4	1212	716	26	20	0.0536	0.0620	0.0562			313.1	243.4	421.6	327.7		
	6	1120	692	24	20	0.0329	0.0399	0.0362			289.3	235.2	389.6	316.7		
1200	2	1452	880	28	22	0.1290	0.1520	0.1380			374.4	298.6	504.3	402.2	764.2	609.4
	4	1424	860	28	22	0.0629	0.0745	0.0675			367.2	291.8	494.6	393.1	749.5	595.6
	6	1348	828	27	21	0.0396	0.0478	0.0434			347.6	280.9	468.2	378.4	709.5	573.4
1300	4	1700	1024	31	24	0.0751	0.0887	0.0804					589.3	467.1		
	6	1616	972	29	24	0.0476	0.0560	0.0509					560.2	443.3		
1400	4	1972	1192	32	26	0.0871	0.1030	0.0936					682.6	542.9	1035.6	823.6
	6	1890	1130	30	24	0.0557	0.0652	0.0592					654.2	514.7	992.5	780.8
1500	4	2304	1400	34	29	0.1020	0.1210	0.1100					795.9	636.3		
	6	2252	1332	34	28	0.0663	0.0769	0.0697					777.9	605.4		
1600	4	2632	1592	37	30	0.1160	0.1380	0.1250					907.6	722.3	1378.7	1097.3
	6	2520	1518	37	29	0.0742	0.0876	0.0795					869.0	688.8	1320.0	1047.2
1700	4	3012	1856	40	32	0.1330	0.1610	0.1460					1036.1	840.1		
	6	2834	1812	38	32	0.0835	0.0981	0.0949					974.9	820.2		
1800	4	3384	2056	43	34	0.1490	0.1780	0.1610					1161.3	928.4	1766.9	1412.5
	6	3140	1986	37	30	0.0925	0.1150	0.1040					1077.5	896.7	1639.5	1364.4

① 排管数按正方形旋转 45° 排列；② 计算面积按光管及管、壳程公称压力 2.5MPa 的管板厚度确定。

附表 2（a） 固定管板换热器主要工艺参数表（ϕ19mm×2mm 换热管）

壳径/mm	管程数	管子数		管程流通面积[①]/m²	换热面积/m²					
		总数	中心管排		L=1.5m	L=2m	L=3m	L=4.5m	L=6m	L=9m
159	1	15	5	0.0027	1.3	1.7	2.6			
219	1	33	7	0.0058	2.8	3.7	5.7			
273	1	65	9	0.0115	5.4	7.4	11.3	17.1	22.9	
	2	56	8	0.0049	4.7	6.4	9.7	14.7	19.7	
325	1	99	11	0.0175	8.3	11.2	17.1	26.0	34.9	
	2	88	10	0.0078	7.4	10.0	15.2	23.1	31.0	
	4	68	11	0.0030	5.7	7.7	11.8	17.9	23.9	
400	1	174	14	0.0307	14.5	19.7	30.1	45.7	61.3	
	2	164	15	0.0145	13.7	18.6	28.4	43.1	57.8	
	4	146	14	0.0065	12.2	16.6	25.3	38.3	51.4	
450	1	237	17	0.0419	19.8	26.9	41.0	62.2	83.5	
	2	220	16	0.0194	18.4	25.0	38.1	57.8	77.5	
	4	200	16	0.0088	16.7	22.7	34.6	52.5	70.4	
500	1	275	19	0.0486		31.2	47.6	72.2	96.8	
	2	256	18	0.0226		29.0	44.3	67.2	90.2	
	4	222	18	0.0098		25.2	38.4	58.3	78.2	
600	1	430	22	0.0760		48.8	74.4	112.9	151.4	
	2	416	23	0.0368		47.2	72.0	109.3	146.5	
	4	370	22	0.0163		42.0	64.0	97.2	130.3	
	6	360	20	0.0106		40.8	62.3	94.5	126.8	
700	1	607	27	0.1073			105.1	159.4	213.8	
	2	574	27	0.0507			99.4	150.8	202.1	
	4	542	27	0.0239			93.8	142.3	190.9	
	6	518	24	0.0153			89.7	136.0	182.4	
800	1	797	31	0.1408			138.0	209.3	280.7	
	2	776	31	0.0686			134.3	203.8	273.3	
	4	722	31	0.0319			125.0	189.8	254.3	
	6	710	30	0.0209			122.9	186.5	250.0	
900	1	1009	35	0.1783			174.7	265.0	355.3	536.0
	2	988	35	0.0873			171.0	259.5	347.9	524.9
	4	938	35	0.0414			162.4	246.4	330.3	498.3
	6	914	34	0.0269			158.2	240.0	321.9	485.6
1000	1	1267	39	0.2239			219.3	332.8	446.2	673.1
	2	1234	39	0.1090			213.6	324.1	434.6	655.6
	4	1186	39	0.0524			205.3	311.5	417.7	630.1
	6	1148	38	0.0338			198.7	301.5	404.3	609.9
(1100)	1	1501	43	0.2652				394.2	528.6	797.4
	2	1470	43	0.1299				386.1	517.7	780.9
	4	1450	43	0.0641				380.8	510.6	770.3
	6	1380	42	0.0406				362.4	486.0	733.1
1200	1	1837	47	0.3246				482.5	646.9	975.9
	2	1816	47	0.1605				476.9	639.5	964.7
	4	1732	47	0.0765				454.9	610.0	920.1
	6	1716	46	0.0505				450.7	604.3	911.6
(1300)	1	2123	51	0.3752				557.6	747.7	1127.8
	2	2080	51	0.1838				546.3	732.5	1105.0
	4	2074	50	0.0916				544.7	730.4	1101.8
	6	2028	48	0.0597				532.6	714.2	1077.4

续表

壳径/mm	管程数	管子数		管程流通面积①/m²	换热面积/m²					
		总数	中心管排		L=1.5m	L=2m	L=3m	L=4.5m	L=6m	L=9m
1400	1	2557	55	0.4519					900.5	1358.4
	2	2502	54	0.2211					881.1	1329.2
	4	2404	55	0.1062					846.6	1277.1
	6	2378	54	0.0700					837.5	1263.3
(1500)	1	2929	59	0.5176					1031.5	1556.0
	2	2874	58	0.2539					1021.1	1526.8
	4	2768	58	0.1223					974.8	1470.5
	6	2692	56	0.0793					948.0	1430.1
1600	1	3339	61	0.5901					1175.9	1773.8
	2	3282	62	0.3382					1155.8	1743.5
	4	3176	62	0.1403					1118.5	1687.2
	6	3140	61	0.0925					1105.8	1668.1
(1700)	1	3721	65	0.6576					1310.4	1976.7
	2	3646	66	0.3131					1284.0	1936.9
	4	3544	66	0.1566					1248.1	1882.7
	6	3512	63	0.1034					1236.8	1869.7
1800	1	4274	71	0.7505					1495.7	2256.2
	2	4186	70	0.3699					1474.2	2223.8
	4	4070	69	0.1798					1433.3	2162.2
	6	4048	67	0.1192					1425.6	2150.5

① 管程流通面积为各程平均值。

附表 2（b） 固定管板换热器主要工艺参数表（ϕ25mm 换热管）

壳径/mm	管程数	管子数		流通面积①/m²		换热面积/m²					
		总数	中心管排	ϕ mm×2mm	ϕ mm×2.5mm	L=1.5m	L=2m	L=3m	L=4.5m	L=6m	L=9m
159	1	11	3	0.0038	0.0035	1.2	1.6	2.5			
219	1	25	5	0.0087	0.0079	2.7	3.7	5.7			
273	1	38	6	0.0132	0.0119	4.2	5.7	8.7	13.1	17.6	
	2	32	7	0.0055	0.0050	3.5	4.8	7.3	11.1	14.8	
325	1	57	9	0.0197	0.0179	6.3	8.5	13.0	19.7	26.4	
	2	56	9	0.0097	0.0088	6.2	8.4	12.7	19.3	25.9	
	4	40	9	0.0035	0.0031	4.4	6.0	9.1	13.8	18.5	
400	1	98	12	0.0339	0.0308	10.8	14.6	22.3	33.8	45.4	
	2	94	11	0.0163	0.0148	10.3	14.0	21.4	32.5	43.5	
	4	76	11	0.0066	0.0060	8.4	11.3	17.3	26.3	35.2	
450	1	135	13	0.0468	0.0424	14.8	20.1	30.7	46.6	62.5	
	2	126	12	0.0218	0.0198	13.9	18.8	28.7	43.5	58.4	
	4	106	13	0.0092	0.0083	11.7	15.8	24.1	36.6	49.1	
500	1	174	14	0.0603	0.0546		26.0	39.6	60.1	80.6	
	2	164	15	0.0284	0.0257		24.5	37.3	56.6	76.0	
	4	144	15	0.0125	0.0113		21.4	32.8	49.7	66.7	
600	1	245	17	0.0849	0.0769		36.5	55.8	84.6	113.5	
	2	232	16	0.0402	0.0364		34.6	52.8	80.1	107.5	
	4	222	17	0.0192	0.0174		33.1	50.5	76.7	102.8	
	6	216	16	0.0125	0.0113		32.2	49.2	74.6	100.0	

续表

壳径/mm	管程数	管子数		流通面积[1]/m^2		换热面积/m^2					
		总数	中心管排	ϕ mm×2mm	ϕ mm×2.5mm	L=1.5m	L=2m	L=3m	L=4.5m	L=6m	L=9m
700	1	355	21	0.1230	0.1115			80.0	122.6	164.4	
	2	342	21	0.0592	0.0537			77.9	118.1	158.4	
	4	322	21	0.0279	0.0253			73.3	111.2	149.1	
	6	304	20	0.0175	0.0159			69.2	105.0	140.8	
800	1	467	23	0.1618	0.1466			106.3	161.3	216.3	
	2	450	23	0.0779	0.0707			102.4	155.4	208.5	
	4	442	23	0.0383	0.0347			100.6	152.7	204.7	
	6	430	24	0.0248	0.0225			97.9	148.5	199.2	
900	1	605	27	0.2095	0.1900			137.8	209.0	280.2	422.7
	2	588	27	0.1018	0.0923			133.9	203.1	272.3	410.8
	4	554	27	0.0480	0.0435			126.1	191.4	256.6	387.1
	6	538	26	0.0311	0.0282			122.5	185.8	249.2	375.9
1000	1	749	30	0.2594	0.2352			170.5	258.7	346.9	523.3
	2	742	29	0.1285	0.1165			168.9	256.3	343.7	518.4
	4	710	29	0.0615	0.0557			161.6	245.2	328.8	496.0
	6	698	30	0.0403	0.0365			158.9	241.1	323.3	487.7
(1100)[2]	1	931	33	0.3225	0.2923				321.6	431.2	650.4
	2	894	33	0.1548	0.1404				308.8	414.1	624.6
	4	848	33	0.0734	0.0666				292.9	392.8	592.5
	6	830	32	0.0479	0.0434				286.7	384.4	579.9
1200	1	1115	37	0.3862	0.3501				385.1	516.4	779.0
	2	1102	37	0.1908	0.1730				380.6	510.4	769.9
	4	1052	37	0.0911	0.0826				363.4	487.2	735.0
	6	1026	36	0.0592	0.0537				354.4	475.2	716.8
(1300)[2]	1	1301	39	0.4506	0.4085				449.4	602.6	908.9
	2	1274	40	0.2206	0.2000				440.0	590.1	890.1
	4	1214	39	0.1051	0.0953				419.3	562.3	848.2
	6	1192	38	0.0688	0.0624				411.7	552.1	832.8
1400	1	1547	43	0.5358	0.4858					716.5	1080.8
	2	1510	43	0.2615	0.2371					699.4	1055.0
	4	1454	43	0.1259	0.1141					673.4	1015.8
	6	1424	42	0.0822	0.0745					659.5	994.9
(1500)[2]	1	1753	45	0.6072	0.5504					811.9	1224.7
	2	1700	45	0.2944	0.2669					787.4	1187.7
	4	1688	45	0.1462	0.1325					781.8	1179.3
	6	1590	44	0.0918	0.0832					736.4	1110.9
1600	1	2023	47	0.7007	0.6352					937.0	1413.4
	2	1982	48	0.3432	0.3112					918.0	1384.7
	4	1900	48	0.1645	0.1492					880.0	1327.4
	6	1884	47	0.1088	0.0986					872.6	1316.3
(1700)[2]	1	2245	51	0.7776	0.7049					1039.8	1568.5
	2	2216	52	0.3838	0.3479					1026.3	1548.2
	4	2180	50	0.1888	0.1711					1009.7	1523.1
	6	2156	53	0.1245	0.1128					998.6	1506.3
1800	1	2559	55	0.8863	0.8035					1185.3	1787.7
	2	2512	55	0.4350	0.3944					1163.4	1755.1
	4	2424	54	0.2099	0.1903					1122.7	1693.2
	6	2404	53	0.1388	0.1258					1113.4	1679.6

① 管程流通面积为各程平均值；② 括号内公称直径不推荐使用。

附录 3　乙醇-水物系的汽液平衡数据

序号	x	y	t	x/%	y/%	t
1	0.00004	0.00053	99.9	0.004	0.053	99.9
2	0.0004	0.0051	99.8	0.04	0.51	99.8
3	0.00056	0.0077	99.7	0.056	0.77	99.7
4	0.0008	0.0103	99.6	0.08	1.03	99.6
5	0.0012	0.0157	99.5	0.12	1.57	99.5
6	0.0016	0.0198	99.4	0.16	1.98	99.4
7	0.0019	0.0248	99.3	0.19	2.48	99.3
8	0.0023	0.029	99.2	0.23	2.90	99.2
9	0.0027	0.0333	99.1	0.27	3.33	99.1
10	0.0031	0.03725	99	0.31	3.725	99.0
11	0.0035	0.0412	98.9	0.35	4.12	98.9
12	0.0039	0.042	98.75	0.39	4.20	98.75
13	0.0079	0.087	97.65	0.79	8.7	97.65
14	0.0119	0.1275	96.65	1.19	12.75	96.65
15	0.0161	0.1634	95.8	1.61	16.34	95.8
16	0.0201	0.1868	94.95	2.01	18.68	94.95
17	0.0243	0.2145	94.15	2.43	21.45	94.15
18	0.0286	0.2396	93.35	2.86	23.96	93.35
19	0.0329	0.2621	92.6	3.29	26.21	92.6
20	0.0373	0.2812	91.9	3.73	28.12	91.9
21	0.0416	0.2992	91.3	4.16	29.92	91.3
22	0.0461	0.3156	90.8	4.61	31.56	90.8
23	0.0507	0.3306	90.5	5.07	33.06	90.5
24	0.0551	0.3451	89.7	5.51	34.51	89.7
25	0.0598	0.3583	89.2	5.98	35.83	89.2
26	0.0646	0.3698	89	6.46	36.98	89.0
27	0.0686	0.3806	88.3	6.86	38.06	88.3
28	0.0741	0.3916	87.9	7.41	39.16	87.9
29	0.0795	0.4013	87.7	7.95	40.13	87.7
30	0.0841	0.4127	87.4	8.41	41.27	87.4
31	0.0892	0.4209	87	8.92	42.09	87.0
32	0.0942	0.4294	86.7	9.42	42.94	86.7
33	0.0993	0.4382	86.4	9.93	43.82	86.4
34	0.1048	0.4461	86.2	10.48	44.61	86.2
35	0.11	0.4541	85.95	11.00	45.41	85.95
36	0.1153	0.4608	85.7	11.53	46.08	85.7
37	0.1208	0.469	85.4	12.08	46.90	85.4
38	0.1264	0.4749	85.2	12.64	47.49	85.2
39	0.131	0.4808	85	13.10	48.08	85.0

续表

序号	*x*	*y*	*t*	*x*/%	*y*/%	*t*
40	0.1377	0.4868	84.8	13.77	48.68	84.8
41	0.1435	0.493	84.7	14.35	49.30	84.7
42	0.1495	0.4977	84.5	14.95	49.77	84.5
43	0.1555	0.5027	84.3	15.55	50.27	84.3
44	0.1615	0.5078	84.2	16.15	50.78	84.2
45	0.1677	0.5127	83.85	16.77	51.27	83.85
46	0.1741	0.5167	83.75	17.41	51.67	83.75
47	0.1803	0.5204	83.7	18.03	52.04	83.7
48	0.1868	0.5243	83.5	18.68	52.43	83.5
49	0.1934	0.5288	83.4	19.34	52.88	83.4
50	0.2	0.5309	83.3	20.00	53.09	83.3
51	0.2068	0.5346	83.1	20.68	53.46	83.1
52	0.2138	0.5376	82.95	21.38	53.76	82.95
53	0.2207	0.5412	82.78	22.07	54.12	82.78
54	0.2278	0.5454	82.65	22.78	54.54	82.65
55	0.2351	0.548	82.5	23.51	54.80	82.5
56	0.2425	0.5522	82.45	24.25	55.22	82.45
57	0.25	0.5548	82.35	25.00	55.48	82.35
58	0.2575	0.5574	82.3	25.75	55.74	82.3
59	0.2653	0.5603	82.15	26.53	56.03	82.15
60	0.2732	0.5644	82	27.32	56.44	82.0
61	0.2812	0.5671	81.9	28.12	56.71	81.9
62	0.2893	0.5712	81.8	28.93	57.12	81.8
63	0.298	0.5741	81.7	29.80	57.41	81.7
64	0.3061	0.577	81.6	30.61	57.70	81.6
65	0.3147	0.5811	81.5	31.47	58.11	81.5
66	0.3234	0.5839	81.4	32.34	58.39	81.4
67	0.3324	0.5878	81.3	33.24	58.78	81.3
68	0.3416	0.591	81.25	34.16	59.10	81.25
69	0.3509	0.5956	81.2	35.09	59.56	81.2
70	0.3602	0.5984	81.1	36.02	59.84	81.1
71	0.3698	0.6029	81	36.98	60.29	81.0
72	0.3797	0.6058	80.95	37.97	60.58	80.95
73	0.3895	0.6102	80.85	38.95	61.02	80.85
74	0.4	0.6114	80.75	40.00	61.14	80.75
75	0.4102	0.6161	80.65	41.02	61.61	80.65
76	0.4209	0.6222	80	42.09	62.22	80.0
77	0.4317	0.6252	80.5	43.17	62.52	80.5
78	0.4427	0.629	80.45	44.27	62.90	80.45
79	0.4541	0.6343	80.4	45.41	63.43	80.4

续表

序号	x	y	t	x/%	y/%	t
80	0.4655	0.6391	80.3	46.55	63.91	80.3
81	0.4774	0.6421	80.2	47.74	64.21	80.2
82	0.4892	0.647	80.1	48.92	64.70	80.1
83	0.5016	0.6534	80	50.16	65.34	80.0
84	0.5139	0.6581	79.95	51.39	65.81	79.95
85	0.5268	0.6628	79.85	52.68	66.28	79.85
86	0.54	0.6692	79.75	54.00	66.92	79.75
87	0.5534	0.6742	79.72	55.34	67.42	79.72
88	0.5671	0.6807	79.7	56.71	68.07	79.7
89	0.5811	0.6876	79.65	58.11	68.76	79.65
90	0.5955	0.6959	79.55	59.55	69.59	79.55
91	0.6102	0.7029	79.5	61.02	70.29	79.5
92	0.6252	0.7063	79.4	62.52	70.63	79.4
93	0.6405	0.7186	79.3	64.05	71.86	79.3
94	0.6564	0.7271	79.2	65.64	72.71	79.2
95	0.6727	0.7361	79.1	67.27	73.61	79.1
96	0.6892	0.7469	78.95	68.92	74.69	78.95
97	0.7063	0.7582	78.85	70.63	75.82	78.85
98	0.7236	0.7693	78.75	72.36	76.93	78.75
99	0.7415	0.78	78.65	74.15	78.00	78.65
100	0.7599	0.7926	78.6	75.99	79.26	78.60
101	0.7788	0.8042	78.5	77.88	80.42	78.50
102	0.7982	0.8183	78.4	79.82	81.83	78.40
103	0.8183	0.8326	78.3	81.83	83.26	78.30
104	0.8387	0.8491	78.27	83.87	84.91	78.27
105	0.8597	0.8646	78.2	85.97	86.46	78.20
106	0.8813	0.8813	78.177	88.13	88.13	78.177
107	0.8941	0.8941	78.15	89.41	89.41	78.15

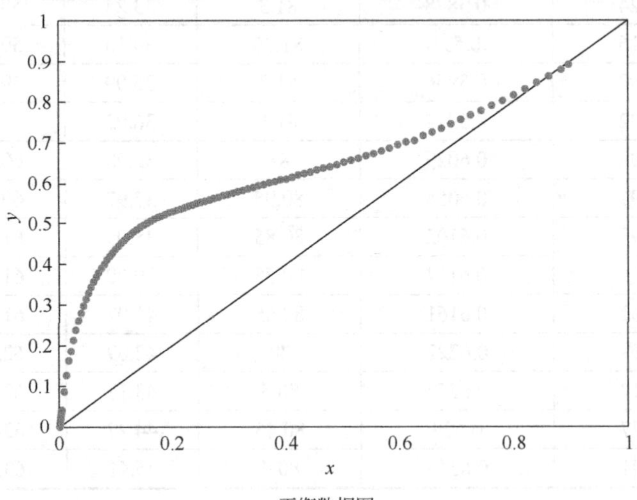

平衡数据图

附录 4　10～70℃乙醇-水溶液的密度

单位：kg/m^3

乙醇质量分数/%	温度/℃						
	10	20	30	40	50	60	70
8.01	990	980	980	970	970	960	950
16.21	980	970	960	960	950	940	920
24.61	970	960	950	940	930	930	910
33.30	950	950	930	920	910	900	890
42.43	940	930	910	900	890	880	870
52.09	910	910	880	870	870	860	850
62.39	890	880	860	860	840	830	820
73.48	870	860	830	830	820	810	800
85.06	840	830	810	800	790	780	770
100.0	800	790	780	770	760	750	750

附录 5　乙醇-水溶液的黏度

单位：mPa・s

乙醇质量分数/%	温度/℃					
	20	30	40	50	60	70
10	1.55	1.15	0.90	0.73	0.60	0.51
20	2.17	1.54	1.14	0.90	0.73	0.61
30	2.67	1.85	1.35	1.94	0.83	0.68
40	2.87	1.99	1.46	1.12	0.89	0.72
50	2.83	2.00	1.48	1.14	0.90	0.74
60	2.64	1.91	1.43	1.11	0.89	0.73
70	2.37	1.74	1.33	1.04	0.84	0.70
80	2.00	1.52	1.18	0.95	0.78	0.65
90	1.60	1.27	1.02	0.84	0.70	0.59
100	1.22	1.00	0.82	0.70	0.60	0.51

附录 6　乙醇-水溶液的比热容

单位：kJ/（kg・℃）

乙醇质量分数/%	温度/℃				
	0	30	50	70	90
3.980	4.31	4.23	4.27	4.27	4.27
9.010	4.40	4.27	4.27	4.27	4.31
16.21	4.35	4.31	4.31	4.31	4.31
24.61	4.19	4.27	4.40	1.07	4.56
33.30	3.94	3.89	4.19	4.35	4.44
42.43	3.64	3.85	4.02	4.23	4.40
52.09	3.35	3.60	3.85	4.10	4.35
62.39	3.14	3.35	3.68	3.94	4.27
73.48	2.81	3.10	3.22	3.64	4.06
85.66	2.55	2.81	2.93	3.35	3.77
100.0	2.26	2.51	2.72	2.97	3.27

用加权平均法求溶液的比热容

$$c_m = \sum w_i \times c_i$$

式中　w_i——i组分的质量分数；c_i——i组分的比热容，kJ/(kg·℃)；c_m——溶液的比热容，kJ/(kg·℃)。

若求混合物的摩尔比热容，则上式采用组分的摩尔分数和摩尔比热容。上式适用于压力不高的混合气体、相近的非极性液体混合物、非电解质的水溶液及有机溶液。

附录 7　乙醇-水溶液的相关热量值

气相中乙醇的质量分数/%	冷凝温度/℃	蒸汽的比热容/[kJ/（kg·℃）]	溶液的汽化潜热 r/（kJ/kg）	蒸汽的焓 I_V /（kJ/kg）	溶液的焓 I_L /（kJ/kg）
0	100	4.19	2219	2675	418.7
5	99.4	4.27	2186	2610	424.6
10	98.8	4.31	2114	2541	426.2
15	98.2	4.31	2043	2467	424.6
20	97.6	4.31	1972	2393	420.8
25	97.0	4.33	1903	2323	424.6
30	96.0	4.35	1834	2250	417.9
35	95.3	4.27	1763	2170	407.0
40	94.0	4.23	1692	2087	398.3
45	93.2	3.89	1625	2007	382.3
50	91.9	4.02	1553	1923	369.3
55	90.6	3.94	1484	1841	85.2
60	89.0	3.85	1415	1758	342.9
65	87.0	3.73	1346	1669	324.1
70	85.1	3.56	1277	1584	306.5
75	82.8	3.43	1210	1494	284.3
80	80.8	3.22	1143	1403	260.0
85	79.6	3.14	1072	1322	250.0
90	78.7	3.01	996.5	1234	237.4
95	78.2	2.64	925.3	1150	222.7
100	78.3	2.68	854.1	1064	209.8

气体混合物的蒸发潜热和液体混合物的比热容一样，按质量分数加权平均计算，对于摩尔分数，则按摩尔分数加权平均计算。

$$r = r_1 x_1 + r_2 x_2$$

有机液体混合物按质量加权平均法计算；

有机液体的水溶液按质量加权平均值计算后乘以 0.9。

附录 8　乙醇-水溶液的密度和浓度对照表（20℃）

密度/（kg/m^3）	乙醇浓度/%		密度/（kg/m^3）	乙醇浓度/%	
	质量分数	体积分数		质量分数	体积分数
998	0.15	0.2	992	3.5	4.4
996	1.2	1.5	990	4.7	5.9
994	2.3	3.0	988	5.9	7.4

续表

密度 /（kg/m^3）	乙醇浓度/%		密度 /（kg/m^3）	乙醇浓度/%	
	质量分数	体积分数		质量分数	体积分数
985	7.9	9.9	900	56.2	64.0
982	10.0	12.5	895	58.3	66.2
980	11.5	14.2	890	60.5	68.2
978	13.0	16.0	885	62.7	70.2
975	15.3	18.9	880	64.8	72.2
972	17.6	21.7	875	66.9	74.2
970	19.1	23.5	870	69.0	76.1
968	20.6	25.3	865	71.1	77.9
965	22.8	27.8	860	73.2	79.7
962	24.8	30.3	855	75.3	81.5
960	26.2	31.8	850	77.3	83.3
957	28.1	34.0	845	79.4	85.0
954	29.9	36.1	840	81.4	86.6
950	32.2	38.8	835	83.4	88.2
945	35.0	41.3	830	85.4	89.8
940	37.6	44.8	825	87.3	91.2
935	40.1	47.5	820	89.2	92.7
930	42.6	50.2	815	91.1	94.1
925	44.9	52.7	810	93.0	95.4
920	47.3	55.1	805	94.4	96.6
915	49.5	57.4	800	96.5	97.7
910	51.8	59.7	795	98.2	98.9
905	53.9	61.9	791	99.5	99.7